国家出版基金项目
NATIONAL PUBLICATION FOUNDATION

中国文化遗产丛书

◎关晓武 张柏春 主编

中国四大回音古建筑

声学技艺研究与传承

◎吕厚均 俞文光 著

丛书编委会

主 编 关晓武 张柏春
编 委 (按姓氏音序排列)
冯立昇 关晓武 郭世荣
李劲松 吕厚均 任玉凤
容志毅 孙 烈 万辅彬
王丽华 韦丹芳 严俊华
俞文光 翟源静 张柏春
赵翰生 周文丽

ARTTIME
时代出版
时代出版传媒股份有限公司
安徽科学技术出版社

图书在版编目(CIP)数据

中国四大回音古建筑声学技艺研究与传承 / 吕厚均,
俞文光著.--合肥:安徽科学技术出版社,2017.6
（中国文化遗产丛书）
ISBN 978-7-5337-6243-8

Ⅰ.①中… Ⅱ.①吕…②俞… Ⅲ.①古建筑-建筑-
声学-研究-中国 Ⅳ.①TU112

中国版本图书馆 CIP 数据核字(2017)第 152304 号

ZHONGGUO SI DA HUIYIN GUJIANZHU SHENGXUE JIYI YANJIU YU CHUANCHENG

中国四大回音古建筑声学技艺研究与传承　　吕厚均　俞文光　著

出版人：丁凌云　　　选题策划：方菲　　　责任编辑：王宜　张晓辉　王秀才
责任校对：王爱菊　沙莹　　　责任印制：梁东兵　　　封面设计：冯劲
出版发行：时代出版传媒股份有限公司　　http://www.press-mart.com
　　　　　安徽科学技术出版社　　　　　http://www.ahstp.net
　　　　　(合肥市政务文化新区翡翠路 1118 号出版传媒广场,邮编:230071)
　　　　　电话：(0551)63533330
印　　制：合肥华云印务有限责任公司　　　电话:(0551)63418899
(如发现印装质量问题,影响阅读,请与印刷厂商联系调换)

开本：787×1092　1/16　　　印张：14.5　　　　字数：277 千
版次：2017 年 6 月第 1 版　　2017 年 6 月第 1 次印刷

ISBN 978-7-5337-6243-8　　　　　　　　　　定价：94.00 元

序

　　中国是手工艺大国,所有出土和传世的人工制作的文物和古代工程都是传统技艺的产物,昭示了手工艺在中华文明发展历程中的重要地位。在现代化水平日益提升的当代,许多传统手工艺产品仍在广泛使用,凸显出其现代价值和在承续国家文化命脉、维护文化多样性及保持民族精神特质方面的重大作用。

　　随着工业化的推进和经济的转型,众多珍贵技艺因人们缺乏保护意识而陷于濒危状态,有的甚至湮灭失传。保护传统工艺和探索其传承发展的机理已是当前迫切的社会需求。据此,中国科学院自然科学史研究所和中国传统工艺研究会组织学者和艺人编撰了"中国传统工艺全集"。这套书共20卷20册,涵盖传统工艺14大类,记载了近600种传统工艺,在某种程度上,可认作是《考工记》和《天工开物》在当代的补编和续编。

　　与"中国传统工艺全集"配套的书有"中国手工艺"丛书和《中国手工技艺》。其中,"中国手工艺"丛书共14册,按类别分述各项传统工艺,《中国手工技艺》一书则集中概述各类传统工艺。这三部书相互配合,大致反映了中国传统工艺的概况和当代学者对它的认知,为后续研究工作奠定了坚实的基础。

　　传统工艺具有鲜明的地方性和民族性特点,人文、材料、资源、习俗和技术传统的差异都极大地影响传统工艺的生态,传统工艺内容的丰富多样性超乎人们的想象。西藏、云南、广西、贵州、新疆、内蒙古、安徽、北京、浙江等地,现仍保存多种富有民族和地域特色的珍贵工艺。长期以来,学术界从学科、行业等角度出发,开展传统工艺研究工作,取得了丰硕的成果,但地方性和专题性的调查研究仍相对薄弱。

　　有鉴于此,中国科学院自然科学史研究所和安徽科学技术出版社共同组织编撰出版"中国文化遗产丛书",由关晓武和张柏春任主编,另有几十位专家学者参与编写。该丛书旨在促进地方性或专题性的传统工艺调查研究,并阐释其多元属性与价值内涵。该丛书包括6个分册，即《内蒙古传统技艺研究与传承》《云南大理白族传统技艺研究与传承》《广西传统技艺研究与传承》《黔桂衣食传统技艺研究与传承》《新疆坎儿井传统技艺研究与传承》和《中国四大回音古建筑声学技艺研究与传承》。

该丛书的作者大多兼具理工和人文知识背景，在传统工艺调查研究方面有较丰富的积累，熟悉所涉地区或专题的传统技艺。他们在多年工作的基础上，做了必要的补充调查，围绕各自的选题开展综合研究，填补了某些空白。比如，郭世荣、关晓武、任玉凤主编的《内蒙古传统技艺研究与传承》汇集了内蒙古师范大学、内蒙古大学相关人员多年的研究成果，涉及内蒙古地区衣食住行、器用、艺术、狩猎等方面，阐述了服饰、奶制品、蒙古包、勒勒车、马头琴和弓箭等所使用的具有民族和地域特色的蒙古族传统技艺的演变、现状、特点和社会功能，为认识内蒙古地区的传统技艺提供了不可多得的案例。

王丽华、严俊华、李盈秀所著的《云南大理白族传统技艺研究与传承》一书，聚焦云南大理白族的传统技艺，呈现了织布机、桥梁、洱海帆船和民居等所使用的技术，阐释了白族传统技艺的文化内涵。

韦丹芳、万辅彬、秦双夏等所著的《广西传统技艺研究与传承》，汇集了近十年来对广西传统技艺的调查成果，阐述了手工纸、壮锦、侗布、铜鼓、响铜器、水碾和水碓等的制作工艺和原料，剖析了这些传统技艺的社会文化价值。

李劲松、赵翰生所著的《黔桂衣食传统技艺研究与传承》基于实地调查，阐述了苗族、侗族和白裤瑶的织染绣技艺，以及黔、桂（北）地区食用植物油脂、酱、醋、茶和酒的制作技艺。

翟源静所著的《新疆坎儿井传统技艺研究与传承》从文化模式入手，考察坎儿井的结构、分布、建造技艺、祭祀活动及其所反映的技术文化，阐述了在现代化冲击下坎儿井技术文化的肢解过程，并注重分析坎儿井建造过程中和工程完成后的文化生成与进驻现象。

吕厚均、俞文光所著的《中国四大回音古建筑声学技艺研究与传承》总结了作者及其所在研究组30年的研究成果，介绍了对北京天坛回音建筑、山西永济普救寺莺莺塔、河南三门峡宝轮寺蛤蟆塔和重庆潼南大佛寺石琴这四大传统回音建筑的声学效应所做的测试实验，分析了它们的形成机理，并阐述了通过"冰质天坛模拟试验"再现回音壁、三音石和对话石等声学现象的过程，在研究方法和成果上都取得了突破。

经过六年的努力，终于迎来该丛书的刊印。期望这套书有助于推动科技史、文化人类学、社会学、技术传播和现代科技手段等在传统工艺研究领域的综合应用，并为传统工艺价值的提升和相关知识的传播做出新的贡献。

是为序。

华觉明

2017年5月

前

言

　　建筑是形象化的文化载体,也是人类文明的有形体现。一国、一族的建筑承载了该国、该族的文化,也体现了该国、该族的文明。不同国家或不同民族都拥有自己特有的文化,它们之间存在差异。这种文化上的差异反映在建筑上就出现了不同国家或不同民族的风格各异的建筑,进而形成了当今世界不同的建筑体系。

　　建筑史又可视为形象化的、可触碰的文明史。中国古建筑有据可考的七千年的发展史就是中华民族一部可触碰的、形象化的华夏文明传承与发展的历史。中国古建筑之所以能够自立于世界民族建筑之林,并且在世界建筑史上占有十分重要的地位,是因为中国古建筑体系从形成、发展到成熟,始终拥有人类历史上一脉相承、最具鲜活力、唯一没有中断且集开放和包容于一体的中华文明作为依托和支撑,逐渐形成了以土木为主要建筑材料、以木构架为建筑的主要结构方式、院落式群体布局中轴对称、建筑装修与装饰丰富多彩的建筑特征,并发展成为世界七大主要建筑体系中流传最广、延续时间最长、成就最为辉煌的建筑体系。

　　在有着悠久历史的中华大地上,华夏祖先留下了众多的建筑文化遗产。中国古建筑文化遗产中有许多巧夺天工的杰作,回音古建筑就是其中璀璨的明珠,北京天坛回音建筑、山西永济普救寺莺莺塔、重庆潼南(原四川潼南)大佛寺"石琴"和河南三门峡宝轮寺"蛤蟆塔"是其中最著名的四处回音古建筑,并称为中国四大回音古建筑。它们以其精湛的建筑艺术和奇妙的声学现象名扬海内外,成为不可多得的中华古建筑瑰宝,值得我们倍加珍惜和保护,也需要我们努力发掘和研究。建筑文化遗产具有"不可再生性",现实社会中已出现了由于对其科学内涵缺乏全面、深入了解和认识,好心办坏事,造成珍贵建筑文化遗产"保护性破坏"的现象。因此,正确认识并深入发掘中国建筑文化遗产的科学和文化内涵,为科学保护、合理利用提供更多、更可靠的科学依据,就显得尤为重要。

从1986年开始,黑龙江大学古建筑声学研究组就开始了对中国四大回音古建筑声学机理的研究。在国家自然科学基金、国家文化遗产保护领域科学和技术研究课题、黑龙江省自然科学基金、黑龙江省哲学社会科学研究规划项目和黑龙江省教育厅科学技术研究项目等的连续资助下,研究组与山西大学、西安交通大学、中国科学院声学研究所、国家地震局工程力学研究所、哈尔滨理工大学、北京天坛公园管理处等单位合作,首次采用现代分析测试仪器,对我国四大回音古建筑的声学现象开展实验研究,历时十余年,克服了种种困难,逐一揭开了四大回音古建筑声学机理之谜,还发现并命名了新的声学现象——天坛对话石声学现象,并给出了科学解释。1996年12月,研究组还设计建成了冰质天坛回音建筑,再现了北京天坛声学现象,证实了关于天坛的声学实验研究成果的科学性和严谨性。这些研究工作的部分成果于1991年和1998年分别获得了山西省科学技术进步理论二等奖和黑龙江省科学技术进步二等奖,还得到国家自然科学基金委、国家文物局领导和有关专家学者的高度重视和肯定。1995年5月,国家自然科学基金委员会1995年第八期简报以"北京天坛声学现象研究取得突破性进展"为题全面介绍了天坛声学现象的研究成果,在海内外引起强烈的社会反响。1998—2008年,研究组进一步揭示了云南大理千寻塔、大理弘圣寺塔和西安小雁塔等叠涩密檐式古塔蛙声回音形成机理之谜,并初步归纳出叠涩密檐式古塔产生蛙声回音的声学设计要点。2013年研究组又分别获得国家自然科学基金和国家文化遗产保护领域科学和技术研究课题的资助,从建筑声环境设计和文化遗产挖掘保护等不同视角对北京天坛回音建筑开展多学科交叉的综合研究,以期为回音古建筑的发掘保护提供更多、更可靠的科学依据。

但是,以往关于中国四大回音古建筑声学机理和叠涩密檐式古塔产生蛙声回音声学设计要点的研究成果,均以论文的形式分散地发表在不同的学术期刊上。20世纪80年代至今,已经过去了30多年,现在《中国四大回音古建筑声学技艺研究与传承》一书把这些分散的论述集中起来,将它们系统地融入书中,以便从事古建筑声学研究、建筑文化遗产挖掘保护、科学技术史和科技考古研究等工作的专家学者查考和利用,也便于有兴趣的读者浏览、学习。期待这本书能够成为科学保护、合理利用我国回音古建筑的科学依据,同时,也成为中国古建筑科学与文化的普及读物。这正是我们撰写本书的初衷。

中国回音古建筑文化博大精深,由于作者才疏学浅,加之时间仓促,书中难免有疏漏、不妥甚至错误之处,敬请专家学者和广大读者批评指正。

目 录

第一章 绪论

第一节

中国古建筑及回音古建筑

一、何谓建筑

建筑与人类的关系本来就是非常密切的。我们每天生活在建筑所构成的空间里,每天都在与建筑打交道,我们的工作、学习和生活都离不开建筑,我们对建筑自然会有自己的理解和认识,也会有自己的看法和喜好。通过登录互联网、看电视、参观游览、读书、读报等方式,我们获得了越来越多关于建筑方面的知识。可是,对"究竟什么是建筑"这一问题,我们却很难用一两句话讲清楚,或者说很难完整、全面地进行表述。关于什么是建筑,在建筑学界至今仍是一个有争论的话题。然而,各种对建筑的解释又都从不同的侧面反映出建筑的基本性质和特征。

按照常人对建筑的理解和认识,好像这是一个尽人皆知、不言而喻的简单问题,人们会不假思索地回答:建筑就是房子。但当我们仔细去思考这个问题时,又会发现这样的回答是很不确切的。因为有许多不是房子的东西又都是建筑,比如北京天安门广场上的人民英雄纪念碑、北京天坛祭天建筑的圜丘坛、埃及的金字塔、法国巴黎的埃菲尔铁塔、南京的中山陵、叠涩密檐式古塔等,都不能说是房子,但它们却又都是建筑。

有人认为:建筑就是空间。这种解释是有一定道理的,也是有一定理论深度的,它包含了属于建筑的所有对象。建筑的空间性是指空间占有,既包括实的空间占有又包括虚的空间占有。有的建筑内部是空的,人可以进出这个实的空间,比如房子内部是空的,其空间却是实的,实的空间是通过建筑设计而产生的;有的建筑内部是实的,但它也有空间,这个空间就是虚的,虚的空间不在建筑内部,而在其周围,比如纪念碑、祭祀坛台等建筑就是实的碑体或坛台在中间,而人活动的空间在其周围。因此,在设计纪念碑的同时,也要考虑设计纪念碑周围的空间形态,这些空间恰恰正是人们瞻仰或举行纪念活动的地方。但如果我们说建筑就是实、虚两种空间的组合,恐怕也不够完善,因为它还没有涉及人在这种空间中活动的许多性质和特征。

关于建筑的本质(也就是建筑的空间性),最早给出科学解释的是在2 500年以前,我国春秋战国时期伟大的思想家老子(李耳)在其所著的《道德经》中的一段记述:

"凿户牖以为室,当其无,有室之用。故有之以为利,无之以为用。"通俗地讲就是:开设门窗建造房屋,有了门窗四壁中间的空间,才能有房屋的功能。所以,"有"给人以便利,"无"发挥了其作用。老子这里所说的"有"是指构筑空间的物质实体,"无"则是指用物质实体构成的空间。"老子的'有'与'无'是辩证统一的,但他特别把'无'的作用彰显出来,就非常深刻地揭示出:空间是建筑的本质。[1]"

《辞海》中对"建筑"做了这样的解释:"建筑是建筑物和构筑物的通称;是工程技术和建筑艺术的综合创作;是各种土木工程、建筑工程的建造活动。[2]"

"建筑为人所造,供人所用,这是建筑与人的关系的最根本的一个性质和特征。[3]"从上述定义可知,建筑由建筑功能、建筑技术和建筑艺术形象三大要素构成。衡量一个好建筑的标准必然含有实用、坚固、美观三大要点。建筑首先必须满足人们生活方式(各种生活活动)的需要,其目的是创造一种人为的空间环境,提供人们从事各种生活活动的场所。建筑既具有空间性和时间性,又具有功能性、工程技术性和艺术性,同时,还要具有文化性、民族性和地域性,兼具历史性和时代性。不同的民族、不同的地域以及不同的历史时期有不同的建筑形态。

我国著名的建筑学家梁思成先生对"建筑"有这样一段描述。

"最简单地说,建筑就是人类盖的房子,为了解决他们生活上'住'的问题。那就是解决他们安全食宿的地方,生产工作的地方,娱乐休息的地方……自古以来,为了安定的起居,为了便利的生产,在劳动创造中人们就创造了房子……人类在劳动中不断创造新的经验,新的成果,由文明曙光时代开始在建筑方面的努力和其他生产的技术的发展总是平行并进和互相影响的。人们积累了数千年建造的经验,不断地在实践中,把建筑的技能和艺术提高,例如了解木材的性能,泥土沙石在化学方面的变化,在思想方面的丰富,和对造形艺术方面的熟练,因而形成一种最高度综合性的创造。[4]"

梁思成先生在其所著的《中国建筑史》"绪论"中论述道:"建筑之始,产生于实际需要,受制于自然物理,非着意创制形式,更无所谓派别。其结构之系统及形式之派别,乃其材料环境所形成……建筑之规模、形体、工程、艺术之嬗递演变,乃其民族特殊文化兴衰潮汐之映影,一国、一族之建筑适反鉴其物质、精神继往开来之面貌。[5]"

傅熹年先生在《中国古建筑十论》中关于"建筑"也有类似的表述,他在自序中写道:"建筑是人类为自己创造的生存和居住环境,它首先是体现了人类的物质文明,但也反映了人类的精神文明。这是因为建筑的发展,在相近的自然和技术条件下,却往往是由人类的精神文明决定了它向哪个方向发展,从而产生了不同民族、不同国家间在建筑上的差异。从这个角度讲,一国、一族的建筑也可视为其精神文明的综合体现物,一国、一族的建筑的历史也可视为反映了其精神文明发展的轨迹。而在这个发展进程中产生的若干重大的建设成就则成为其历史发展的标识物和人们引以为自豪的共同记忆或民族文化遗产。[6]"

张家骥先生在其所著的《中国建筑论》中对建筑的定义、建筑内容和形式都做了比较详尽的阐述[7]。他认为:"建筑,是社会生产发展到一定阶段,形成人们的一定生活方式。人们运用社会可能提供的物质技术条件,改造和利用自然,建造出适于自己生活方式的空间环境——建筑。"他还认为:"建筑的内容,就是人的生活方式。"人们的生活方式既包括物质生活方式,也包括精神生活方式。生活方式即人们所有生活活动的集合,既受社会环境和社会条件的制约,也受自然环境和自然条件的制约。同时,他又指出:"建筑的形式,就是构成建筑空间的实体。"由物质实体构成的空间环境,包括空间的组合方式和构成形式,也就是说,既包括建筑内部的空间形式,也包括建筑外部形体。

楼庆西教授在其著作《中国古建筑二十讲》"序言"中针对"建筑"也写道:"建筑是一个既有艺术形象,又具有不同物质功能的构筑物。建筑的形象是不能任凭建筑师随意创造的,而必须受物质功能要求和结构、材料、施工等技术条件的制约。[8]"从中国古建筑来看,无论是宫殿建筑、坛庙建筑、陵墓建筑、宗教建筑,还是园林建筑、民居建筑,它们的结构方式、单体造型、群体组合与布局,以及装饰装修、山水园景无不反映了一个时期政治、经济、文化、技术等多方面条件。人们看到的宫殿、坛庙等古建筑之所以有那样的大屋顶,有那种特殊的斗拱构件,有梁枋上的彩画装饰,都是与中国古建筑长期采用的木构架为主的结构方式紧密相关的。因此,我们在了解和认识中国古建筑时,不但要了解和认识它们所处的政治、经济、文化背景,而且还必须了解和认识它们的结构、造型、群体组合与布局形式等。

二、何谓中国古建筑

中国是一个有着悠久历史的文明古国,华夏祖先为我们留下了众多建筑文化遗产。在世界建筑体系中,中国古建筑源远流长、独树一帜,具有鲜明的特色,形成了独特的建筑体系。从陕西半坡遗址发掘的方形及圆形浅穴式建筑遗址和浙江余姚河姆渡建筑遗址来看,中国建筑已有七千年的历史,堪称世界最久的建筑体系。

从世界范围看,主要的独立建筑体系有七个,其中中国古代建筑、欧洲古代建筑和伊斯兰古代建筑被认为是世界三大建筑体系,而古代埃及、两河流域、古代印度和古代美洲等建筑体系,有的早已中断,有的流传不广,有的影响有限。在世界三大建筑体系中,流传最广、延续时间最长、成就最辉煌的当属中国古代建筑和欧洲古代建筑[9]。

中国古建筑通常是指清朝鸦片战争(1840)之前建造的官式建筑和民间建筑。官式建筑,通常又称为宫殿式建筑,包括帝王宫殿、官衙建筑等,其代表着当时(一个历史时期)的最高技术和工艺水平,非常讲究群体组合,建筑样式多趋于模式化,不能体现地区性差异。民间建筑则能很好地与当地的自然环境和社会条件相融合,建筑样式繁多,具有浓郁的地方特色。中国古建筑以木结构为主,具有朴素淡雅的风格,主要以木材、砖瓦、茅草为建筑材料,以木构架为结构方式,"墙倒屋不塌"这句古老的谚语,概括地指出了中国木构架结构建筑最重要的特点。中国木构架结构建筑远在原始社会末期就已开始萌芽,经过奴隶社会到封建社会的创造、发展和融合,从建筑单体、建筑组群到城市规划,逐步形成了以木构架房屋为主,在平面上拓展的院落式布局的独特建筑体系,并一直沿用到近代,创造了许多优秀的建筑文化遗产。绵延起伏于中华大地上的万里长城,是人类建筑史上的奇迹,位列"世界新七大奇迹"第一;建于隋代的赵州桥,是世界现存最早的敞肩石拱桥,也是科技同艺术完美结合的典范;与意大利比萨斜塔、巴黎埃菲尔铁塔并称"世界三大奇塔"的山西应县木塔,是世界现存最高的木结构建筑;明清北京故宫,是世界上现存规模最大、建筑精美、保存完整的古建筑群;明清北京天坛则是世界上现存规模最大、保存最完整的祭天建筑群,其设计之精、建筑之巧、风格之奇、回音之妙,在世界古建筑史上实属罕见。这一系列技术高超、艺术精湛、风格独特的中国古建筑,都是中国古代文明的标志性成果。除此之外,在中华大地上,在各民族文化中,还有诸多的建筑杰作,"无论是规整的都城、宏伟的宫殿、肃穆的陵墓,还是神圣的坛庙与寺观、得自然之趣的园林、朴素的民居等,它们都融入了中国传统文化精神,集中反映了中国古代建筑技术和艺术的高度成就。[10]4-11"

三、认识中国古建筑的方式

(一)按历史顺序认识中国古建筑

了解和认识中国古建筑的第一种方式是按照朝代的历史顺序。

中国古代建筑七千年有据可考的发展过程,大体可分为新石器时代,夏、商、周,秦、汉至南北朝,隋、唐至宋,元、明、清等五个历史阶段。在这五个发展历史阶段中,中国古建筑体系经历了从萌芽、初步定型、基本定型到成熟兴盛,再到持续发展后逐渐衰落的过程。汉、唐、明三代是后三个发展阶段中国历史上国家统一强盛,且有巨大发展的时期,而与之相对应的汉、唐、明三代建筑也成为中国建筑史上的三个发展高潮,在建筑规模、建筑技术和建筑艺术上都取得了巨大成就。汉代是中国历史上第一个中央集权的强大、稳定的王朝,其建筑规模和水平达到了中国古建筑史上第一个发展高潮。中国古建筑作为一个独特的建筑体系在汉代已基本形成。唐代继隋后,经过一段时期的恢复和稳定发展,经济繁荣,国富民安,疆域远拓,很快成为统一、巩固、强大、繁荣的王朝。与此相应的唐代建筑,在隋大兴城基础上,继续兴建经营长安城,使之成为当时世界上最大的国际性大都市。这个时期遗存下来陵墓、木构殿堂、石窟、塔、桥和城市宫殿的遗址,无论从布局和造型上都具有较高的技术和艺术水平[11],不仅使唐代建筑达到了中国古建筑史上第二个发展高潮,也标志着中国古建筑步入成熟兴盛时期。明朝是继唐以后汉族建立的唯一的全国统一政权,在制定制度、巩固统一上做了大量工作。相应的明代建筑,不仅兴建了南京、北京两座都城和诸多宫殿,还制定了各种类型建筑的等级标准,明中期还增修长城,为具有两千年历史的万里长城伟大工程做了一个辉煌的总结,使明代建筑进入中国古建筑史上继汉、唐以后又一个发展高潮。如此划分中国古建筑的发展阶段可以很快理清中国古代建筑发展的脉络。

(二)按建筑类型认识中国古代建筑

了解和认识中国古代建筑的第二种方式是按照建筑类型,即按照宫殿建筑、坛庙建筑、陵墓建筑、宗教建筑、园林建筑和民居建筑等不同类型去了解和认识中国古代建筑。

对于中国传统的民间建筑还可按照派系进行了解和认识,所谓派系是指原住地居民长久以来根据当地风土人情而形成的不同风格的民居。传统民居建筑的六大派系是指皖派、闽派、京派、苏派、晋派和川派。

四、中国古建筑的分类和特点

(一)分类

中国古建筑在长期发展过程中,为了满足不同的使用需求,逐渐形成若干不同的类型,可归纳为宫殿建筑、坛庙建筑、陵墓建筑、宗教建筑、园林建筑和民居建筑六大类。

1.宫殿建筑

宫殿建筑,又称宫廷建筑,是古代皇帝为了巩固政权统治、突出皇权威严、满足精神生活和物质生活需求而建造的规模巨大、气势雄伟的建筑物。宫殿是皇帝居住并进行统治的场所,是国家的权力中心,也是国家政权和皇家权势的象征。宫殿建筑严格采取中轴对称的布局方式,宫殿建筑又被划分为"前朝后寝"两部分,"前朝"是帝王上朝理政之处,"后寝"则是皇帝与后妃们居住生活之所。

2.坛庙建筑

坛庙建筑是一种礼制性建筑。所谓礼就是规定社会行为的法则、规范和仪式的总称。一般来说,祭祀天地等自然神的典礼多在露天高台上举行,即称为坛,如北京的天坛、地坛、日坛和月坛等;祭祀祖宗、神佛或前代贤哲多在室内举行,即称为庙,如太庙、孔庙、关帝庙等。从古代礼制和留存的建筑实例来看,坛庙建筑大致有三种类型,即祭祀天地、山川和帝王祖先的坛庙,祭祀贤臣良将、文人武士的祠庙,以及大量存于民间的祭祀宗族的家庙祠堂[10]38-55。

3.陵墓建筑

陵墓建筑是随着古代丧葬制度的产生而逐步完备的,且是中国古建筑中最宏伟、最庞大的建筑群之一。古代多数帝陵都将陵山置于陵园的最后,帝陵分地下、地上两部分,地下部分为"寝宫",地上部分为供后人祭祀用的建筑,其前建陵门,陵门前辟甬道,甬道两侧有门阙石人、石兽雕像,陵园内松柏苍翠、树木森森,给人肃穆、宁静之感。

4.宗教建筑

宗教建筑是为进行宗教活动提供的物质空间和环境[10]74-95,同时还要通过建筑艺术营造特定的环境和氛围,吸引信徒,增强其信仰。中国古代宗教主要有佛教、道教和伊斯兰教,它们各自有其宗教仪式和相应的宗教活动。与此对应的建筑就有佛教建筑、道教建筑和伊斯兰教建筑。佛教建筑又由佛寺、佛殿、佛塔和石窟组成,而叠涩密檐式古塔是由木构楼阁式塔发展而来的一种佛塔的形式。

5.园林建筑

园林建筑是人们对自然环境加以利用和改造, 或模仿自然环境而创造的景观[10]96-117,通过对园林四要素(山、水、建筑和植物)、道路和室内布置等的有机设计与融合,营造出的供人赏游、休憩的优美环境。在中国古建筑中,相对于其他建筑而言,园林建筑的精神品格更加突出,也更有艺术意境。园林建筑主要包括皇家园林和私家园林两大类。

6.民居建筑

民居建筑是最基本的一种建筑类型,是为了满足人们的生活需求而创造的空间和环境,也是中国古建筑中数量最多、分布最广、呈现出丰富多彩面貌、最具地方特色的建筑。北京的"四合院"、陕西的"窑洞"、广西的"杆栏式"、客家的"围拢屋"、云南的"一颗印"被中外建筑学界并列为中国五大特色民居建筑,合称为我国最具乡土风情的五大传统民居建筑形式。除此之外,民居建筑还有北方四合院、南方天井院、云南四合院、窑洞民居、西南汉风坊院、金门民居、土楼民居、石头民房、开平碉楼、蒙古包、藏族碉房、阿以旺民居、水乡民居、晋中及皖南商人住宅等[12]。

(二)特点

建筑特点是在一定的自然环境和社会条件的影响和支配下形成的[13]。中国古建筑以木构架为主的结构形式,有着独特的单体造型,中轴对称、方正严整的群体组合与布局,以及变化多样、丰富多彩的建筑装修与装饰,是中国古建筑最明显的不同于其他建筑体系的特点。

1.木构架为主的结构形式

中国古建筑在很早以前就采用了木构架的结构方式,大约在西周初年就开始出现,到秦汉时期已经基本成熟稳定。木构架结构的最基本形式是将木头柱子立在地面上,在柱子上架设木梁和木枋,梁、枋上用木料做成屋顶的构架,再在这些屋顶构架上铺设瓦顶屋面,如图1-1所示。这种木构架主要有抬梁、穿斗和井干三种结构方式,以抬梁式使用较为普遍,在三者中居于首位。中国古建筑从民居到宫殿、坛庙都采用木构架的结构。采用这种构架,屋顶与房檐的重量通过梁架传递到立柱上,围绕柱子用砖石等材料砌筑墙体,墙体只是隔断,只起维护和分隔空间的作用,不起承担房屋重量的作用,所以才出现了"墙倒屋不塌"的特有现象。

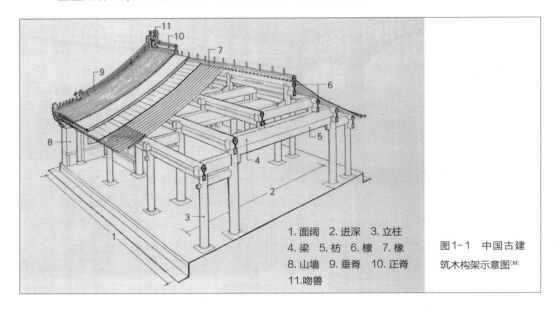

1.面阔　2.进深　3.立柱
4.梁　5.枋　6.檩　7.椽
8.山墙　9.垂脊　10.正脊
11.吻兽

图1-1　中国古建筑木构架示意图[10]

这种木构架结构的建筑有取材方便、适应性强、承重与围护分离、抗震性能好、便于施工建造和利于修缮维护等诸多优点。

2.独特的单体造型

中国古代单体建筑以"间"为单位,由"间"构成单体建筑。"间"则是由四根立柱,再加上横梁、竖枋构成。一般建筑都是由奇数间构成,如三、五、七、九间等,间数越多,等级越高,故宫太和殿为十一开间,是现存等级最高的木构古建筑。

单体建筑立面上可分为台基、屋身、屋顶三个部分。凡重要建筑都建在台基上,一般台基为一层,大的宫殿有三层台基,如北京明清故宫太和殿,就建在高大的三层台基之上。单体建筑最常见的平面是由三、五、七、九间组成的长方形,另还有正方形、六角形、八角形、圆形等多种平面形式。这些不同的平面形式,对构成单体建筑的立面形象起着非常重要的作用。由于建筑采用木构架结构方式,所以屋身处理起来就十分灵活,门窗柱墙往往依据所用材料与部位的不同而加以处置与装饰,极大地丰富了屋身的形象。屋顶对建筑立面的形象起着非常重要的作用。中国古建筑的屋顶形式丰富多彩,有庑殿、歇山、悬山、囤顶、攒尖等几种基本形式,有单檐和重檐之分。另有勾连搭、单坡顶、十字坡顶、盂顶、拱券顶、穹窿顶等多种形式。为了保护木构架,屋顶往往采用较大的出檐。因出檐对采光有影响,又因屋顶雨水下泄极易冲毁台基,为此屋顶多采用反曲屋面或屋面举折、屋角起翘,于是屋顶和屋角就显得更为轻盈活泼。

3.中轴对称、方正严整的群体组合与布局

中国古建筑以木构架结构为主，在平面布局上以"间"为单位构成不同形式的单体建筑，再以单体建筑组成大小不同的院落，最终构成建筑群体，大到宫殿、坛庙，小到民居，莫不如此。一座城市也是由许许多多不同用途的建筑群体组成的。

中国古建筑院落和群体"方正严整的布局思想，主要是源于中国古代黄河中游的地理位置与儒学中正思想的影响"[1]。其布局形式有严格的方向性，常为南北方向，大多采用均衡对称的方式，沿纵轴线和横轴线进行布置，通常以一条纵轴线为主，将主要建筑布置在轴线上，次要建筑则布置在主要建筑前方两侧，东西对峙，组成一个方形或长方形院落。当一组院落不能满足需要时，可在轴线上采取纵向扩展、横向扩展、纵横向同时扩展等方式延伸布置多进院落，也可在轴线两侧布置跨院，并设置辅助轴线。如图1-2所示，北京的四合院是住宅中最普通的形式，通常采用走廊、围墙等将四座建筑连接起来，围成一个封闭的院子，主人的住房在中间，子女住在两侧。这种布局方式符合中国古代的宗法和礼教制度，便于安排家庭成员的住所，使得尊卑、长幼之间有明显的区别。

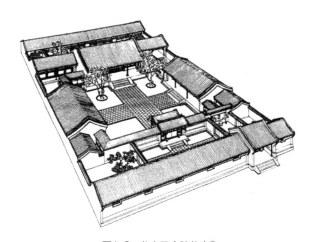

图1-2　北京四合院住宅[2]

北京四合院这种均衡对称的布置方式已经成为中国古建筑平面布局的最基本形式。宫殿、坛庙也是这样，只不过其建筑单体更讲究，所围成的院落更大，院落更多，院落组成的建筑群体更大。

4.丰富多彩的建筑装修与装饰

中国古建筑对于装修、装饰特别讲究，大到单体建筑的整体，小到一个梁头、瓦当，往往都要进行装修与装饰，且建筑的不同部位或构件，也要进行装修与装饰，只不过所选用的形象、色彩会因所处建筑的部位与构件性质不同而有所区别。

台基和台阶本是建筑的基座和进入建筑的踏步，但对其加以雕饰，配以栏杆，就显得格外庄严与雄伟。屋面和屋顶的装修、装饰使得建筑的轮廓形象更加优美，工匠们将屋顶做成曲面形状，屋檐到四个角也都微微翘起，如图1-3所示。在长期实践中，创造了不同的屋面和屋顶形式，以适应不同等级、不同类型建筑的需求。门窗、隔扇

---

①　引自百度文库《中国古代建筑的特点》。
②　引自楼庆西《中国古代建筑》。

属外檐装修，是分隔室内外空间的间隔物，但是装饰性特别强。门窗以其各种形象、花纹、色彩增强了建筑立面的艺术效果①。工匠们还把屋脊上的构件加工成小兽，增加建筑的情趣。房屋木构架的梁、枋出头，也被加工成蚂蚱头、菊花头等各式动植物或几何形状。同时，为防潮防蛀，还把木结构的露明部分涂上油彩，从而创造了中国古建筑特有的"彩画"装饰[10]4-11。

图1-3　天坛祈谷坛坛门屋顶装饰（吕尊仁　摄）

古建筑装饰不仅有美观的外形，而且还有一定的文化内涵。例如，在古代，龙、凤既是民间祥瑞动物，又是皇权政治的象征，分别代表皇帝和皇后，故而在皇家建筑中大量出现龙、凤的装饰。有关飞禽、走兽和植物的象征意义，有的源于自身的特点，有的以其自然属性比喻人的社会属性。例如，以龟鹤象征长寿，用鸳鸯象征美满婚姻，又如牡丹有国色天香之称，是富贵的象征，等等。

五、中国四大回音古建筑

中国四大回音古建筑，即北京天坛回音建筑、山西永济普救寺莺莺塔、重庆潼南（原属四川）大佛寺"石琴"和河南三门峡宝轮寺"蛤蟆塔"。它们以精湛的建筑艺术和奇妙的回声现象名扬海内外，是不可多得的中华瑰宝。回音古建筑的设计与建筑风格反映了我们祖先丰富的想象力、奇妙的构思与创新，充分体现了他们的聪明智慧与高超技艺，不仅具有深刻的文化内涵，而且还蕴藏着极其丰富的科学内涵，而探究古建筑奇妙声学现象的形成机理则是传承这些中华优秀传统文化的基础。

（一）北京天坛回音建筑

北京天坛是明清两代皇帝祭天祈谷的场所，是世界上现存规模最大、保存最完整的祭天建筑群，且被列入《世界遗产名录》，其设计之精、建筑之巧、风格之奇、回音之妙，在世界古建筑史上亦属罕见，为东方古老文明的象征之一。北京天坛回音建筑是天坛圜丘坛建筑群中皇穹宇和圜丘的总称，位列中国四大回音古建筑之首。天坛奇妙的声学景观可概括为四组，即回音壁现象、三音石（含一音石、二音石、三音石和四音石）现象、天心石现象和对话石现象（1994年3月26日发现并命名）。

（二）山西永济普救寺莺莺塔

山西永济普救寺舍利塔，因历史名剧《西厢记》中张生和崔莺莺的爱情故事发生

---

① 引自百度文库《中国古代建筑的特点》。

在此处,故多称之为莺莺塔。莺莺塔是座方形叠涩密檐式砖塔,以其结构奇特,能够产生蛙声回音著称于世,堪称世界奇塔。莺莺塔奇特的蛙声回音效应,被地方志称为"普救蟾声"。几百年来,这一奇观吸引了成千上万的中外游客来此观光并为之赞叹称绝。在特殊条件下,莺莺塔还具有"收音机""窃听器"和"扩大器"的功能。

(三)重庆潼南大佛寺"石琴"

重庆潼南大佛寺"石琴",位于大像阁右侧25米处,从空中俯视"石琴"是一个呈"7"字形的登山石阶,其中下半部竖"1"字形石阶是凿自江岸完整无缝之崖壁而成的24级凹形登山石阶,从石阶缓步而登,自第四级到第十九级的16级台阶,凡步履所触,便会发出悠扬婉转、音色极似古琴的声音,在洞内久久回荡,其中最下面的7级台阶发音特别宏亮,古人称之为"七步弹琴",并题为"石磴琴声"。"石琴"以其声音宏亮、音色优美、历史悠久、题刻繁多等特点,吸引了众多古代文人墨客和现代广大的中外观光游客。

(四)河南三门峡宝轮寺"蛤蟆塔"

河南三门峡宝轮寺三圣舍利塔,是十三级叠涩密檐式方形砖塔,因具有典型的蛙声回音效应而得名河南"蛤蟆塔",被列为中国四大回音古建筑之一。其回声效应是站在塔的任何一面,距塔10余米以外,无论是击石或击掌,都可以听到"咯哇、咯哇"的类似蛤蟆叫的回声。"宝塔蟾鸣"已成为陕州古城一绝。

回音古建筑研究的必要性

回音古建筑是我国特有的建筑文化遗产,具有较高的历史价值、科学价值和珍贵的文物价值,也是具有深刻文化内涵的中国古文化的载体。发掘并深刻认识回音古建筑的科学内涵,针对回音古建筑开展古建筑声学和科技史等多学科领域的研究,为"科学保护、合理利用"我国特有的回音古建筑文化遗产提供可靠的科学依据,既有学术价值,又有实用价值,具有重要的现实意义和历史意义,是历史赋予每个文化遗产工作者和科技工作者的责任和义务,具体体现在以下三个方面。

一、建筑文化遗产保护的需要

建筑文化遗产(或称文物)具有"不可再生性",一旦破坏,就再也没有了,再也无法补救了[14]。因此,保护好中华民族祖先留下的珍贵建筑文化遗产是每个中华儿女应尽的历史责任。

建筑文化遗产的保护和利用,国家有责任,各级地方政府有责任,文化遗产工作者有责任,科技工作者有责任,全社会都有责任。近年来,国家和各级地方政府相关部门普遍增强了对建筑文化遗产的保护意识,也采取了相应的保护和抢救措施。但是,由于部分工作者对建筑文化遗产的科学内涵缺乏足够清醒的认识,保护、抢救和维修措施不利,对其科学内涵形成的机理认识不全面,"只知其然,不知其所以然",好心办坏事,导致珍贵建筑文化遗产和著名历史文物"保护性破坏"的现象屡有发生。

例如,山西五台山整修文殊殿,三百年"滴水殿"断流[15,16]。我国佛教圣地五台山真容院文殊殿自康熙二十二年(1683)翻修以来,不论春夏秋换季,也不论阴晴风雨天气变化,春夏秋三季,殿檐总是有规律地滴水不断,水珠落地注石,细细有声。日积月累,年复一年,因持续滴水,檐下石阶上形成了蜂窝状石坑,最大的一处深达5 cm,此殿也因此得名"滴水殿",并成为五台山十大奇观之一。但在1982年对文殊殿进行保护性翻修施工时,由于未完全掌握滴水殿殿顶贮水、渗水的科学奥秘,翻修后,滴水殿有300多年的滴水奇观消失了,现在只是在下雨时,殿檐不停地滴水,雨过天晴后,殿檐就再也不滴水了。如此抢救维修,实在可惜。

又如,山西省永济县普救寺莺莺塔经改造后,上千年回声骤减。因《西厢记》而闻名遐迩的永济县普救寺内的世界奇塔莺莺塔,初建于隋唐时期,明代重修,塔共十三层,高36.76 m,属叠涩密檐式方形砖塔,是中国四大回音古建筑之一。莺莺塔以其独特的"蛙声"回声效应,被列入世界六大奇塔。此外,莺莺塔还有被称为"收音机""窃听器"和"扩音器"等多种奇妙的声学效应。遗憾的是,1986年,国家拨专款抢修普救寺,在没有完全搞清莺莺塔"普救蟾声"回声机理的情况下,就在莺莺塔周围修建了一圈围廊,致使修复后的莺莺塔蛙声回音效果明显减弱。如果单纯从声学原理来考虑,莺莺塔四周以不修建回廊为好。这样就不会把第一、二层塔檐挡住,就会有第一、二层塔檐较强的反射回波,莺莺塔的蛙声回音效果也就会更好。但考虑到诸多历史和文化的原因,最后还是修建了回廊,使得蛙声回音有所下降。为此,《人民日报》曾经发了报道。值得庆幸的是,莺莺塔的修建者巧妙地在适当位置放置了一块大石头做声源,名曰"击蛙石";又把接收点放到土坡下面,并修建了一座"蛙鸣亭"。这样做,一是加大了声源的强度,二是避免了直达声对回声的干扰,从而使莺莺塔的"普救蟾声"蛙声效果得以保留。

再如,为保护河北沧州铁狮子,为其搭建亭子遮阳,却使其锈迹斑斑[14]。全国首批重点保护文物河北沧州铁狮子,铸于大周广顺三年(953),坐落在河北省沧县旧州城内原开元寺前。铁狮子通高5.48 m,通长6.5 m,总重量29.30吨,是我国最大的铸铁文物,具有较高的科研价值、历史价值和艺术价值,在世界冶金史上也具有里程碑的意义。铁狮子昂首挺立,毛发披肩,高大威武,原本油光铮亮,呈黑色,遍体生光,虎虎有神。然而在1958年,有关部门为保护铁狮子,搭建了一个亭子为铁狮子遮阳,阳光虽遮住了,但却没有遮住雨水,雨后见不到阳光,铁狮子开始腐蚀。待20世纪60年代拆去亭子，为时已晚。千年铁狮子的风采却毁于今人一个失误。如此保护重点文物，实在让人爱恨交加，令人惋惜。

上述三个好心办坏事的典型案例，我们要引以为戒。这三个典型案例都是因缺乏正确认识而使珍贵的建筑文化遗产或重点保护文物遭到破坏，乃至损毁，犯下了无法弥补的历史性错误，都给我们带来了惨痛的教训。

二、科学研究或科学史研究的需要

建筑声学是研究建筑环境中声音的传播、评价和控制的学科，是建筑物理的重要组成部分，主要研究室内音质和建筑环境的噪声控制，基本任务是研究室内声波传输的物理条件和声学处理方法，目标是创造符合听闻要求的建筑声环境[①]。古建筑声学是集古建筑学、物理学、建筑声学、文物保护学和考古学于一体的一门新兴的交叉学科，主要是利用现代科学手段，依据建筑声学和物理学基本原理，对回音古建筑声学效应进行实验研究，揭示其回声的声学机理，给出科学解释，进而确定回音古建筑产生回声效应的声学设计要点。这既可为有效地避免回音古建筑"保护性破坏"现象的发生提供可靠的科学依据，又将促进古建筑学与科技史研究的结合，丰富古建筑学史和建筑声学史文化宝库。

三、发展旅游业的需要

建筑是文化的载体。中国古代建筑遗产是中国古代文化的载体，也是中国古代科学技术的载体。中国四大回音古建筑不仅是具有巨大潜力的旅游资源，同时也是具有较高历史价值、科学价值和独特艺术价值的建筑文化遗产，更是具有深刻文化内涵的中国古文化的载体。天坛回音建筑建于明嘉靖九年(1530)；山西永济普救寺莺莺塔始建于唐代，明嘉靖四十二年(1563)重修；潼南大佛寺石琴建于明宣德年间(1426—1435)；河南三门峡宝轮寺蛤蟆塔历史最悠久，建于金大定十六年(1176)。回音古建筑的形成同其建造时期的政治、经济、文化、科学技术(包括建筑材料、结构方式、施工方法等)诸方面条件有着密切的联系，为科技工作者和历史文化工作者提供了广阔的研究领域和研究空间，通过研究回音建筑可以了解我国当时的政治、经济、文化、科学技术等诸方面的发展状况。反过来，科学研究所获得的研究成果又可为旅游业服务，使游人在游览中获得知识和乐趣，使旅游成为真正意义上的科学知识和历史文化旅游。

因为作为珍贵建筑文化遗产的中国四大回音古建筑具有"不可再生性"，所以利用现代科技手段，正确认识并深入发掘研究中国四大回音古建筑蕴含的奇妙声学景观的科学内涵，显得尤为重要。这一举动既有学术价值，又有实际应用价值，对弘扬中华民族的优秀建筑历史文化，加深对中华民族历史文化的理解和认识，科学保护和

---

① 引自百度百科《建筑声学》。

利用我国特有的、珍贵的回音古建筑文化遗产都具有重要的现实意义和深远的历史意义。同时,对促进旅游事业的发展,普及科学知识,对青少年进行爱国主义教育也将起到积极的推动作用。

㊣第三节

回音古建筑研究现状

中国四大回音古建筑及其奇妙的声学景观早已引起了有关专家学者的极大兴趣与关注。对北京天坛回音建筑中蕴含的奇妙的声学现象的解释,历史上有两种科学假说,一是金梁先生在其所著的《天坛公园志略》中记述的关于天坛天心石、三音石和回音壁三个声学现象及其形成机理的假说,认为上述声学现象是由于圜丘、皇穹宇内建筑物的界面对声波的反射而形成的①。二是1953年2月,中国科学院汤定元院士同时发表在《科学通报》和《物理通报》上的《天坛中几个建筑物的声学问题》的论文,文中对天坛回音壁、三音石和圜丘天心石三个声学现象的机理提出了卓有见地的科学假说[17],这一假说成为此后40年我国科学界、教育界和旅游界对天坛声学现象的权威解释,并载入相关的科技著作、论文、中学教科书、辞书[18-30]。受当时条件所限,这两个假说都未能得到实验验证。吴硕贤院士在其著作中称天坛回音建筑是声学设计极佳的建筑[31]18。

从1986年开始,在国家自然科学基金、黑龙江省自然科学基金、黑龙江省哲学社会科学研究规划项目和黑龙江省教育厅科研计划项目的连续资助下,黑龙江大学俞文光教授带领的古建筑声学研究组和山西大学、西安交通大学及中国科学院声学研究所等单位合作,利用现代测试分析仪器,对山西莺莺塔声学现象进行了测试和分析,揭示了"普救蟾声"回声机理[32-35];1988年,中国科学院声学研究所陈通先生与蔡秀兰先生对莺莺塔回声现象分析研究结果[36]与俞文光教授研究组的结果相符;1992年,俞文光教授研究组又揭示了河南"蛤蟆塔"蛙声回音机理[37]。

在完成了以上回声机理研究工作之后,1990年俞文光教授研究组又开始关注我国最著名的回音古建筑——北京天坛回音古建筑中的声学效应,他们在研究中发现上述两种假说都与现场考察结果有相悖之处。为此,1993年,研究组与天坛公园管理处、哈尔滨理工大学和国家地震局工程力学研究所等单位合作,首次采用现代分析测试仪器,对天坛声学现象进行了实验测试和声道研究,通过对回音壁、三音石、天心石和对话石等著名声学现象现场测试所获得的声脉冲响应图的分析,采用几何声学

---

① 引自金梁《天坛公园志略》1953 年 1 月誊写版 34-37 页。

画声线的方法,揭示了回声形成的声学机理,给出了科学解释[38-40],修正并完善了汤定元先生关于三音石、天心石回声机理假说,指出金梁先生书中记载的三音石、天心石回声机理解释是不正确的,揭开了一音石、二音石声学机理之谜,发现并确认了四音石声学现象,发现且命名了天坛"对话石"声学现象并揭示了其声学机理,为天坛增添了新的声学景观。研究组的工作得到了国家自然科学基金委有关领导和专家的高度重视,国家自然科学基金委1995年第8期简报以"天坛声学现象研究取得突破性进展"为题,细致、全面地介绍了研究组取得的成果,并认为该成果对挖掘回音古建筑的科学内涵,了解我国当时的科技发展状况,更好地保护我国特有的珍贵文物及促进旅游业的发展有重要意义①。1996年5月,"天坛声学现象研究"成果通过了专家鉴定,汤定元院士等专家认为:"该成果开拓了古建筑声学新的研究领域,为'科学保护、合理利用'天坛回音古建筑提供了可靠的科学依据……在古建筑声学研究领域,该成果达到了国际先进水平。其中天坛'对话石'的发现及其声道研究达到国际领先水平。②"国内外多家媒体报道了这一研究成果,仅我们收集到的就有近百家,引起了海内外强烈的社会反响。这一成果被我国科学界、教育界和文化旅游界逐渐采用,并且被《中国科学技术史·物理学史卷》《中国声学史》等有关科技史著作、教材和科普读物引用[41-48],天坛公园现场解说也以此为本。1996年12月,俞文光教授研究组设计建造了世界上第一座冰质天坛回音建筑,再现了北京天坛回音壁、三音石和对话石等著名声学现象,证实其研究成果是科学和严谨的[49-50]。1997年,陈通先生又从物理声学角度对天坛回音壁和对话石声学景观的机理进行了探讨[51]。这些研究成果无疑可为天坛回音古建筑的保护和利用提供可靠的科学依据。

1998年,俞文光教授研究组又揭示了云南大理千寻塔"蛙声回音"机理[52];1996年,俞文光教授研究组对四川"石琴"的发声机理进行了初步分析,1999年,吕厚均研究员等在俞文光教授指导下又对四川"石琴"的发生机理进行了深入的研究,揭示了潼南大佛寺"石琴"的声学机理[53]。研究中发现,叠涩密檐式古塔有的能产生蛙声回音现象,有的则不能,这是为什么呢?2008年,吕厚均研究员等又发现大理弘圣寺塔、西安小雁塔具有蛙声回音并揭示了其形成机理,并通过对蛙声回音声脉冲响应图的时域和频域特征的分析,找到了蛙声回音与塔的选置、塔身材料、塔及塔檐结构参数的关系,初步归纳出叠涩密檐式古塔产生蛙声回音的声学设计要点[54-55]。这一问题的初步解决无疑对"科学保护、合理利用"叠涩密檐式古塔有着重要的学术价值和应用价值。

① 引自《国家自然科学基金委员会简报》1995年第8期(总第206期)《北京天坛声学现象研究取得突破性进展》1-4页。
② 引自俞文光、周克超、付正心等《天坛声学现象研究》(1996)黑科成鉴字第047号。

自20世纪90年代以来,关于天坛声学现象机理有三种解释①,[17,38,39],不仅在我国科学界、教育界和旅游界同时被引用,还同时在社会上传播②,[41-48,27,30,56],这显然与高度发达的信息化社会是极不相称的。作为科技史工作者,我们通过对三种解释的分析研究[57]来回答哪一种机理解释更具有科学性。因天坛回音建筑及声学现象尚有未解之谜,如天坛回音建筑声学现象中尚有四音石现象机理未明;且天坛回音建筑是有意而为,还是巧合,也未有定论;天坛回音建筑材料性能及制作工艺亦需进行深入研究;皇穹宇殿前甬道石板长度各异的内涵仍未完全解释清楚。这些问题都有待进一步思考并开展多学科交叉的综合研究。为此,对天坛回音建筑声学问题进行深入分析和综合研究就显得尤为重要,既有学术价值,又有实际应用价值。上述关于天坛回音建筑声学问题深入思考的研究工作,在2013年分别获得了国家自然科学基金、国家文化遗产保护领域科学研究课题的资助,研究工作也在按计划紧张地进行中,并取得了预期的成果,相关研究成果将陆续在有关学术刊物上发表。

第四节

古建筑声学基础知识

一、声音的产生和传播

人类生存的自然界中存在着各种各样的声音,大体上可分为语言声、音乐声和环境声(包括自然声和噪声)等三大类,如人们的说话声、乐器的演奏声、江海湖泊中的波涛声、山涧的流水声、森林中松涛声和鸟鸣声、机器的轰鸣声,以及飞机、汽车和火车等交通工具发出的声音等。

由于人类对声音最直接的认识来自于人耳的听觉感受,所以声音最原始的定义就是"人耳所能听到的"。很久以前,人们就发现了物体的运动与声音的产生有密切的关系,并进一步发现了物体的一种特殊运动方式——振动与声音的产生有着特殊的关系。

一般认为,声音是听觉系统(人耳)对声波的主观反映,是人耳对声波的一种听觉感受,是人耳所感觉到的弹性介质的振动,是弹性介质振动传到人耳时产生的迅速而微小的压力起伏变化引起的人耳鼓膜的振动。

从物理意义上讲,自然界中绝大部分声音都来源于振动的物体,如讲话的声音

① 见金梁《天坛公园志略》1953 年 1 月誊写版。

② 见《国家自然科学基金委员会简报》1995 年第 8 期(总第 206 期)《北京天坛声学现象研究取得突破性进展》1-4 页,俞文光、周克超、付正心《天坛声学现象研究》(1996)黑科成鉴字第 047 号,百度百科《三音石》,中国旅游信息网《北京天坛公园三音石》,360 百科《三音石》。

来源于喉咙内声带的振动,传统扬声器的发音来源于纸盆的振动,弦乐器的发声来源于拨动的琴弦,机械噪声来源于机器部件的振动,等等。人们把受到外力作用而发出声音的物体称为声源。声源可以是固体,当然也可以是液体和气体,液体和气体同样可以因为振动而发出声音,如波涛声和汽笛声就是由流体诱发而引起的。声源连续振动时,在其周围介质的分子受到干扰后,也随之发生振动,从而产生声波,声波的能量不断地向外传播,被人耳感觉到的就是人们所说的声音。

声音是声源振动引起的声波传播到听觉系统所产生的感受,从声源到听觉系统总会有一段距离,声音通过这段距离的过程就是声音的传播。声音的传播必须依赖弹性介质。

二、声波的频率、波长与声速

当声波通过弹性介质传播时,弹性介质质点在1 s内往复振动的次数称为频率,记为f,单位为赫兹(Hz),且弹性介质质点振动的频率就是声源振动的频率。声波频率决定了声音的音调。高频声音是高音调,低频声音是的低音调。人耳能听到的声音频率范围为20 Hz~20 kHz。低于20 Hz的声波称为次声波,高于20 kHz的声波称为超声波。次声波和超声波在空气中传播都不能引起人耳鼓膜振动而使人产生声音的感觉。

声波在传播过程中,相邻两个同相位质点之间的距离称之为波长,记为λ,单位是米(m)。也就是说,波长是声波在每一次往复振动周期中所传播的距离。

声波在弹性介质中传播的速度称为声速,记为v,单位是米每秒(m/s)。声速是质点振动状态的传播速度。声速的大小与弹性介质的状态、密度及温度有关。声音在不同的弹性介质中的传播速度(声速)是不同的,一般在固体中传播的速度最快,在液体次之,在气体中传播得最慢。声音在气体中传播的速度还与气体的温度有关。当温度改变时,声速也会发生变化。即对于同一声源产生的声波,在相同温度时,声波在不同状态(气态、液态或固态)介质中传播时,声速是不同的;而对于同一声波,在同一状态介质中传播时,由于介质的密度不同,声速也不相同;同样,在同一状态的介质中传播,由于介质的温度不同,声速也是不相同的。

对于同一声波,当温度T为0 ℃时,声波在空气、水、松木、软木和钢中的声速分别为331.45 m/s、1 450 m/s、3 320 m/s、500 m/s和5 000 m/s。当温度升高时,声速会略有增加。

在空气中,声速v与温度T有如下的关系:

$$v=331.45+0.61T(\text{m/s}) \tag{1-1}$$

式中T为空气温度,单位为℃。

通常室温下,即$T=15℃$,空气中的声速为340.60 m/s。

声速、波长和频率有如下的关系:

$$v = \lambda \cdot f \tag{1-2}$$

在一定的介质中声速是确定的,也就是说在一定介质中频率和波长的乘积是一个确定数,因此,声波的频率越高,波长就越短。在建筑声学中,频率为100 Hz~10 kHz的声波所对应的波长范围为3.4 m~3.4 cm,这与建筑物的结构参数或建筑物内部某些部件的尺度很接近,故在研究建筑声学问题时,对这一波段的声波尤其要重视[31]19-20。

三、声波的反射、散射和绕射

声波在传播过程中,若遇到比其波长大的物体表面,便会产生反射。当反射面远大于声波的波长时,声波的反射原理与几何光学相似,即遵循反射定律:声线的反射角等于入射角;入射声线、反射声线和界面的法线在同一平面内;入射声线、反射声线分别在法线两侧。这时,我们可以用几何声学的研究方法来研究声音的反射情况。

声波在传播过程中,若遇到与其波长相当的物体表面,便不会形成镜像反射,而是发生声波的扩散反射。声波的扩散反射又分为完全扩散反射和部分扩散反射两种。在室内声学中大部分都是后一种情况,这里所说的部分扩散反射是指反射同时具有镜像反射和扩散反射两种情形,如图1-4所示,就是说一部分作镜像反射,一部分作扩散反射,如粗糙的墙面、剧场的观众区、方格的天花板等。

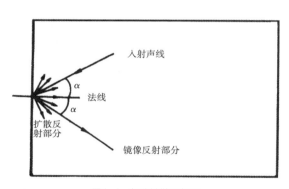

图1-4 部分扩散反射[31]

声波在传播过程中,若遇到障碍物或有孔洞的障板时,会改变原来的传播方向,绕到障碍物或障板背后继续传播,这种现象称为绕射。绕射情况与障碍物或孔洞的尺寸和声波的波长有关。如障碍物或孔洞的尺寸(直径d)与声波波长λ相比很小,即$d \ll \lambda$时,障碍物或孔洞处的空气质点可近似看作一个新的点声源,发出新的球面波;而当障碍物或孔洞的尺寸远大于波长,即$d \gg \lambda$时,对于障碍物而言,声波便会产生反射,且遵循反射定律,对于孔洞而言,新的波形则比较复杂。声波的绕射现象与频率有关,频率越低绕射现象就越明显[31]20-21。

四、声强、声压与声压级

声强是衡量声波在传播过程中声音强弱的物理量。声强是指单位时间内,声波通过垂直于传播方向单位面积的声能量,记为I,单位为瓦每平方米(W/m²)。

声压是定量描述声波性质的基本物理量,是指由于声波的存在而引起的大气压力起伏的逾量压强,相当于在大气压强上叠加一个声波扰动引起的压强变化,记为p,单位为帕斯卡,简称帕(Pa)。声压是随空间位置和时间变化而变化的。声场中每一瞬时的声压值称为瞬时声压。某一段时间内瞬时声压的均方根值被称为有效声压。通常我们所说的声压就是指有效声压。

声压和声强是密切相关的,在自由声场中,某一点的声强和该点声压的平方成正比,且与介质的密度和声速的乘积成反比,其关系式为:

$$I = \frac{p^2}{\rho_0 v} \tag{1-3}$$

式中p为有效声压,单位为Pa;ρ_0为介质密度,单位为kg/m³,一般空气取1.225kg/m³;v为介质中的声速,单位为m/s。$\rho_0 v$又称为空气对声波的特性阻抗。

声压级是声压与基准声压之比的对数的20倍,记为L_1,单位为分贝(dB),可表示为:

$$L_1 = 20\lg\frac{p}{p_0} \tag{1-4}$$

式中L_1为声压级(dB);p为某点的声压(Pa);p_0为基准声压,即2×10^{-5}Pa,这个数值是正常年轻人对1 000 Hz声音刚刚能觉察其存在的声压值,也就是1 000 Hz声音的可听阈声压,即低于这一声压值,人耳就觉察不到这个声音的存在了,其相应的声压级为0 dB[31]25-27。

五、可听频率、可听声压范围与声音的主观响度

可听声是指能够引起听觉的声波,一般简称声波或声音。人耳能否听到声音,取决于声波的频率和强度。频率太低或太高时,人耳是听不到的。人耳可听闻的频率和声压范围均有一定的上限和下限。对于可听频率的上限和下限,不同年龄人之间是有比较大的差异的,而且还与声音的声压级有关系。一般健康年青人的可听频率范围为20 Hz~20 kHz。人的可听频率范围,随着年龄的增长会越来越窄。听觉好的中年人的可听频率范围为30 Hz~16 kHz,而老年人的可听频率范围则常为50 Hz~10 kHz。

人耳可接受的声音声压变化范围是很大的,通常0~130 dB。人耳的最小可听声压极限是与测试方式有关的。在建筑声学中,一般采用自由声场最小可听阈来表示最小可听声压。正常年青人在中频附近的最小可听极限大致相当于基准声压, 即2×10^{-5}Pa,相应的声压级为0 dB。人耳最大可听极限可根据极高声压作用致聋人员的调查统计进行判断确定。人耳在高声压级声音的作用下会感觉不舒服,甚至会产生痛觉。当声压级在120 dB左右时,人耳就会感觉不舒服;声压级在130 dB左右时,人耳就会感觉发痒或产生痛觉;声压级达到150 dB左右时,人耳的鼓膜等听觉系统可能会被破坏,引起人耳永久性的损坏。当然,人耳可容忍的最大声压级还与个人对声音的经历有关。经常处于强噪声环境的人,可容忍最大声压级能达到130~140 dB;而未有此经历的人,其极限通常为125 dB。图1-5给出了自由声场中人耳可听声压级的极限范围。

声音的强度是度量声音强弱的纯客观量。响度则是一定强度的声波作用于人耳所引起的一种辨别声音强弱的感觉,又称音量,是描述声音的响亮程度,表示人耳对

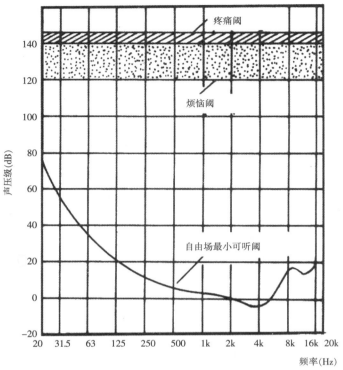

图1-5　人耳的听觉范围[31]

声音强弱的主观感受量。响度的大小与声强密切相关，响度不仅决定于声音的物理强度，而且还与声音的频率有一定关系。

在声强相等时，人耳对声音强弱的感觉是随频率变化而变化的，也就是说，相同声强的声音若频率不同，人耳听起来的响度是不同的；反之，不同频率的声音若响度相同，则它们应具有不同的声强。人耳对1 000~4 000 Hz的声音最敏感[31]30，即人耳听起来最响。在此范围之外，随着频率的降低或升高，响度愈来愈弱，如图1-6所示，当降至20 Hz以下或升至20 kHz以上时，则很难听到。响度的单位为宋(sone)。频率1000 Hz的声波，强度在听阈以上40 dB的纯音所产生的响度为1sone。人耳的主观响度并不与声强呈线性关系，声音能量增加近4倍，主观响度才增加1倍①。

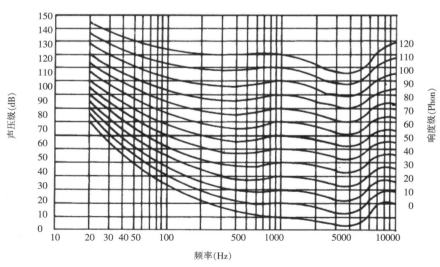

图1-6　等响曲线[31]

① 引自中国数字科技馆《声强与响度的关系》。

六、哈斯(H. Haas)效应

如同人眼睛有视觉暂留现象[①]一样,人耳也有声觉暂留现象,就是说声音对人耳的作用效果并不随着声音的消失而立即消失,而是会暂留一小段时间。如果到达人耳的两个声音的时间间隔小于50 ms,那么人耳就不会觉得这两个声音是间断的。但是,当两个声音的时差超过50 ms,也就是相当于声程差超过17 m时,人耳就能判别出它们是两个独立的声音。在建筑内部,当声源发出一个声音后,人们首先听到的是直达声,然后才陆续听到各界面的反射声。在直达声到达后50 ms以内到达的反射声只会加强直达声,不会产生回声。而在50 ms以后到达的反射声,则不会加强直达声。如果反射声到达的时间大于50 ms,且其强度又比较突出,则会产生回声,即形成回声的感觉。人耳对回声感觉的规律,最早是由哈斯在1951年发现的,故又称之为哈斯(H.Haas)效应[31][30]。

因回声的感觉会妨碍语言和音乐的良好听闻效果,在建筑声学的建筑环境噪声研究领域,回声属于环境噪声,故需要加以控制。而在古建筑声学研究领域中,古建筑的回声则是产生奇妙声学现象的"根",是需要想方设法通过声学设计使其产生并尽量使其增强,即通过声学设计使其产生"强"的反射"回声"。

七、直达声、混响声及回声

我们都知道,声源在室内发声后,遇到四周墙面、地面和顶棚等界面时,部分声能被吸收,部分声能被反射,这使得室内声场有一个逐渐增长的过程。当声源连续稳定地发射声波时,空间各点的声能是来自各方向反射声波叠加的结果。其中直接由声源传播到某点的声波,被称为直达声;一次和多次反射声波的叠加声波,被称为混响声;某一单独、固定的反射声,其强度和时差都大到能够和直达声区别开来且可以听到的反射声,被称为回声。

而当声源停止发声后,声音也不会立刻消失,要经历一个逐渐衰减的过程,而这种过程是往复多次的,从而延长了到达听者的时间。如果这些反射声在直达声到达听者50 ms后仍多次反射而继续存在,直到一段时间后才衰减消失,听起来就有一种余音未绝的感觉。这一过程与现象被称为混响,其所对应的时间就是混响时间。这些反射声的叠加,即形成混响声。混响时间是建筑声学设计中声能定量估算的重要评价指标。其公认的定义是:当声源停止发声后,残余的声音在室内反复经吸收材料吸收,平均声能密度自原始值衰变到原来值的百万分之一所需的时间,或室内声能密度衰减60 dB所需要的时间,被称为混响时间[②],用T_{60}或RT表示,单位为秒(s)。那我们如

---

① 视觉暂留(Persistence of vision)现象,是光对视网膜所产生的视觉在光停止作用后,仍保留一段时间的生理现象,也被称为视觉暂停现象,又称为"余晖效应",其最典型、最成功的应用就是电影的拍摄和放映过程。据史料记载,走马灯是中国人在世界上最早发现并运用的视觉暂留现象,当时在宋朝称之为"马骑灯"。1828年法国人保罗·罗盖夫发明了留影盘。但这一现象是英国伦敦大学皮特·马克·罗葛特教授于1824年首先提出的。

② 引自百度百科《混响时间》。

何确定混响时间呢？20世纪初,声学家赛宾(W.C.Sabine)通过研究确定了混响时间与建筑室内容积和室内总吸声量的定量关系,即著名的赛宾公式:

$$T_{60} = \frac{0.161V}{S\bar{\alpha}} \tag{1-5}$$

式中,T_{60}为混响时间;V为室内容积,单位是m³;S为室内总表面积,单位是m²;$\bar{\alpha}$为室内平均吸声系数。经计算可知,电影放映的混响时间一般不超过0.8 s,音乐厅的混响时间一般是1.5 s。

回声是单一、固定、长时差的"强"反射声或直达声到达50 ms后到达的"强"反射声,并且听者能够分辨出音节。而混响声则是包含了多个不同角度、不同时间到达的混合反射声逐渐衰减形成的,听者分辨不出其中的任何音节。

回声和混响声都是由反射声产生的,混响声的长短与强度将影响厅堂的音质,如清晰度和丰满度;而回声在厅堂室内声学中会使声音产生声缺陷,但在古建筑声学中回声却是奇妙声学现象的本源。一定的混响对音质有利,而回声则只能破坏室内音质。在建筑声学环境噪声控制研究领域应绝对避免回声产生,而在古建筑声学研究领域则要想办法保留并增强回声。

八、声脉冲响应图与频谱图

声脉冲响应图是指在建筑室内某处用短促的脉冲声激发,而在接收处测得的直达声和各界面的反射声依到达时间和强度排列的响应图[31]2。在室内声学中,声脉冲响应图充分反映了建筑室内的声学特性,且理论上声源到接受点的声脉冲响应图是唯一的,包含了室内声场的所有声学特性。

声音的频谱图是声能在声音整个频率范围内的分布,是表示某一声音频率成分及其声压级组成情况的图形。频谱有线状谱和连续谱之分,音乐的频谱为分立的线状谱,如单簧管的频谱;而人们的说话声、机器的轰鸣声及大多数的自然声大多为连续谱。通常会把声音的频率范围划分为一系列连续的频带,频带可宽可窄,视研究精度要求而定,常采用倍频带和1/3倍频带进行划分。在倍频带中,上限频率f_2是下限频率f_1的2倍,即$f_2=2f_1$;在1/3倍频带中,上限频率f_2是下限频率f_1的1.26($\sqrt[3]{2}$)倍,即$f_2=\sqrt[3]{2}f_1$。倍频带适用于较简易的测量,1/3倍频带则适用于较详细的测量。f_1和f_2又被称为截止频率。常用的倍频带和1/3倍频带划分是以频带的中心频率f_m排列的。中心频率f_m是截止频率f_1和f_2的几何平均值,即:

$$f_m = \sqrt{f_1 \cdot f_2} \tag{1-6}$$

对于声音计量、分析及频谱的表示,常常采用中心频率作为频谱某一频带的代表,声压级值则使用整个频带声压级的叠加值,声压级的叠加要按照"级"的加法规律,即采用对数运算规则进行。

九、回声定位法

回声定位法是利用声音做载体，以声源发出脉冲声波并接受周围返回的回波（回声），进而确定反射物体的确切位置的一种技术方法。它如同蝙蝠发出尖锐的叫声后，用灵敏的耳朵收集周围传来的回声，再通过回声返回的时间来确定附近物体的位置和大小，以及物体是否在移动，这种技术被称为回声定位法[①]。它和雷达定位原理也有类似之处，即它们都是利用回波经历的时间，来确定反射物体或反射界面的位置。它与雷达也有不同之处，雷达因为其传播方向性强，由雷达天线的指向即可确定反射物的方位，仅根据雷达回波时间来确定反射物或反射界面的距离即可。利用回声定位法研究回音古建筑所用的声波却不同，我们只能根据回声返回的时间来确定声波经历了多少路程，也就是声程。到底是哪个方向的物体或反射界面反射的，还需要根据建筑内部环境，寻找到可能的反射物体或反射界面，并获得实际测量值进行比对后才能确定。所以利用回声定位法，第一要测得回声经历的时间，即确定声程；第二需要测量周围可能反射物体的距离，即找到反射界面，确定反射物体。具备这两个条件才能确定反射物体或反射界面。具体的方法是首先测定脉冲声波发出后经过多长时间返回到接收点，再根据当时声音在空气中的传播速度，计算得到声音从声源发出到返回到接收点的声程，我们称其为计算值或理论值。然后，在现场测量声源到各个可能反射物体或反射界面的距离，因为是往返，故要取其2倍，我们称其为测量值或实测值。将计算值和测量值进行比较，如果发现某反射物体或反射界面的测量值与计算值一致，我们就可以确定它就是反射物体或反射界面了。这就是回声定位法的基本原理，这样我们就可以准确地找到反射物体，确定反射界面。

十、建筑声学与古建筑声学

（一）建筑声学

人类赖以生存的大千世界中，各种生活环境中，都存在声音，声环境质量的好与坏对人们的生活、工作和学习产生重大影响。建筑声学的任务是对建筑物内、外声环境进行控制，使之满足人们的需要。

建筑声学是研究建筑室内听音质量、减低噪声和建筑材料声学性能等问题的一门学科。主要根据声波的特性和人对声音的感觉，从建筑声学设计、材料构造等方面进行研究并提出合理措施，使听音更清晰，音质更优良。其包括室内声学和建筑环境噪声控制两个研究领域，主要研究室内音质和建筑环境噪声控制，通俗地讲就是一方面研究如何保证室内有一个良好的听闻环境，另一方面研究如何根据功能要求降低和控制噪音。

室内声学对于厅堂室内音质的研究方法有几何声学、统计声学和波动声学三

---

① 引自百度百科《回声定位法》。

种。室内声学的三种研究方法适用于不同的建筑环境,当建筑室内几何尺寸远大于声波波长时,适用于几何声学研究方法,可采用几何声学画声线的方法研究室内各界面反射声的分布,以加强直达声,提高声场的均匀性,避免音质缺陷即回声的出现;当建筑物室内几何尺寸可与声波波长相比拟时,适用于波动声学研究方法,这时可采用波动声学方法研究室内声波的简正振动方式和产生共振现象条件,以提高小空间内声场的均匀性和频谱特性;而统计声学研究方法则是从能量的角度,研究在连续声源激发下声能密度的增长、稳定和衰减过程(混响过程),并给混响时间以确切的定义,使主观评价标准和声学客观量能够结合起来,为室内声学设计提供科学依据①。建筑室内声学设计首先要考虑加强声音传播途径中有效的声反射,使声能在建筑空间内均匀分布和扩散,如在音乐厅或影剧院的设计中要保证各处席位都有适当的响度;同时,对于建筑结构及反射界面,尽量避免选择使用凹面或圆形,这些形状对于语音质量要求高的建筑空间是不适宜的;还要采用各种吸声材料和吸声结构,来控制混响时间和相应的频率特性,防止回声现象和声能集中现象的出现。

控制建筑环境噪声,保证建筑物的使用功能,使得建筑室内能够达到一定的安静标准,是建筑声学的另一个重要研究领域。控制噪声就是按照建筑功能的实际需要和可能,以保障人们正常生活和工作为前提,将噪声控制在某一适当范围内。如对于生活和学习环境则要保证达到一定的安静标准。在噪声控制中,首先是要降低噪声源的辐射强度,其次是要控制噪声的传播,第三是采取噪声防护措施。

(二)古建筑声学

古建筑声学是一门新兴的交叉学科,是集古建筑学、建筑声学、物理学、科技史、文物保护学、科技考古学等多学科为一体的新的研究领域。它依据建筑声学和物理学的基本原理,运用现代先进的测试分析仪器,对回音古建筑蕴含的声学现象进行实验研究,通过测得声脉冲响应图,采用几何声学的研究方法和回声定位法进行分析,揭示其声学机理,并做出科学解释,进而进行深入分析和综合研究,确定回音古建筑产生回音效应的声学设计要点。不仅能为保护和利用我国特有的回音古建筑提供可靠的科学依据,还将促进建筑史与物理学史研究的结合,丰富科学技术史的宝库,对开发旅游资源、弘扬中华民族优秀文化和古代科学技术成果都有积极的推动作用。

回音古建筑声学现象是利用古建筑的特殊结构对声波的会聚特性和特定的建筑材料对声波的反射性能而形成的回声或传声现象。回音古建筑的声学设计对于建筑结构及反射界面形状,首先要考虑选择使用凹面或圆形,因凹面或圆形反射界面会将声音聚焦于一个特定区域或特定的某一点,使该区域或特定的某一点的声能较

---

① 引自百度百科《建筑声学》。

室内其他区域的声能更集中或者更强,从而产生强烈的长延时的"强"反射回声,进而能够出现回声现象和声能集中的现象。

综上所述,从建筑声学与古建筑声学的研究内容和追求目标来看,古建筑声学可以归属于建筑声学之建筑环境声学研究范畴[58],是建筑声学一个新的研究领域,也是建筑声学设计的重要内容[59]。

参考文献

[1] 张家骥.简明中国建筑论[M].南京:江苏人民出版社,2012:2-4.

[2] 辞海编辑委员会.辞海(第六版缩印本)[M].上海:上海辞书出版社,1990:571.

[3] 沈福煦.建筑概论[M].北京:中国建筑工业出版社,2012:2-7.

[4] 梁思成.梁思成谈建筑[M].北京:当代世界出版社,2006:3-6.

[5] 梁思成.中国建筑史[M].北京:生活·读书·新知三联书店,2011:1-2.

[6] 傅熹年.中国古建筑十论[M].上海:复旦大学出版社,2004:1-2.

[7] 张家骥.中国建筑论[M].太原:山西人民出版社,2003:15-22.

[8] 楼庆西.中国古建筑二十讲[M].北京:生活·读书·新知三联书店,2001:1-2.

[9] 王其钧.华夏营造:中国古代建筑史[M].北京:中国建筑工业出版社,2010:1-9.

[10] 楼庆西.中国传统建筑[M].北京:五洲传播出版社,2001.

[11] 刘敦帧.中国古代建筑史[M].北京:中国建筑工业出版社,1984:1-3.

[12] 王其钧.中国民居三十讲[M].北京:中国建筑工业出版社,2006:254-419.

[13] 潘谷西.中国建筑史(第5版)[M].北京:中国建筑工业出版社,2004:1-10.

[14] 李鸿冰.抢救!抢救!——文物工作喜与忧[N].人民日报,1992-06-24(5).

[15] 崔济哲,张可兴.山西翻修文物古迹弄巧成拙[N].人民日报,1988-02-09(3).

[16] 龚贵,白甲林.三百年的滴水殿不再滴水,上千年的回声塔回声减弱[N].山西日报,1998-01-31(2).

[17] 汤定元.天坛中几个建筑物的声学问题[J].科学通报,1953,4(2):50-55.

[18] 田时秀.中国古代声学的发展[J].物理,1976,5(6):347-350.

[19] 戴念祖.中国声学史[M].石家庄:河北教育出版社,1994:461-463.

[20] 马大猷,沈嚎.声学手册[M].北京:科学出版社,1983:97.

[21] 马大猷.中国声学三十年[J].声学学报,1979,4(4):443-452.

[22] 《中国少年儿童百科全书》编委会.中国少年儿童百科全书·科学、技术卷[M].杭州:浙江教育出版社,1991:199.

[23] 《人民教育出版社》物理室,中国教育学会物理教学研究会.物理世界(义务教育初中物理学生读物)(第一册)[M].北京:人民教育出版社,1990:25-27.

[24] 沈克琦.自然科学基础(高等教育自学考试教材)[M].北京:高等教育出版社, 1990:124-127.

[25] 《小学生自然百科》编委会.小学生自然百科[M].杭州:浙江少年儿童出版社, 1995:108-109.

[26] 刘仁隆.故事物理学[M].北京:科学出版社,1980:155-157.

[27] 孙述庆.物理知识场[M].北京:中国少年儿童出版社,2000:95-98.

[28] 卢嘉锡.十万个为什么(新世纪版):物理分册[M].上海:少年儿童出版社, 1999:73-75.

[29] 望天星.天坛[M].北京:中国世界语出版社,1994:72-73.

[30] 丁时琪.声现象[M].北京:人民教育出版社,2001:66.

[31] 吴硕贤,张三明,葛坚.建筑声学设计原理[M].北京:中国建筑工业出版社, 2000.

[32] 丁士章,俞文光,贾陇生,等.莺莺塔的声学原理初探[J].黑龙江大学自然科学学报, 1987,4(增2): 5-8.

[33] 丁士章,俞文光,张荫榕,等.普救寺塔蟾声的声学机制[J].自然科学史研究, 1988,7(2):142-151.

[34] 丁士章,俞文光,张荫榕,等.普救寺塔蟾声的实验测试[J].黑龙江大学自然科学学报,1988,5(4):34-37.

[35] 俞文光,丁士章,徐俊华,等.普救寺莺莺塔回声分析[J].黑龙江大学自然科学学报,1991,8(3):1-8.

[36] 陈通,蔡秀兰.普救寺莺莺塔回声现象分析[J].声学学报,1988,13(6):462-466.

[37] 俞文光,周克超,贾陇生,等.河南蛤蟆塔及其蛙声效应的研究[J].自然科学史研究,1992,11(2):158-161.

[38] 周克超,俞文光.天坛声学现象的首次测试与综合分析[J].自然科学史研究, 1996,15(1):72-79.

[39] 吕厚均,付正心.天坛皇穹宇声学现象的新发现[J].自然科学史研究,1995,14 (4):359-365.

[40] YU WENGUANG,LU HOUJUN, et al. A new discovery of the Temple of Heaven's Acoustic Phenomena:The Dialogue Stone Phenomenon[J].Science Foundation in China,1997,5(1):40-43.

[41] 卢嘉锡,戴念祖.中国科学技术史:物理学卷[M].北京:科学出版社,2001:345-347.

[42] 戴念祖.中国物理学史大系:声学史[M].长沙:湖南教育出版社,2001:381-382.

[43] 刘树勇,李艳平.中国物理学史:近现代卷[M].南宁:广西教育出版社,2006:

82-84.

[44] 戴念祖.文物与物理[M].北京:东方出版社,1999:207-210.

[45] 吴寿锽.中华科技史话[M].西安:陕西教育出版社,1998:16-20.

[46] 刘树勇,白欣.中国古代物理学史[M].北京:首都师范大学出版社,2011:123-
      126.

[47] 侯幼彬.中国建筑之道[M].北京:中国建筑工业出版社,2011:319.

[48] 张家顺.科学普及大有作为[N].中国科学报,1997-11-03(4).

[49] 王涤尘.冰砌天坛:回音悠远[N].哈尔滨日报,1997-01-07(5).

[50] 吕厚均,俞慕寒.北京天坛声学现象的模拟试验研究[J].文物,2001(6):91-96.

[51] 陈通.凹圆柱面的波和回音壁[J].声学学报,1997,22(1):33-41.

[52] 俞文光,吕厚均.大理千寻塔蛙声回音研究[J].文物,1998(6):42-46.

[53] 吕厚均,俞慕寒.中国四大回音建筑之一———四川石琴的频谱分析[J].自然科
      学史研究,1999,18(2):128-135.

[54] 吕厚均,俞慕寒.大理弘圣寺塔蛙声回音的发现及其机理研究[J].文物,2008
      (8):89-94.

[55] 吕厚均,俞文光.西安小雁塔蛙声回声的发现及叠涩密檐式砖塔蛙声回声形成
      机理初探[J].中国科技史杂志,2008,29(3):241-249.

[56] 人在旅途编辑部.天坛玩全指南[M].北京:旅游教育出版社,2011:62-64.

[57] 吕厚均,姚安,张伟平,等.北京天坛声学现象三种机理解释比较研究[J].文物,
      2017(4):88-96.

[58] 吴硕贤,赵越喆.建筑环境声学的前沿领域[J].华南理工大学学报(自然科学
      版),2012,40(10):28-31.

[59] 秦佑国.室内声学的进展[J].电声技术,2009,33(8):6-10.

第二章
北京天坛回音建筑

北京天坛是明、清两代皇帝祭天、祈谷的场所,也是世界上唯一现存规模最大、保存最完好的古代祭天建筑群。天坛建筑浓缩了哲学、历史学、美学、伦理学、建筑学、声学、天文学、数学、力学等多学科文明精华于一体,其规划合理的建筑格局,极富特色的建筑形制,完备系统的建筑功能,寓意深刻的建筑文化内涵,不仅具有极高的文物价值、科学价值,更具有极高的建筑文化和旅游文化价值,其设计之精、建筑之巧、风格之奇、回音之妙,在世界古典建筑中亦属罕见,堪称中国古代建筑的精品之作,充分体现了华夏祖先的聪明智慧和高超技艺,成为东方古老文明的象征之一。世界遗产委员会对天坛做出了这样的评价:"天坛是建筑和景观设计之杰作,朴素而鲜明地体现出对世界伟大文明之一的发展产生过影响的一种极其重要的宇宙观。许多世纪以来,天坛所独具的象征性布局和设计,对远东地区的建筑和规划产生了深刻影响。两千多年来,中国一直处于封建王朝统治之下,而天坛的设计和布局正是这些封建王朝合法性之象征。[1]6"北京天坛建筑无论在建筑布局、建筑形式和建筑文化的美学象征意义上,都可以代表中国祭天建筑的最高设计水平和技术水平,是中国古代"天圆地方"宇宙观和"天人合一"的思想观念在建筑上完美体现的杰出代表之作,集中体现了成熟期中国祭天建筑文化的精华,是中国祭天文化的宝典[2],也是世界建筑史上的瑰宝,已作为我国首都北京的象征享誉全世界。1961年北京天坛被国务院列入全国第一批重点文物保护单位;1998年被联合国教科文组织世界遗产委员会列入《世界遗产名录》。

天坛奇妙的声学景观更是不可多得的科学财富,是声学史上的奇迹[3],天坛回音建筑是声学设计极佳的建筑[4],被列为中国四大回音古建筑之首。天坛回音建筑及奇妙声学现象等科学内涵早已引起专家学者的极大兴趣与关注。关于天坛声学现象机理有三种解释在我国科学界、教育界和旅游界平行被引用①、[5-7],同时在社会上传播,这显然与高速发达的信息化社会是不相称的,究竟哪一种解释更具科学性?本章将通过对三种解释的分析研究[8]来回答这个问题。

明清时期北京天坛祭天建筑的沿革

北京天坛位于北京市崇文区永定门内大街路东,在正阳门外的东南侧,建成于

---

① 见金梁《天坛公园志略》1953年1月誊写版34–37页,俞文光、周克超、付正心等《天坛声学现象研究》(1996)黑科成鉴字第047号。

明朝永乐十八年(1420),占地2.73 km²。天坛作为中国古代最后一处帝王祭天的场所,继承和借鉴了历代祭天建筑中符合礼制的作法,是集中国古代祭天建筑之大成的杰作,也是中国悠久祭天文化的结晶,承载了中国哲学宇宙观思想和深刻的文化内涵,集中体现了中华民族各历史时期祭天建筑文化的精华。祭天建筑属于中国古代传统建筑之坛庙建筑,北京天坛祭天建筑作为坛庙建筑的杰出代表和北京标志性传统文化的建筑群有着深厚的历史文化内涵,鲜明地体现出中国古代文明中对世界和宇宙的认识,以祈年殿和圜丘为代表的天坛祭天建筑极具中国传统建筑神韵,其样式、材质、彩绘都极具深厚的中国建筑文化美学象征意识,其所独有的象征性布局和设计对远东地区的建筑和规划产生了深刻的影响。

一、天坛所承载的历史使命

北京天坛是我国众多祭坛中最大的、保存最完整的皇家祭坛,至今已有近600年的历史,其主要建筑各具特色,极富象征意义,并以布局统一严整、形体庄重简洁、色彩典雅瑰丽著称于世。天坛以实体形式反映了古人对宇宙的认知水平和朴素的宇宙观,表达了古人对"天"、对大自然的认识,以及敬天、顺天等天人关系的意识,是中华民族文化和古代科学技术的重要载体,其蕴含的建筑哲理及建筑形式亦是古代祭坛中最完备、最精致的,代表了中国古代建筑文化和建筑艺术的最高水平[9]。

中国古代以农立国,农业关乎国家的安危、黎民百姓的福祉,农业是治理国家的头等大事。因此,古代社会一件重要的国事是选择特定的场所,以庄重的仪式祭祀天地,寻求上天的保佑、感谢上天的恩赐,以求风调雨顺、五谷丰登,实现江山永固、国泰民安。天坛便是承载这一形式、完成这一历史使命的场所[10]。

中国古代祭天建筑文化历史源远流长,早在周代祭天建筑就形成了一定的规制。建成于明永乐十八年(1420)的明清北京天坛,是中国古代最后一处帝王祭天的场所,与历朝历代祭天建筑有着一脉相承的渊源关系,继承和借鉴了中国古代历朝祭天建筑中符合礼制的做法,又经明代嘉靖和清代乾隆两次大的增建、改建和扩建,日益完备并趋于成熟,清乾隆年间(1736—1795)发展到鼎盛时期,形成了现今的规模和基本格局,其在建筑布局、建筑形式和建筑文化的美学象征意义上都达到历史最高水平,同时也形成了一整套程序周密、规模宏大、场面隆重的祭天礼仪。

二、明永乐年间天地坛时期的祭天建筑

中国祭天礼仪文化源远流长,"天圆地方"的观念由来已久,人们自古就称祭天台为圜丘,祭地坛为方泽,"礼莫大乎敬天,义莫隆于郊祀"①的古礼对历代帝王都产生了深刻的影响。"郊者,所以祭天也。天子所祭莫重于郊。"②明朝建国之初定都南京,

---

① 引自《皇朝通典》卷四十一。
② 引自《汉书》卷十。

洪武元年(1368),太祖朱元璋即建圜丘于南京城正阳门外,钟山之阳;建方丘于南京城太平门外,钟山之阴。圜丘制二成。洪武四年(1371),又改筑圜丘,制仍为二成,但高宽尺寸缩小。洪武十年(1377)秋,太祖有感于斋居阴雨,揽京师灾异之说,认为分祭天地,情有未安,谓人君视天地为父母,不宜异处,遂将天地分祀礼仪改为天地合祀,又在原圜丘旧址上建天坛大祀殿。建文四年(1402),燕王朱棣以"靖难"之师攻克南京,登上皇帝宝座,是为明成祖。因燕王受封于北京,且北京地势险要,北可控蒙古,南可制中原,便于控制全国,故朱棣继位后便计划迁都北京。

北京的郊庙建设是当时北京城一体化营建的重要组成部分。永乐十五年(1417)六月,北京郊庙建设动工,永乐十八年(1420)北京天地坛完工。明永乐年间天地坛的规制与太祖朱元璋在南京建造的天地坛的规制相同,仍为天地合祭,只是规模更加宏大。明成祖朱棣将都城由南京迁至北京,翌年(1421)正月,北京郊社宗庙及宫殿建成,成祖亲自到天地坛祭祀天地和列祖列宗。《春明梦余录》记载了明初北京天地坛的情况:"天地坛在正阳门之南左,缭以垣墙,周回十里,中为大祀殿,丹墀,东西四坛,以祀日月星辰。大祀门外东西列十二坛,以祀岳、镇、海、渎、山川、太岁、风、云、雷、雨、历代帝王、天下神祇。东坛为具服殿,西南为斋宫,西南隅为神乐观、牺牲所。[1]"这里所说的大祀殿是合祭天地的场所,是天地坛的中心建筑,也是最重要的建筑,如图2-1所示。

合祭天地之制,从太祖洪武年间开始,经永乐、洪熙、宣德、正统、景泰、天顺、成化、弘治、正德诸朝,沿用了160多年,共举行天地合祭礼仪102次,因其合祀天地之制,故天坛始称天地坛。到了嘉靖年间,在大祀殿南建起了圜丘坛,这种稳定的祭祀局面

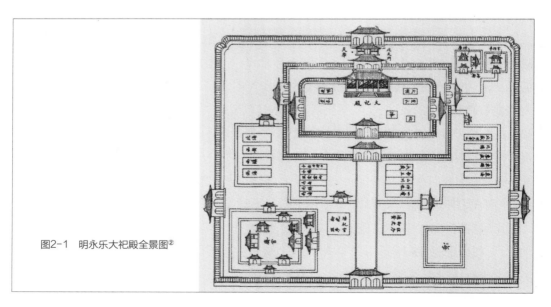

图2-1　明永乐大祀殿全景图[2]

① 引自《明世宗实录》卷一。
② 引自单士元《明代营造史料·天坛》。

方被打破,天地坛也因此发生了根本变化。

三、明嘉靖朝对祭天建筑的改制

明嘉靖世宗改制是嘉靖皇帝即位后推行的一系列祭礼改制,起点为明嘉靖"大礼仪"之争,其实质是嘉靖皇帝为重塑帝系、变小宗为大宗、追求皇位合法性的政治行为[11]。明世宗朱厚熜为兴献王之子。正德十六年(1521)三月,明武宗驾崩。武宗既无皇子又无同父兄弟,皇位承继者只能从皇族旁系中选择。内阁首辅杨廷和提出以《皇明祖训》"兄终弟及"为依据,以武宗"遗诏"迎立其堂弟朱厚熜入继帝位,是为明世宗嘉靖皇帝。世宗继位后,为了给自己正名,推崇私亲,欲尊兴献王为皇考,引起了明代有名的"大礼仪"之争。"大礼仪"之争最终被嘉靖皇帝以高压手段平息,随之嘉靖世宗又启动了一系列祭礼改制。

嘉靖九年(1530),世宗决定恢复明太祖天地分祭的制度。嘉靖九年五月初六,改天地合祭礼仪为四郊分祭的制度,分别建圜丘①于南郊,用于祭天;建方丘于北郊,用于祭地;建朝日坛于东郊,建夕月坛于西郊,分别用于祭祀日月。圜丘于当年十月建成,明世宗于十一月谕礼部:"南郊之东坛名天坛,北郊之坛名地坛,东郊之坛名朝日坛,西郊之坛名夕月坛,南郊之西坛名神祇坛,著载《会典》,勿得混称。"天坛、地坛等因此而得名。对圜丘名义上说是改建,实际上是在原大祀殿南重建新的圜丘,如图2-2所示,其建筑形制有史书记载:"圜丘坛建于正阳门外五里许,大祀殿之南。制圆,南向,三层。一层面径五丈九尺,高九尺;二层面径九丈,高八尺一寸;三层径十二丈,高八尺一寸。各层面砖用一、九、七、五阳数。周围栏板柱子皆青色琉璃。四出陛,各九级,白石为之。内墙围墙九十七丈七尺五寸,高八尺一寸,厚二尺

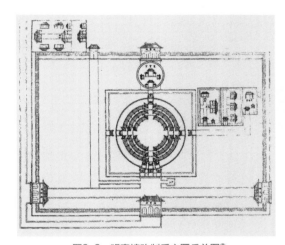

图2-2 明嘉靖改制后之圜丘总图②

七寸五分。灵星门六:正南三,东、西、北各一。南门外燎炉、毛血池。南门外左为具服台,东门外为神库、神厨、祭器库、宰牲亭。北门外正北为泰神殿(今皇穹宇前身),正殿藏以上帝、太祖之主,配殿藏以从祀诸神之主,外建四天门。北门外西北为斋宫,迤西为坛门。坛北有神路直通大祀殿。圜丘外墙燔柴炉、瘗坎、望灯台。[12]"

---

① 《辞海》中说:圜(yuán)指天体。《说文解字》载:"圜者,天体也。"(体者,道体,非形体也。道,一阴一阳之谓道,立天之道曰阴与阳。)《易·说卦》载:"乾为天,为圜。"《楚辞·天问》载:"圜者九重,孰营度之?"圜丘,即古时祭天的坛。《周礼·大司乐》载:"冬至日祀天于地上之圜丘。"
② 引自单士元《明代营造史料·天坛》。

从史料记载可看出,嘉靖九年(1530)五月所建圜丘形状及设施同今天大体相同,如图2-3所示,只是建筑略小,栏板、台面都为蓝色琉璃,典雅庄重。当年十月圜丘工成后,嘉靖十年(1531)四月丙子南郊神版殿建成,重檐,圆形,嘉靖帝亲定殿名为泰神殿,后更名为皇穹宇,如图2-4所示。其"门楼、顶、殿顶全用绿琉璃瓦覆盖,围墙及宫门左右垛墙均抹饰青灰。①"关于其规制,《清会典事例》记载:"原定……皇穹宇在圜丘后,制圆,八柱旋转,重檐,上安金顶。基周十有三丈七寸,高九尺,栏板高三尺六寸。东西南三出陛,各十有四级。左右各五间,一出陛,皆七级,殿庑栏槛均青色琉璃。围垣五十六丈六尺八寸,高丈有八寸,门三、南向。②"

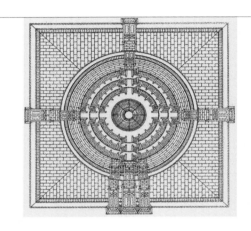

图2-3　明嘉靖改制后之圜丘③

图2-4　明嘉靖改制后之皇穹宇④

　　雩⑤祀是中国古代宫廷祭祀的常典,是指因水旱灾害严重而举行的祈雨仪式。明初举行雩祀无定制也无常仪,不设坛,或露祭,或祭告郊庙陵寝。至嘉靖八年(1529)方定其制度,由皇帝于南郊举行雩祀。嘉靖十一年(1532)正月,兴建崇雩坛于圜丘东泰元门外,用于孟夏进行祈雨大典。是年三月建成,建筑形制如图2-5所示。嘉靖十七年(1538),嘉靖皇帝亲临崇雩坛举行雩祀,以后每逢水旱灾害都派遣大臣致祭。因明嘉靖后至清初,雩祀都在圜丘举行,故崇雩坛失去了存在的价值,清乾隆时被拆除。

　　世宗改制实行"四郊分祭"制度后,大祀殿被废弃。嘉靖十七年(1538),世宗采纳了举行明堂大享之礼的建议,遂下诏撤大祀殿,在原址上建大享殿。嘉靖十九年(1540),大祀殿被拆除。嘉靖二十一年(1542)四月,开始兴建大享殿。嘉靖二十四年(1545),位于三层圆台之上、三重檐的攒尖圆形大享殿建成,如图2-6所示。大享殿建

①② 　引自《清会典事例》卷八六四。
③④ 　引自单士元《明代营造史料·天坛》。
⑤ 　音yú,古代求雨的祭礼。

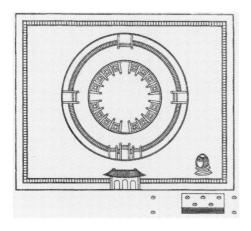
图2-5 明嘉靖改制后之崇雩坛①

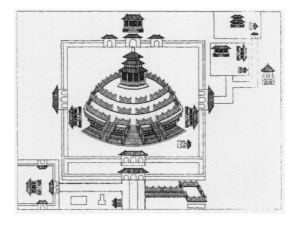
图2-6 明嘉靖改制后之大享殿②

筑形制与今祈年殿大致相同,唯上中下三檐琉璃瓦分别为青、黄、绿三色。

经过嘉靖时期对祭祀制度的一系列改革,北京祭坛格局与永乐年间有了很大的差别,天坛也形成了南北两坛依轴线布局的格局。明代祭祀天地从分到合,又从合到分,到明嘉靖年止,结束了中国历代祭祀天地分合不定的局面,最终确立了周礼所制定的天地分祭之制。嘉靖三十二年(1553),因北京拓建外城,天坛向西扩展并形成内外坛的局面,总面积达2.73 km²,进而奠定了今日天坛的基础。

四、清乾隆朝对祭天建筑的改建和扩建

清入关前,早在天聪十年(1636)在盛京(今辽宁沈阳)就建有圜丘坛和方泽坛,用以祭告天地。同年,皇太极改元"崇德",正式立国号为"清"。顺治元年(1644)五月清军入关,遂定都北京。当年九月十九日,顺治帝御驾北京城,十月一日,行登基礼,同日,亲至南郊天坛祭告天地,以示天下臣民清朝已承天命,当为中原之主。

清朝建立统治后,承袭明朝旧制。清初的几个皇帝对于祭祀大典都非常重视,表现出的虔诚甚至超过明帝。天坛祭天建筑在清顺治、康熙、雍正三朝,虽同明代相比在形制、格局方面没有大的变革,但在祭祀礼仪上却更加严谨,冬至祭天、孟春③祈谷的礼仪更加隆重烦琐。乾隆年间(1736—1795),经历了顺治、康熙、雍正三朝的积蓄和完善,经济获得较大发展,国库充实,政治稳定,再加上清高宗对祭祀大典的重视,乾隆皇帝开始致力于各种礼制建设。故此,天坛历史上又一次大的改制开启了。乾隆皇帝下旨对天坛祭祀建筑进行大规模的修缮和改扩建,其中包括改建斋宫、修缮内外坛墙、扩大圜丘规制、改建皇穹宇、撤除崇雩坛等。同时,对大享殿进行了改建,形成了今日天坛的格局,如图2-7所示。

①② 引自单士元《明代营造史料·天坛》。
③ 孟指农历一季的第一个月,孟春指春季的第一个月,即农历正月。

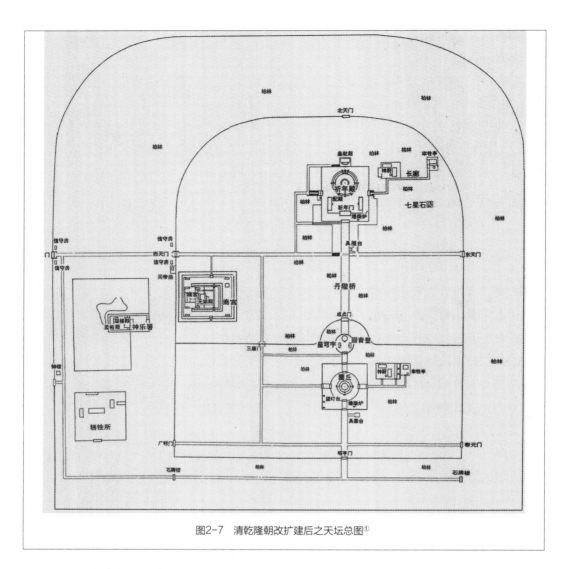

图2-7　清乾隆朝改扩建后之天坛总图①

　　古代祭祀礼仪规定在大祀前,皇帝应先期斋戒。因乾隆初年斋宫已年久失修,为了保证乾隆皇帝斋戒的需要,乾隆八年(1743),工部对斋宫进行了全面修缮;也因天坛内外坛墙年久损坏严重,乾隆十二年(1747)开始修缮天坛内外坛墙,将原土墙墙身两侧浮土铲去,用城砖包砌,且上包城砖两进,下包城砖三进。同年,奏准拆除崇雩坛,祈雨礼改在圜丘进行。这些工程奏响了乾隆皇帝在天坛大兴土木、改扩建主要祭祀建筑的序曲。

　　明代只配祀太祖1个神位。清代初期,则以每位先皇配祀。至乾隆时,祭天配位较明代有所增加,配祀神位有努尔哈赤、皇太极、顺治、康熙、雍正五位先皇,且以后还要不断增加,这使得当时圜丘台上设幄次陈设祭品处显得过于狭窄。加之,圜丘祭天关

――――――――――

①　引自天坛公园管理处《天坛公园志》。

系江山社稷,扩建圜丘势在必行。乾隆十五年(1750)正月,决定扩建圜丘。这一事宜,史书亦有记载:

"圜丘坛上张幄次及陈设祭品处过窄,即议鼎新,可将二层台面仍九五之数量加展宽,则执事者得以从容进退益昭诚敬。至棕荐向系满铺,则台面可以不用琉璃,著改用金砖,益经久矣。[1]"

圜丘扩建工程历时三年多,于乾隆十八年(1753)竣工。扩建后的圜丘比明代更加宽阔壮观,圜丘为三层,通高15.9营造尺(5.08 m),上层坛面直径9古丈(23.33 m)、坛高5.7营造尺(1.82 m);中层坛面直径15古丈(38.88 m)、坛高5.2营造尺(1.66 m);下层坛面直径21古丈(54.43 m)、坛高5营造尺(1.60 m)。[2]每层四面皆出陛各九级,各层坛面俱以艾叶青石铺砌,环以汉白玉栏杆。圜丘台面初定用金砖墁砌,后因台面石块数必须与九相协,所需金砖尺寸大于通常烧造的尺寸,难于制作,施工中经乾隆皇帝谕准,改为艾叶青石。圜丘栏板有大臣建议使用青色琉璃,数量使用二百一十六块,也因每块琉璃长度大于通常长度,难于烧造,改为汉白玉石板。最后形成圜丘台面使用艾叶青石,栏板使用汉白玉,并一直保留至今。圜丘台面正中圆石称"天心石",又称"太极石",如图2-8所示。

图2-8 圜丘天心石及艾叶青石台面(吕厚均 摄)

扩建圜丘的同时,对皇穹宇也进行了改建。清代沿袭旧制,仍在皇穹宇供奉皇天上帝及列祖列宗配位的神版。乾隆十五年(1750)正月,奏准:"皇穹宇旧制,台面前檐镶砌青白石,周围接墁天青色琉璃砖一路,每砖长二尺,阔一尺二寸五分,今圜丘业经议改青石,此处似宜一律改用青白石铺墁。[3]"同时对皇穹宇琉璃瓦及殿宇墙面也一体改建,皇穹宇门楼、围垣上覆绿瓦均改用青色琉璃,以合体制。皇穹宇扇面墙垣上节旧饰青灰,改用青色琉璃砌墁。

乾隆十五年(1750),改建大享殿东西两殿庑,两殿庑原为两重,前殿各九间,后殿各七间,此次改建拆除后一重殿庑。次年(1751),鉴于明代把大享殿瓦顶做成青、

---

① 引自《清实录》卷三百五十九。
② 清乾隆年间圜丘扩建设计施工巧用了"鸳鸯尺",所谓鸳鸯尺是指在同一建筑设计中采用两种不同制式的尺,即高度等垂直方向的尺度皆用"明清营造尺"(1营造尺=32cm);直径长度等水平方向的尺度则用"古尺"(1古尺=0.81营造尺)。另,1丈=10尺。
③ 引自《清会典事例》卷八六四。

黄、绿三色,与义理未当,把三重檐一律改用纯青琉璃瓦。加之,乾隆帝认为"大享之名,与孟春祈谷异义",降旨改大享殿为祈年殿、大享门为祈年门。

乾隆十七年(1752)十二月,对皇穹宇进行了更大的改建,把嘉靖时创建的重檐式殿顶改为单檐式。皇穹宇正殿是专门安放圜丘坛神牌的殿宇,砖木结构,殿顶由八根立柱支撑,顶无横梁,由众多斗拱上叠,天花板层层收缩,形成美丽的穹隆圆顶式藻井。皇穹宇地面用青砖铺墁,围墙墙身用山东临清澄浆砖(此砖以"敲之有声,断之无孔"著称于世)砌成,并一直保留至今。

乾隆十九年(1754),在天坛西门外桓之南建"圜丘坛门",原来的西门改称"祈谷坛门",形成了天坛南北两坛、规制严谨的格局。清乾隆年间对天坛祭祀建筑的改制无疑使明代嘉靖年间创建的天坛形制、格局更加完善。至此,天坛祭祀建筑的形制和格局最终形成,并一直保留至今。

此后的150年间,天坛祭天建筑再没有进行过较大的改建或扩建。光绪十五年(1889)祈年殿被雷火焚毁,至光绪二十二年(1896)重建完毕,虽然重建是照原样恢复,规模、形式与原状一样,但在操作手法上显然带有时代特征,尤为明显的是殿内老檐柱雀替,仍带有清代晚期建筑手法,在该建筑的法式上遗留下了历史的信息。我们今天看到的祈年殿就是光绪年间重建的。

五、北京天坛祭天建筑现貌

天坛整体建筑布局呈"回"字形,北圆南方,两道环绕的坛墙将坛域分为内坛和外坛,如图2-7和图2-9所示。其中,内坛又分南北两部分,北半部是祈谷坛建筑群,专用于孟春举行祈谷大典,以祈求五谷丰登;南半部是圜丘坛建筑群,专用于冬至举行祭天大典和孟夏举行常雩大典,祷告上天以求风调雨顺。祈谷坛和圜丘坛之间由一

图2-9　北京天坛全貌①

———————————

① 引自武裁军《天坛》。

条北高南低的丹陛桥相连,浑然一体,形成了一条贯穿内坛的南北中轴线。天坛主要建筑都集中在中轴线两端,由南至北依次为圜丘、皇穹宇、祈年殿和皇乾殿,而在这条中轴线上有两座重要建筑物使用了攒尖屋顶,一座为祈年殿,另一座则是与之相对的皇穹宇[13]。内坛西隅有斋宫建筑群,外坛有神乐署、牺牲所两组建筑群,这些建筑使天坛成为完整、典型的礼制建筑群。

天坛祭天建筑由祈谷坛、圜丘坛、斋宫、神乐署和牺牲所等五组主要建筑群构成,如图2-7所示,其主体建筑各有特色,简洁而又不失大气。

1.祈谷坛建筑群

祈年殿是祈谷坛建筑群的中心建筑,是世界上最大的圆形木结构建筑。祈年殿位于院落靠北居中,前有祈年门,后有皇乾殿,左右各有配殿,四周有方形环护围墙,形成一组祭天建筑群, 如图2-10所示。祈谷坛建筑群结构雄伟,架构精巧,设计独到,形象高大,巍峨壮丽,现在已成为天坛以及首都北京的标志和象征。祈年殿初名大祀殿,嘉靖二十四年(1545)改建后,称大享殿,原三层檐从上至下分别覆盖蓝、黄、绿三色琉璃瓦,乾隆十七年(1752)再修时,统一更换为蓝色琉璃瓦。

祈年殿采用三层圆形攒尖式屋顶及上屋下坛的构造形式,通高38.1 m,其中殿高31.8 m,基座高6.3 m,分为三层,四面出阶,正中为祈年殿,如图2-11所示。大殿全部为木结构,用28根楠木大柱与36根枋檐衔接支撑。龙凤和玺彩画金碧辉煌,装饰精美,殿顶蟠龙藻井富丽堂皇,雕刻精工。中央4根构造独特的通天龙井柱高达19.2 m,直径1.2 m,围合成一个纵向的空间,并逐层向殿顶的藻井收缩,造成内部空间层层上升向中心聚拢的态势;外部的

图2-10 俯瞰祈谷坛建筑群①

图2-11 祈年殿全景(吕尊仁 摄)

---

① 引自杨茵、旅舜《天坛》。

台基和屋檐也层层收缩上举,同样造成了强烈的向上动感,显示了独具匠心的设计构思。三层洁白的台基把大殿高高托起,围墙高仅1.5 m,院子地面高出院外地面4.5 m,院外高大茂密的柏树林仅露树冠,相映对衬,大殿"超然在上,似有凡界尽在脚下之感""进入视线的仅仅是矗向天空的祈年殿与其上的冥冥青天,以及在其下的色调深沉的大片柏林,静谧、肃穆、与天接近之感不觉油然而生"。祈年殿设计精美,最能体现建筑之美。大殿为三层檐圆形攒尖顶,上层檐直径最小,中层檐直径比下层檐直径略小,上层和中层之间的距离要大于中层和下层之间的距离,如此设计,使得祈年殿庄严而不失活泼、规整而不失灵动,生趣盎然。白色的坛台上一座红墙蓝瓦的大殿,殿上白云缭绕,宝顶金光灿灿,四周苍松翠柏映衬,美如一幅绚丽的图画。

2-12 圜丘坛建筑群全貌①

2.圜丘坛建筑群

圜丘坛建筑群(图2-12)虽略显低矮,但却气宇轩昂,建筑艺术的运用更是精妙无双。圜丘建筑群中四组奇特的声学现象——回音壁、三音石、天心石和对话石,是世上绝无仅有的。偌大的圜丘台,所有石质构件数量都是九或九的倍数,其设计之精妙绝伦,也是举世无双的。

圜丘坛(图2-13)是天坛的主

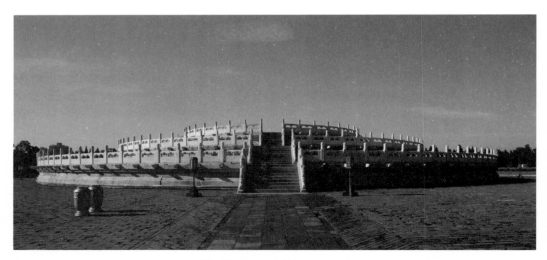

图2-13 圜丘坛全景(吕厚均 摄)

① 引自杨春华、冯法光《天坛》。

要建筑,又叫祭天台,坛四周有两重壝墙环护,内圆外方。壝墙四面各有四柱三门汉白玉石板棂星门一座。现在的圜丘坛为三层,由下至上逐渐内收,明嘉靖九年(1530)用蓝色琉璃砖和汉白玉石建成,清乾隆十四年(1749)又加以扩建,坛面改为艾叶青石。这种青石是从北京房山采挖的,细腻润滑,坚硬耐久。圜丘是一座巨大的圆形汉白玉露天祭台,共分三层,通高5.08 m,每层四面出陛各九级,环以汉白玉栏杆。上层坛高1.82 m,坛面直径23.33 m;中坛坛高1.66 m,坛面宽7.78 m;下坛坛高1.60 m,坛面宽7.78 m。圜丘雕饰多为龙饰,望柱柱头雕以盘龙,出水饰龙头,而各层须弥座则雕以雷纹唐草纹。圜丘由两道壝墙环绕,内圆形,直径约102 m,外方形,边长168 m,两道壝墙皆红墙蓝瓦。

　　明清之时,每年冬至,隆重的祀天大典就在圜丘上举行,如图2-14所示。此外,旱年求雨的"常雩""大雩"礼及重大国事的"告祀"礼仪也在圜丘上举行。举行祀天大典时,于上层台面的中心偏北位置支搭圆形天青色幄帐,内设屏风宝座,前摆供案,宝座上供奉皇天上帝神位,即"正位"。在正位的东西两侧设两座方形幄帐,内部供奉皇帝列祖列宗神位,即"配位"。在中层坛面的东西两侧分别设有供奉云、雨、风、雷、日、月、星、辰诸神牌位的幄帐。

　　皇穹宇位于成贞门南侧,圜丘北侧,是存放祭天正位、配位、从祀位神版的场所,又称天库。皇穹宇始建于明嘉靖九年(1530),初名泰神殿,后改称皇穹宇,清乾隆十七年(1752)改建成现今的形制。如图2-15所示,皇穹宇由正殿(也称大殿)、东配殿、西配殿及环绕在建筑物周围的圆形砖质围墙和券门等建筑组成,皇穹宇因正殿榜书而得名,殿宇周围的圆形砖质围墙就是举世闻名的回音壁。正殿为供奉皇天上帝及配祀皇帝列祖列宗神版之处,

图2-14　清朝皇帝祀天图[①]

图2-15　远眺皇穹宇(东南)[②]

①　引自望天星、曲维波《天坛》。
②　引自杨茵、旅舜《天坛》。

是一座单层圆形殿宇,单檐攒尖鎏金宝顶,上覆蓝色琉璃瓦,宛如一把张开的巨伞,极为端庄秀丽。

圜丘坛以东建有神厨、神库、宰牲亭等,用来收藏祭器、乐器和备制祭品。坛的东南方为燔柴炉,西南方有望灯台,灯台上设有长杆,高悬大灯笼,用以照明。在坛的周围还有燎炉12座,用以焚烧供品。

这些建筑与圜丘坛共同组成了一个整体,为"皇天上帝"服务。

3.斋宫建筑群

斋宫建筑群是皇帝举行祭天大典时斋宿的地方,如图2-16所示。因其规制齐全、戒备森严,故有"小皇宫"之谓。

图2-16　俯瞰斋宫①

斋宫是一处较为重要的建筑,是祭天的辅助性建筑,供皇帝祭祀之前斋戒沐浴之用。斋宫初建于永乐十八年(1420),定址于祈谷坛西南隅,平面呈正方形,面积40 000 m²,四周建有双重环护围墙,两道御河沿墙环绕,是一座回字形宫城式建筑。外围墙外侧附建步廊163间,供兵丁巡更使用。双重宫墙的东、北、南三方设拱券式宫门,门外跨御河架汉白玉拱桥,可谓戒备森严、层层设防。斋宫内的主要建筑有正殿、寝宫、钟楼等。从斋宫东门进入,北侧为钟楼,大钟于永乐年间建造,当皇帝临坛行礼时钟楼便开始鸣钟,警示官员各司其职。进入东二门,中心大殿即斋宫的正殿。正殿气宇轩昂,立于台基之上,红墙绿瓦,对比鲜明。大殿面阔5间,是拱券形砖石结构,因没有一根梁枋木柱,故又被称作无梁殿。大殿是皇帝斋戒期间召见大臣的地方,殿中设皇帝宝座,后护木质精雕四季山水屏风,宝座上悬匾书"钦若昊天"。大殿丹墀左边是铜人亭,在皇帝斋戒期间在亭子内放一斋戒铜人,铜人双手捧着写有"斋戒"二字的简牌,目的是提醒皇帝恪守戒律;右边是时辰亭,放置时辰牌,用于报告祭天祈谷的时间;后面是皇帝斋戒的寝宫,包括宿卫房、衣包房、茶果局、御膳房、什物房等,宫中所有为皇帝服务的机构在这里一应俱全。

---

① 引自天坛公园管理处《天坛》。

4.神乐署和牺牲所建筑群

天坛神乐署和牺牲所两组建筑群位于外坛西墙内祈谷门和西天门一线以南,前者在北,后者在南。

神乐署建筑群是祭天时管理演奏古乐的机构,也是乐舞生练习乐舞的排练场,建于明永乐十八年(1420),当时称神乐观,清乾隆十九年(1754)才改叫今天的名字。整组建筑坐西朝东,有大殿5间,明代叫太和殿,清康熙时改叫凝禧殿,殿后为显佑殿,共7间。此外,还有奉祀所、掌乐房及存放乐生冠服的库房等一系列建筑,以及祭祀时用的牲畜的饲养场所牺牲所。

尽管由于历史的沧桑变化,神乐署和牺牲所如今已风光不再,但天坛依然以其无穷的魅力吸引着成千上万的中外游客前来观瞻,它依然是中国古人宇宙观和古典传统文化的最佳载体。

六、鼎盛时期北京天坛的祭天礼仪

郊祀祭天是中国古代最盛大的典礼,它反映了古代人们的理想和观念,这种礼仪在中国延绵了大约5 000年。单就祭天建筑而言还不能完全体现它的功能与价值,要与具体的祭天礼仪结合起来才能达到天坛"崇天"这一文化主题所要追求的意境。因此,古代的祭天礼仪是颇为隆重的国家祀典,受到历朝历代帝王的高度重视,尤以圜丘祭天最为重要,也最为繁琐隆重,并对此做出了严格的规定。所谓"国之大者在祀,祀之大者在郊","礼莫大于敬天",就是这个道理。在中国历史上,明清两朝登峰造极,至清乾隆时期达到最完备的阶段。明清两代曾有22位皇帝亲自在这里举行过654次祭天仪式。

中国古代的祭天大典在农历冬至举行。祭天礼仪,历经朝代更替,略有不同,但其本质内涵、主要的祭品祭器、基本仪式等基本相同。北京天坛的祭天活动,在礼仪规模的隆重及完备上,首属清朝。至清乾隆十三年,高宗皇帝考经据典,进行礼制改革,在历朝历代的基础上,制定了繁琐隆重的祭天礼仪。

祭天礼仪程度繁杂,规模宏大,由礼部、太常寺等多部门明确分工、协作配合,依照则例所定,各负其责,各尽其职,先期反复演练。在祭祀前两天皇帝要亲自或派大臣查看祭祀所用的牺牲和器皿;祭祀前一天,礼部及太常寺等有关部门把一切物品陈设摆放就位。

祭天仪式从冬至拂晓开始,因为从冬至这天夜里阳气开始逐渐上升,而阳气使万物滋生繁衍。由于仪式在拂晓举行,所以在圜丘坛外围墙西南方向有望灯台座并立有灯杆,上面悬挂大灯笼,叫做望灯,照得坛内通明。皇帝从斋宫来到事先搭好的大帷幕内换上祭服,然后至拜位。整个仪式在赞礼官的指挥下进行。祭天大典的礼仪程序分为九项[1]77-89[14,15],以合天数。从迎帝神开始,直到祭品焚烧完才算结束。祭祀过程中,皇帝要率领文武百官不断跪拜行礼。赞礼官就如同我们看到的司仪一般,高声唱和,人们随之做相应的动作。

第一项为燔柴迎帝神。在日出前七刻,万籁俱寂之时,赞礼官高唱"燔柴迎帝神",燔柴举火,焚烧燔牛。同时,司乐官高唱"乐奏始平之章",钟鼓齐鸣,气势非凡。皇帝在导引官带领下,身着蓝色祭服,神情专注,自拜位升至上层坛面,到皇天上帝位前,跪行三上香礼,然后依次到列祖列宗神位前行礼。

第二项为奠献玉帛。赞礼官唱"奠玉帛",皇帝将苍璧玉敬献给皇天上帝,这是祭天礼仪的重要标志之一。苍璧玉为青色,品质卓绝,古人以为其有"仁、义、礼、智、信"等五德,所以选择苍璧玉作为敬献给上帝的礼物。除此之外,还有丝帛,皇帝将丝帛放在筐盒之内,再将苍璧玉放在丝帛之上献给皇天上帝。

第三项为进俎①。进献盛于俎内的牛犊。赞引官唱"进俎"并恭导皇帝侧立于拜位,避开通道,百官亦退避让路。执事官将犊牛放入俎内陈放在神位前,由浇汤官将滚烫的汤水浇至犊牛身上,一时香气四溢,热气弥漫,上帝及祖宗便能享受到人间的礼献。皇帝再升坛,至正位及配位行跪拜礼,以示进俎。

第四项为初献,即第一次向皇天上帝及祖先敬酒。赞礼官唱"初献",司乐赞"乐奏寿平之章",舞生们跳武功舞,歌颂武备健全、力量强大。皇帝升上层坛至上帝位前,跪拜献爵,给皇天上帝敬酒。皇帝退至上层坛面南阶上的"读祝拜位",随读视官跪行"读视文",天子与皇天上帝进行交流。再至配位前,依次跪拜献爵。

第五项为亚献,即第二次向皇天上帝及祖先敬酒。赞礼官唱"亚献",司乐赞"乐奏嘉平之章",舞生们跳文德舞,歌颂文治太平,舞姿舒展优美,身穿红色锦绣的上面印有金色葵花的舞衣,在空灵的中和韶乐伴奏下,在黎明前的天光中,舞给上帝看。皇帝再次登坛至上帝位及配位前,行第二次献爵。仪如初献,只是将爵奠于初献之爵的左侧,且分献官至从位前献爵,复归拜位。

第六项为终献,是仪式中最后一次即第三次向皇天上帝及祖先敬酒。赞礼官唱"终献",司乐赞"乐奏永平之章",仍配文德舞。皇帝第三次登坛至上帝位及配位前,行第三次献爵。仪如初献,只是将爵奠于初献之爵的右侧,且分献官至从位前献爵,复归拜位。

第七项是撤馔(zhuàn)。仪式结束时,将众多的供品从坛上撤下,然后按尊卑次序送到燔柴炉及燎炉内焚烧。

第八项是送帝神。皇帝率百官面北行三跪九叩礼,以示送神并惜别。乐止。皇帝侧身西向。将祝版、供品、玉、帛、香等物品撤下,送至燔柴炉及燎炉焚烧。

第九项为望燎。皇帝亲自到望燎位观看焚烧供品、祝版和丝帛的过程,以示虔诚。

至此礼毕,皇帝回到大帷幕中,脱去祭服,全部祭天仪式才告结束。

---

① 俎是一种器皿,里面可盛放一头牛犊。

岁月流逝,昔日帝王的辉煌与荣耀已成为历史,而世界瞩目的祭天建筑群却完整地保存下来。漫步其间,空气清新,松柏繁茂,加上祈年殿的雄浑、圜丘坛的高远及其声学景观的美妙,无不让人深深感动,仿佛心与自然贴近,人与天际融合,有情接苍穹的意境。古人所谓"天人合一"的境界,在天坛这个"神的家园"里实现了[14]。

第二节
北京天坛回音建筑的现状

一、北京天坛回音建筑

天坛声学现象发生在圜丘坛建筑群内。圜丘坛建筑群(见图2-7)由圜丘、皇穹宇、神厨院(明清时期制作祭祀供物的场所)、三库院(明清时期贮存祭祀用品的场所)及宰牲亭院(祭祀前准备牺牲之所)组成,始建于明嘉靖九年(1530),是明清两代皇帝举行祭天大典的场所。圜丘是该建筑群的中心,也是它的主体建筑;皇穹宇又称天库,是圜丘祭神牌位的供奉所。

天坛回音建筑是指天坛祭祀建筑中具有声学效应的建筑,因天坛著名的回音壁、一音石、二音石、三音石、四音石和对话石声学现象都发生在皇穹宇内,而天心石声学现象发生在圜丘台上,为此,我们称皇穹宇和圜丘为北京天坛回音建筑。天坛奇妙的声学现象不但为这座古老的神坛增添了情趣,也使天坛因此而位居我国四大回音古建筑之首,引起世人极大关注。

二、北京天坛回音建筑现状和构成

(一)北京天坛回音建筑之一圜丘

1.圜丘

圜丘又称圜丘台、祭天台、拜天台,是圜丘坛的主体建筑,它是明清两代皇帝每年冬至亲临举行隆重祭天礼仪、祭祀"皇天上帝"的地方,天坛也因圜丘而得名。

如图2-17所示,圜丘是一座巨大的三重圆形石台,有两道墙墙环绕,内围墙为圆形,直径约102 m,外围墙为方形,边长168 m,

图2-17 远眺天坛圜丘坛建筑群①

---

① 引自杨春华、冯法光《天坛》。

两道围墙皆为红墙,联檐通脊,皆覆蓝瓦。圜丘是一巨大的圆形汉白玉须弥座露天石台,共分三层,通高5.08 m,每层四面出陛各九级,各层坛面皆以艾叶青石铺砌,环以汉白玉石栏杆。上层坛高1.82 m,坛面直径23.33 m,中心有天心石,环天心石有石板九重,每重石板数均为9或9的倍数,合计有石板405块,如图2-18所示;中层坛高1.66 m,坛面宽7.78 m,亦铺砌九重石板,计1 134块;下层坛高1.60 m,坛面宽7.78 m,同为九重石板铺砌,计1 863块。

图2-18 天心石及九重台面(吕厚均 摄)

图2-19 棂星门(吕厚均 摄)

2.棂星门

棂星门是古代祭坛壝墙的专用门式,形似牌坊。圜丘坛内外壝墙共设24座棂星门,汉白玉雕成,上饰云板,下有抱鼓石,故有"云门玉立"之称。棂星门有三个门,中间一门较大,左右两门形制相同,如图2-19所示。唯南棂星门不按常规,左右两门宽度不同:其左侧(西)大,右侧(东)小,中间门最大。祭天大典时,中间最高大的门为"天帝"专用,左侧较窄的门供皇帝出入,陪祭的大臣只能从最窄的门通过。

3.望灯台

望灯台位于圜丘台西南隅,原有三座。灯杆高九丈九尺(31.68 m),如图2-20所示,祭祀时,悬挂高2 m多、周长4 m多的巨大灯笼,内燃蜡烛,称天灯,既可照明,又可起到装饰作用。

4.燔柴炉

如图2-21所示,燔柴炉位于圜丘台东南隅,是为举行燔柴礼时焚烧献给正位"皇天上帝"的供品而设的。如图2-22所示,燔柴

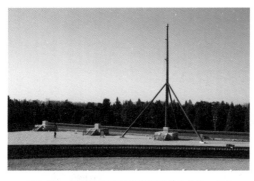

图2-20 望灯台与重建的望灯杆(吕厚均 摄)

炉为圆形,绿色琉璃砖砌造,炉的东西南三面均砌九级台阶至炉顶,以备向炉内投放供品。北面设炉膛开口,以备添柴之用。燔柴炉整体高2.85 m,炉口外径3.43 m,内径2.3 m,深约2 m。因燔柴礼为祭天所独有,故燔柴炉亦为天坛所独具。

5.燎炉

燎炉摆放在燔柴炉东侧,镂空六足,生铁铸造,如图2-23所示,专用来焚烧祭天

图2-21 远眺燔柴炉、燎炉（吕厚均 摄）

图2-22 燔柴炉（吕厚均 摄）

时配位、从位前供奉的供品。圜丘有8个配位
（清咸丰朝规制，供奉自努尔哈赤至道光的前
八位皇帝）、从位4个（日月星辰、风云雷雨、周
天星宿、金木水火土）。因此，摆设在燔柴炉旁
的燎炉有8座，同时在东西棂星门左右各设1
座，总共12座。

（二）北京天坛回音建筑之二皇穹宇

1.皇穹宇

皇穹宇是位于圜丘坛与祈谷坛之间中轴
线上的一座圆形院落，在圜丘北侧，是存放祭
天正位、配位、从祀位神版的场所，又称天库。
始建于明嘉靖九年（1530），初名泰神殿，明嘉
靖十七年（1538）改建后改称皇穹宇，清乾隆
十七年（1752）改成了现今的形制。如图2-24
所示，皇穹宇由正殿、东配殿、西配殿及环绕
在建筑物周围的圆形砖质围墙和券门等建筑
组成，皇穹宇因正殿榜书而得名。

2.皇穹宇正殿

皇穹宇正殿为供奉"皇天上帝"及配祀的
皇帝列祖列宗神版的场所，是一座单层圆形
殿宇，单檐攒尖鎏金宝顶，覆盖蓝色琉璃瓦，
宛如一把张开的巨伞，极为端庄秀丽，如图2-
25所示。正殿高19.2 m，直径15.6 m，砖木结构。

图2-23 燎炉[1]

图2-24 俯瞰皇穹宇全景[2]

图2-25 皇穹宇正殿全景（吕厚均 摄）

———————————

[1][2] 引自姚安、王桂荃《北京的世界遗产·天坛》。

皇穹宇正殿殿基是一圆形青白石须弥座台,直径19.2 m,高2.85 m,绕以汉白玉栏板,东西南三向出陛,南向出陛14级踏步,中间枕有御路,御路嵌有长6 m、宽2 m的巨幅汉白玉浮雕,主体为双龙戏珠及海水江崖。

图2-26 皇穹宇正殿飞龙华带匾(吕厚均 摄)

图2-27 皇穹宇穹隆圆顶式藻井(吕厚均 摄)

图2-28 皇穹宇正殿内景(吕厚均 摄)

"皇穹宇"殿匾是飞龙华带匾,中间蓝地金书"皇穹宇"三字,意为天的宫殿,如图2-26所示。英国外交大臣赫德先生在参观皇穹宇时说:"上帝在圜丘'办公',而这里是他的'宿舍'。"比喻得十分有趣、贴切。

正殿由内外两环八根金柱和八根檐柱共同支撑,南向开户。其中八根金柱朱红底色,沥粉堆金,满饰彩画。顶无横梁,众多鎏金斗拱上叠,天花板层层向内收缩,形成美丽的穹隆圆顶式藻井,中心绘"大金团龙",庄重华贵,金碧辉煌,如图2-27所示。

如图2-28所示,殿内正北两柱之间有圆形石台宝座,为正位——皇天上帝神版的供奉处。此台高1.51 m,直径2.53 m,前面附九级石台阶,上面放一个高1.55 m的圆形神台。神台前有九级木阶梯,上面放置高1.5 m的屋字形木质护神座,内置花梨木神龛,供奉着"皇天上帝"的神版。正位前设"五供"(一炉、二烛台、二花瓶),各项设施安排得十分精心周到,表现出对上天的尊崇和膜拜之意。

在正位两侧分列有八个方形石座。每个石座附三级木阶梯,上设配位神龛,供奉着清代前八位先祖的神版,各配位前均设"三供"(一金炉、二金丝灯)。

3.皇穹宇配殿

皇穹宇东西两侧各有一座配殿,名曰东配殿和西配殿。东配殿、西配殿分别位于皇穹宇正殿南面两侧,左右对称,朝向相对,相距约33 m。它们规制大小、造型彩绘完全相同,如图2-29和图2-30所示。配殿为单檐歇山顶,覆天青琉璃瓦,各五间,长16.6 m,

进深近5 m。体量虽然显得小了一些,但在天库内和皇穹宇相配,十分和谐,如图2-31所示。

图2-29 皇穹宇东配殿(吕厚均 摄)

图2-30 皇穹宇西配殿(吕厚均 摄)

图2-31 皇穹宇正殿与西配殿(吕厚均 摄)

配殿是存放圜丘祭天从祀神位的地方。东配殿内神座依次供奉着"大明之神(太阳神)""北斗七星之神""五星之神(金、木、水、火、土星之神)""二十八宿之神"和"周天星辰之神";西配殿内神座上依次供奉着"夜明之神(月亮神)""云师之神""雨师之神""风伯之神"和"雷师之神",如图2-32所示。

4.甬道

皇穹宇正殿通往正中券门的甬道

图2-32 皇穹宇西配殿内景(吕厚均 摄)

由宽度相同、长度不同的二十块长方石板铺成,如图2-33所示。从正殿殿基须弥座开始由北向南的第一块、第二块、第三块和第四块石板分别是著名的一音石、二音石、三音石和四音石,如图2-34所示。第十八块石板则是著名的"对话石",如图2-35所示。

图2-33　皇穹宇殿前甬道
（吕厚均　摄）

图2-34　一音石、二音石、三音石
和四音石(分别为图中由上往下四
块石板)(吕厚均　摄)

图2-35　对话石(图中最下面的一
块石板)(吕厚均　摄)

5.回音壁

皇穹宇正殿及东西两配殿呈圆形设计,殿宇周围的圆形砖质围墙的墙体高3.72 m、厚0.9 m,内圆半径约为32.5 m,圆心恰好在三音石上,围墙上覆蓝色琉璃瓦顶,联檐通脊,如图2-36所示,由山东临清特产的质地坚硬的澄浆砖磨砖对缝砌成(见图2-37),围墙严密平滑,弧度十分规则,是一个很好的声音反射体。皇穹宇殿宇周围的圆形砖质围墙就是举世闻名的回音壁。

图2-36　回音壁外墙(吕厚均　摄)　　　　图2-37　磨砖对缝砌筑的回音壁(吕厚均　摄)

6.九龙柏

九龙柏位于皇穹宇院外西北侧,因树干扭结缠绕,宛如九条龙盘旋而上得名,如图2-38所示。九龙柏栽植于明嘉靖年间,至今已有五百余年的历史。

图2-38 九龙柏①

图2-39 屈原问天柏(吕厚均 摄)

7.屈原问天柏

如图2-39所示，在皇穹宇院外西侧，有一古柏兀立挺拔，树端有枯干，20世纪70年代经工人修剪截断，冠叶皆无，唯留两枯枝，造型如古代人物昂头挺胸、栩栩如生。两枯枝犹如人之两臂，右臂直指苍穹，左臂自然下垂，一左一右，构图均衡。1986年，一位扬州游客觉其状看上去颇像大诗人屈原昂首倨然、仰天放歌，后定其景名为"屈原问天"。

三、北京天坛奇妙的声学景观

天坛奇妙的声学现象包括已有的回音壁、一音石、二音石、三音石、圜丘天心石及研究组于1994年3月发现命名的"天坛对话石"、四音石等，可概括为四组声学景观，即回音壁、三音石(含一音石、二音石、三音石和四音石)、天心石和对话石。这四组著名且奇特的声学景观都发生在圜丘坛建筑群内。天坛声学现象除天心石声学现象发生在圜丘台上外，其余均发生在皇穹宇内。

(一)皇穹宇内的声学景观

1.回音壁现象

皇穹宇的圆形围墙，以磨砖对缝砌成，墙面坚硬光滑，是声音的良好反射体。因两人分别站在东西配殿墙后，贴近墙体面壁说话，可以清楚地听到彼此说话的声音，故称其为回音壁。

2.一音石现象

皇穹宇正殿正前方甬道的第一块石板，被称为一音石，因站在这块石板上击掌

---

① 引自望天星、曲维波《天坛》。

可以听到一个回声而得名。

3.二音石现象

皇穹宇正殿正前方甬道的第二块石板,被称为二音石,因站在这块石板上击掌可以听到两个回声而得名。在二音石上听到的两个回声中,第一个回声强,第二个回声弱。

4.三音石现象

皇穹宇正殿正前方甬道的第三块石板,被称为三音石,因站在这块石板上击掌(图2-40)可以听到三个回声而得名,又被称为"人间私语,天闻若雷"。在三音石上听到的三个回声时间间隔不相等,声强也不是递减的,而是第一回声弱,第二个回声强,第三个回声最弱。

图2-40 站在三音石上击掌(吕尊仁 摄)

5.四音石现象

皇穹宇正殿正前方甬道的第四块石板,被称为四音石,因站在这块石板上击掌可以听到四个回声而得名。在四音石上听到的四个回声时间间隔是不相等的,第一个回声弱,第二个回声强,第三个回声更弱,第四个回声最弱,后三个回声的强度是递减的。

6.对话石现象

皇穹宇正殿正前方甬道由北向南的第十八块石板,被称为"对话石"。对话石现象是黑龙江大学古建筑声学研究项目组俞文光和吕厚均于1994年3月26日在进行天坛声学现象研究过程中发现的一个新的奇妙的声学现象。

对话石声学现象是指一人站在对话石上说话或击掌,则站在距此约36 m远的东配殿的东北角或西配殿的西北角的另一人,虽然受配殿阻隔看不到对方,却可以清晰地听到对方的说话声或击掌声,就好像说话人或击掌人就站在配殿角附近似的。同样,如果有人站在东配殿东北角或西配殿西北角说话或击掌,则站在对话石上的人亦能清晰地听到对方的说话声或击掌声,双方可以互相通话,就如同打电话一样,十分有趣,如图2-41所示。即使在游人较多、背景噪声较大的情况下,双方通话也不受影响,效果十分明显。如果不在皇穹宇内,在上述相同

图2-41 在西配殿西北角倾听对话石现象
(吕尊仁 摄)

的距离和声强等条件下,双方都很难听到对方的说话声或击掌声。

(二)圜丘台上的声学景观

天心石现象

天心石位于圜丘台上层台面中心,又称"亿兆景从石"。若站在天心石上击掌,可以听到从四面八方传来的两个或三个回声,其时间间隔相等,强度逐渐减弱;若站在天心石上说话,会产生很强的共鸣效果,感觉说话声音拉长而且洪亮,恰似与自然在对话。但若站在圆心外说话,听起来却没有这种感觉。

第三节
天坛著名声学现象历史记述和解释

天坛内众所周知的回音建筑及奇妙的声学现象,为这座古老的祭坛平添了几分趣味,吸引了众多中外旅游爱好者,也引起了有关专家学者的极大兴趣与关注。为了解释北京天坛著名声学现象,历史上有两个科学假说,一是金梁先生《天坛公园志略》书中记述的从明清书籍中得到的关于天坛天心石、三音石和回音壁三个声学现象及其形成机理的记述和解释[1]。另一是中国科学院院士汤定元先生于1953年2月同时发表在《科学通报》和《物理通报》上的论文《天坛中几个建筑物的声学问题》,文中对北京天坛回音壁、三音石、圜丘天心石三个现象的声学机理提出了卓有见地的科学假说[5],并成为此后的权威解释。上述两个假说都是基于皇穹宇和圜丘内建筑物对声波的反射原理而进行的解释,所依据的原理是科学的。因受条件所限,故当时这两个假说都未能得到实验验证。

一、金梁先生书中对天坛声学现象的记述和解释

(一)背景

明清时期的历史档案是比较丰富的,对天坛的营造情况有详细的记载。1992—1997年,俞文光教授领导的古建筑声学研究组承担了国家自然科学基金项目,研究组在对天坛声学现象进行研究的几年中,检索了中国第一历史档案馆中内阁、军机处、内务府、宫中、礼部、工部、刑部、巡警部、顺天府等有关天坛的各类资料共约75万字,其中包括谕旨、朱批奏折、舆图、堂稿、咨呈、簿册等,在这些资料中对于天坛声学现象未见记述。也就是说,在当时或者说到目前为止,尚未找到天坛声学现象的史料证据,但今后会不会找到天坛声学现象的史料证据,我们无法预测。

天坛是皇家祭天的地方,如果产生回音现象必然会充满神秘色彩,也正好符合

———————————————

① 见金梁《天坛公园志略》1953年1月誊写版 34–37 页。

了皇帝能与上天进行交流的传统的说法,为了维护这种传统,史籍不做记载也是可以理解的。我们知道,天坛作为皇家祭天专属建筑,直到近代才对外开放。明清时期,能进入天坛的人是十分有限的,祭天活动的时间也十分短,天坛大部分时间都处于关闭状态,除了钦天监和参与祭天活动的有关官员、兵士每年要为祭天做准备工作以外,其他一些有文化或有一定科学知识的人很难直接了解到天坛建筑所具有声学现象的详细情况。我们猜想,民间关于天坛声学现象的传说和记述,大约也应该是从钦天监和参与祭天活动的有关官员那里传出去的。

钦天监是明清两代掌管天象、推算节气和编制历法的衙署,钦天监的官员掌握一定的天文学、数学、物理学知识是肯定的,他们试图对天坛声学现象进行分析和解释也不是不可能的。

金梁(1878—1962)先生系近现代著名学者,字号息侯,又号小肃,晚号瓜圃老人,杭县(今杭州)人,满洲正白旗瓜尔佳氏,自幼受过良好的教育,光绪二十七年(1901)中举,甲辰(1904)成进士,历任京师大学堂提调、内城警厅知事、民政部参议、奉天旗务处总办、奉天新民府知府、奉天清丈局副局长、奉天政务厅厅长、蒙古副都统等。中华民国成立后,任清史馆校对。新中国成立后迁居北京,在国家文物部门任顾问等职。金梁先生著述甚丰,有《天坛公园志略》《四朝佚闻》《清帝后外传外纪》《黑龙江通志》《奉天通志》《瓜圃丛刊叙录》《增辑辛亥殉难记》《近世人物志》《满洲秘档》等。

金梁先生在其所著的《天坛公园志略》(1953年1月誊印)中对明清时期关于天坛声学现象的记述和解释是比较多的。《天坛公园志略》全书共九章,书中第三章分三节介绍了天坛天心石、三音石和回音壁三个奇妙的声学现象,即在第三章"天坛内的科学古迹"中分"圜丘台上的'亿兆景从石'古迹""皇穹宇'人间私语,天闻若雷'古迹"和"皇穹宇'传声墙'古迹"三节对明清时期圜丘台上"亿兆景从石"景观、皇穹宇内"人间私语,天闻若雷"和"传声墙"景观做了比较详细的记述,对其形成机理的解释也是比较清晰的,但在行文中都没有注明所本,我们只能从书后的参考书目中进行推测。虽然参考书目中许多是属于"野史"范畴的,能不能作为天坛声学现象存在的证据无法确定,但金梁先生记述的天坛回音壁、三音石和天心石三个著名声学现象与我们现在熟知的天坛声学现象还是基本相符的,是具有重要学术价值的。

(二)天心石声学现象的记述和解释

1.天心石声学现象记述

圜丘台上"亿兆景从石"景观就是天心石声学现象,金梁先生在"圜丘台上的'亿兆景从石'古迹"一节中对天心石声学现象有这样的记述:

"唯独圜丘台上的回声,必须站在台上中央的中心圆石上,虽喊的声音小,也能听到回声。如果两足一离开这块圆石,虽是站在圆石的边缘上,就是喊破了嗓子,也没有回声;如若距离圆石再远,则更没有回声了……圜丘台上的回声,限制你不准走出圆石的外边来,特别而奇异的地方就在这里。但是圜丘台上的回声,不论你是向着哪一方面喊,回答你的声音是从四面八方传来,并且不像是一个人的声音,仿佛是有许多的人站在台的四面,同时回答你一样,这更是特别而奇怪的了。"

2.帝王贵族的意愿——"亿兆景从"

按照金梁先生书书中的记载,可以推测明嘉靖朝建圜丘时,天坛天心石声学现象就已经存在了,并将其命名为"亿兆景从石",意为皇帝在此祈求皇天上帝保佑的时候,"亿兆"的人们都要跟随其后,皇帝是天子,是"奉天承运",皇帝发出的旨意是上天垂象,就是天命,亦是皇天上帝的旨意,"亿兆"的人们都必须服从,还要绝对响应,否则就是违背天心。这是为了维护封建统治阶级服务的,当然也是不科学的解释。帝王贵族"亿兆景从"的意愿在金梁先生《天坛公园志略》中也有记载:

"明朝的帝王和王公贵族,尤其是宫里的太监们,他们都说这是'上帝'给他们统治阶级留下的古迹,表示他们向人民发表什么命令,广大民众全部应当立时响应服从,不应当反对,并给这个古迹起个名字,名叫'亿兆景从'(亿兆:①指广大民众;②极言数目之大。景从:如同影子跟随形体,比喻响应、追随)。并说所以必须站在中心圆石上面喊,方才有回声的理由,是表示统治阶级的一切命令,是'奉天承运,顺应天心'的,故此中心圆石,又名'天心石'。这一派的谎谣谰语的目标,无非是把统治阶级他们捧高,把人民欺骗罢了,他们可以随便用'天命'两个字,任意地压迫剥削人民,把人民宰割死了之后,这算是'天意',不准人民反抗或出怨言。其实人民的眼珠子是亮的,早就看明白这种自欺而又欺人的把戏了。"

3.天心石声学现象解释

圜丘台上的奇妙回声究竟是怎么形成的呢?明清两代掌握一定算术、天文学和物理学知识的钦天监监生,基于声波反射原理对圜丘台上的"奇异"回声给出的解释虽然很浅显,却表达了当时人们对这种奇妙声学现象的看法。关于"亿兆景从"天心石景观的解释,在金梁先生《天坛公园志略》书中有这样的记述:

"圜丘台上的中心圆石的位置,是天坛南部圜丘台中央的中心点,石台又高,人站在上面喊出的声音,由四周空气,把声浪向四面八方传播出去,而石台下边的四面,有数层不同高度和不同形状的墙,如墙内墙是圆形的,墙外墙是方形的,内坛墙和外坛墙都是一半方形一半圆形的,声浪阻到这些墙上,碰回来的声音,有迟缓先后的次序,故此不是一个回声。又坛内的宫殿和柏树林的位置有远近,阻止声浪和把声浪碰回来的时间,也是有迟缓先后的次序,故此一个人在台上喊,有许多的声音回答你。"

对于"离开天心石为什么就听不到回声"这一问题,金梁先生《天坛公园志略》书中给出的解释是:

"又因为石台的位置，不只居于圜丘坛的中央，并且在壝内墙和壝外墙的中央，你如果不站在中心圆石上喊，而站在距离中心外面的任何一边，则播出去的声浪，就在你临近那一方面的两层壝墙跑远了，虽也遇阻而回，但是涣散的声浪，走在半途里，就消失得无影无踪，故此站在石台上听回声，必须站在中心圆石的上面。"

这是目前已知的对"亿兆景从石"景观即天心石声学现象形成机理科学解释的最早记述，但可惜的是并未注明其所本。

（三）三音石声学现象的记述和解释

1.三音石声学现象的记述

三音石声学现象亦即皇穹宇内"人间私语，天闻若雷"景观。对于这一声学景观，金梁先生《天坛公园志略》书中是这样记载的：

"圜丘台的北边皇穹宇内，也有一个回声古迹。这个古迹的表现，是我们站在皇穹宇正殿门外丹陛的下面，甬道正中，面向殿门的里面说话，不论是大声或小声，不可声音太小了，则立时殿内连续地回答你两声或三声，并且回答的声音很大很洪亮，殿外的人，不论站在哪里，全都听得明白。但有四个条件，第一是必须开着殿门；第二是由殿门直到殿内正北面的神龛前不准堆放桌椅等障碍物；第三是除殿门开放外，必须关紧殿窗，并且糊着窗纸；第四是说话人必须站在甬道第三块石板上。这四个条件若有一条不符，就听不见了。"

为什么必须满足"四个条件"而又只能听到"两三个"回声呢？金梁先生也有类似的疑问，书中是这样记载的：

"这个回声最奇怪的地方，是为何必须站在甬道正中第三块石板上。又为什么不多不少地只回答两三声，并且说的声音小，而回答的声音大，令人惊奇的现象就在这里。"

实际上，人站在皇穹宇殿前甬道石板上击掌，可以清晰地听到回声，特别是站在第一、第二、第三和第四块石板上击掌，可以分别听到一个、两个、三个和四个回声；站在第五、第六块石板上击掌，也可以听到回声。这里的科学道理现在是很容易理解的。据此，人们称第三块石板为"三音石"。

2.帝王贵族的心愿——"人间私语，天闻若雷"

我们暂且不谈三音石声学现象的形成机理，仅就金梁先生书中记载的形成三音石现象的四个必要条件也说明三音石的妙趣全在皇穹宇正殿建筑本身。三音石在封建时代被蒙上了一层神秘的色彩，又被描述为"人间私语，天闻若雷"，这正符合古代天、地、人三才的观念。皇穹宇殿前的三块石板又被称作"三才石"，第一块是"天石"，第二块是"地石"，第三块是"人石"。站在"人石"上打开殿门说话，是让"皇天上帝"能够听见，即使说话的声音很小，回声也很大，正是"人间私语，天闻若雷"的映照，意思是说老百姓的一言一行，都难逃皇天上帝的明察，这无非是让老百姓向"皇天上帝"的权威屈服。关于帝王贵族的心愿，金梁先生在书中也有记载：

"旧时的统治阶级，利用这个奇怪回声，造出很多的谣言来，说什么：'殿前的石板分'天、地、人三才'，名叫'三才石'，第一块是'天石'，第二块是'地石'，第三块是'人石'，'凡人'说话是必须站在'人石'上的'。又说什么：'开着殿门是叫'上帝'看得见和听得见，方才能回答你。'更为可笑的是，所以说话声音小而回答声音大的缘故：'这就是古人格言上所说的'人间私语，天闻若雷'的表现。你在家内屋子里面，偷偷地批评'皇帝''贵族'和政府及地主的不对，而发出怨骂的话，这种以下凌上的行为政府里的官员虽不知道，不能捕捉你治罪，但是你私自小声批评的声音传到上帝面前，仿佛打雷的声音一般。这是统治阶级利用这个科学回声，不仅限制人们的言论，还不许人们在家里私自小声地批评和在心里暗骂，恐怕人们把反抗封建的思想埋藏在心里，进而动摇封建帝王和贵族官僚统治。"

3.三音石声学现象的解释

对于为何必须站在皇穹宇殿前甬道的第三块石板上说话，才能听到其回声？金梁先生在书中根据声波依直线传播原理和声波的反射原理，给出的解释为：

"皇穹宇回声的科学理由最简单，因为皇穹宇的殿门太高，只有丹陛桥下面的第三块石板和殿门及殿内神龛上边的殿顶成一正三角形的斜直线，声波可以正直插入殿内。如果站在第一、二块石板上，因距离太近，则声波沿着斜直线，全撞在殿外的缘檐上而四散了；若再退后站在第四、五块石板上，则因距离太远，不是撞在殿座上，就是从殿瓦上四散了，不能把声波插入殿内。故此不站在第三块石板上说话，是没有回声的。"

站在殿前甬道的第三块石板上为什么能够听到两三个回声？为什么说话的声音小而回声却较大？对此，金梁先生书中根据声波依直线传播和声波反射原理也给出了解释：

"皇穹宇殿里的四面是圆形的，这圆形的四壁和殿外的距离远近不同，一部分声浪传入殿内迅速地可以先后发出两个回答的声音；如果站的方向稍微斜一点，或是说话的人脑袋太低，则发出一个回声；殿里没有顶棚，也没有天花板，乃是一个锅底形状的隆穹圆顶，并且这圆顶高而且大，另一部分的声浪阻到这穹凸的顶，把回声反射在殿外的时间较慢，必在先发出的两个声音的末尾，故此皇穹宇的回声是连续的两三个声音。"

而对于为什么必须满足"四个条件"才能听到回声？金梁先生书中给出的解释是：

"如果把皇穹宇的殿门关上，则外面的声浪传不进去。如果把窗隔全都开放，或把窗纸撕去，则传播进去的声浪，殿内收不住声音，又全都漏出来跑了。"书中还讲到，在新中国成立前，这个回声现象被讲解员称作"皇穹宇回声石"。

以上是金梁先生关于三音石声学现象的记述,同样没有说明来源之处或所引的书籍。

(四)回音壁声学现象的记述和解释

1.回音壁声学现象的记述

皇穹宇内还有一个新颖、有趣的科学古迹,就是举世闻名的回音壁声学现象,即"传声墙"声学景观,回音壁就是皇穹宇的圆形围墙。对于"传声墙"声学景观,金梁先生《天坛公园志略》书中的记述为:

"试验这个古迹的办法,是用两个人,一人在东配殿的后面贴着墙根站立,另一人在西配殿的后面也贴着墙根站立,两个人的距离有十几丈远,并且有两个配殿阻隔着。这两个人,一个人面向北,把耳朵贴在墙上细听,另一人也是面向北而把脸贴近墙面说话,不论你说话声音如何小,那一方面也听得见,如同对面说话一样。并且能把极小的声音放大了,比在电话里面说话还清楚洪亮,仿佛声音从墙里面透播出来的一样。但是试验这个古迹有一个限制条件,就是必须说话人的嘴和听话人的耳朵全部向北。如果听话的人把耳朵向南,则声音微细,而且从脑后传来;如若说话的人把嘴向南边说,则声音毫无了。"

2.回音壁声学现象的解释

对于回音壁声学现象(传声墙)的传声机理的解释,金梁先生书中的记述是:

"皇穹宇的围墙又高又圆,而且墙上的砖面又滑又平,宛如一个圆桶形大缸,一人向北,贴近墙边说话,则音波因有东西配殿和正殿的束缚,不能向四外消散,只可沿着光滑而平的筒形圆墙向前推进,传到听话人的耳朵时,因圆形围墙和正殿后墙束缚(见图2-42)的关系,把音波全部聚在一起送入耳内。故此距离虽远而声音特别大,乃是声浪随墙推进,并不是从墙里面发出话来。"

而对于说话的人面向南贴近墙面说话不传声的解释,书中记述为:

图2-42 回音壁与正殿后墙(吕厚均 摄)

"如果你要面向南说话,则音波也贴着围墙向前推进,但是音波传到正南面的宫门时,则音波全由三个门洞射出而逃散四外了。故此面向南说话,是听不到传声的。"

以上是金梁先生书中关于回音壁声学现象的记述和机理的解释,也同样没有说明来源之处或所引的书籍。

(五)简单分析

1.天心石声学现象简单分析

从金梁先生所著的《天坛公园志略》中对明清时期关于天坛天心石声学现象的记述和解释的文字看，金梁先生用现代的语言记述从明清书籍中所得到的传说，至于是从哪本书中得来的，他并没有说清楚。但是从行文上看，这些并不像是金梁先生自己的杜撰，特别是在上述引文的后面，金梁先生还写有"以上所写的圜丘台回声解释，是在清代供职钦天监内一般天文生的传说"这样一段话，说明金梁先生关于"亿兆景从"现象的来源和解释是确有所本的。

圜丘台在明朝时的建筑形式与现在看到的基本相同，只是略小一些。从现在掌握的圜丘台声学现象的机理推想，声学现象在明朝时应该是存在的，当时发现这种声学现象并无困难，给其取名"亿兆景从"用来取悦皇上也是顺理成章的。

2.回音壁和三音石声学现象简单分析

综合金梁先生所著的《天坛公园志略》中对明清时期关于天坛回音壁和三音石声学现象的记述和解释，我们不难看出，回音壁、三音石记述的来源比圜丘坛记述的来源还要模糊。如果从王成用先生《天坛景物传说》中关于三音石和回音壁的传说来推测，三音石、回音壁传说的出现应该在乾隆朝以后，也即乾隆朝对天坛皇穹宇建筑进行改建大修以后，或者说是皇穹宇建筑的圆形围墙从原来的夯土墙改成砖墙以后。根据我们对回音壁、三音石传声机理的研究，夯土墙对声音的吸收系数很大，出现回音壁、三音石声学现象几乎是不可能的，而改建后，砖墙使用的是山东临清特产的澄浆砖，其质地细密，敲之有声、断之无孔，对声波具有良好的反射能力。因此，乾隆朝改建皇穹宇将夯土墙改成砖墙之后，回音壁、三音石两个声学现象的声学效果肯定比原先的声学效果更加明显。我们推测，当时的设计人员、施工人员或钦天监的官员，包括乾隆皇帝本人，发现回音壁、三音石等声学现象是不困难的，而将这种声学现象传到民间也是完全有可能的。

综上所述，我们可以进一步推测明清北京天坛回音建筑中的圜丘坛声学现象，在明嘉靖年间就已经存在或者说已经传到民间。当然，这些推测需要我们科技史工作者在以后的研究工作中逐步予以证实。因现今的皇穹宇建筑就是乾隆朝改扩建后保留下来的，因此，三音石和回音壁两个声学现象在乾隆朝期间肯定是存在的，传到民间是正常的，也是合乎情理的。但是到目前为止，从正史上尚未找到相关的记载。金梁先生在书中对天坛回音建筑中的圜丘、三音石和回音壁三个声学现象的记述和解释，既有其合理的因素，又有其不准确的地方，这在以后我们会逐一进行研究和阐述。

二、汤定元先生关于天坛声学现象机理的科学假说

(一)背景资料

早在新中国成立初期，汤定元先生就率先对天坛声学现象进行了研究，并对天

图2-43 汤定元先生

坛回音壁、三音石、天心石三个声学现象的形成机理提出了卓有见地的科学假说，为以后的天坛回音建筑声学问题研究奠定了基础。

汤定元先生（图2-43）十分重视科普教育，他认为科学研究与科普教育是一个国家科学发展的双翼。在科学研究方面，他秉承"格物致知、学以致用"的指导思想；在科普教育方面，他认为把科学成就告诉普通老百姓是科学家应尽的责任。早在20世纪50—60年代，他就写了不少科普文章。他的科普文章《天坛中的几个建筑物声学问题》在社会上产生了很大的影响，汤定元先生在文中对天坛回音壁、三音石、圜丘天心石三个声学现象的形成机理提出的科学假说，成为此后40余年关于天坛声学现象的权威解释，我国科学界、教育界和旅游界对天坛声学现象的论述都是以此为依据的。此文还为《中国古代科学成就》《中国声学史》和《中国科学技术史稿》等书详细引用。

汤定元先生系著名物理学家，中国科学院院士，研究员，中国半导体学科创始人之一，中国红外物理和技术的奠基者。1920年5月12日出生，江苏金坛人。1942年毕业于重庆中央大学物理系，1950年获美国芝加哥大学物理系硕士学位。1951年，汤定元先生克服重重困难回国，是新中国成立后第一批从美国留学回国的11人之一。回国后，汤定元先生先后任中国科学院应用物理研究所（1958年更名为物理研究所）助理研究员，中国科学院半导体研究所研究员，中国科学院上海技术物理研究所研究员、所长，1991年当选为中国科学院院士。留美期间，汤定元先生发现了金属铈的新颖相变。他首创的金刚石高压容器，现已发展成为高压物理研究的重要仪器。回国后，他长期从事半导体物理和器件、红外物理和器件的研制工作，开创了窄禁带半导体分支学科，参加并指导研制了硅太阳能电池、高能粒子探测器等多种光电器件；研制了硫化铅、锑化铟、锗掺汞、碲镉汞等各种红外探测器的材料和器件。汤定元先生在把半导体红外器件成功地应用于中国空间探测、空间遥感方面，以及我国物理学的发展和"两弹一星"的研制方面做出了突出贡献。汤定元先生有13项创新成果被收入国际权威的科学手册中，他发表论文100多篇，撰有专著、译著12部，先后获国家自然科学三等奖、国家科技进步二等奖、中科院自然科学一等奖、中科院科技进步一等奖、中科院重大成果奖、全国科学大会先进工作者奖、光华科技基金一等奖、何梁何利基金科技进步奖等。

那么，汤先生为何要研究天坛声学问题呢？

那是1952年，当时人们对天坛声学现象迷惑不解，有人给中国科学院写信，希望有关专家能对天坛声学现象做出科学解释。科学院就把这个任务交给了当时在中国科学院应用物理研究所工作的年轻的汤定元[16]。汤定元接到这一任务后,对天坛回音建筑中的回音壁、三音石声学现象进行了现场考察。他通过考察皇穹宇建筑的形制和布局,见到砌得整齐、光滑的圆形砖质围墙(回音壁),如图2-44所示,觉得回音壁应是一个优良的声音反射体。经过认真地观察思考、反复地试验和分析,他判断回音壁和三音石声学现象都是由回音壁墙体对声波反射造成的。他认为,回音壁声学现象一定是声波被光滑之墙面多次连续全反射,从一侧传到另一侧的;三音石正好在回音壁的圆心,击掌后,声波向四周传播,一部分传到回音壁围墙的声波经圆形墙面反射会聚后,又沿圆的半径传播会聚到圆心(三音石),就这样往复传播,每经过2倍半径就返回并会聚到圆心,故此,可以听到三个或多个回声。

图2-44　回音壁圆形砖质围墙
　　　（吕尊仁　摄）

　　1996年6月,汤定元院士在参加"天坛声学现象研究"成果鉴定会后,接受《北京青年报》记者采访时回忆起那段研究经历时说:"我研究天坛声学问题亦属偶然。1952年,曾有读者写信到中科院,要求解释天坛的回声现象,科学院就把这个任务交给我了。我到了天坛之后,在仔细地观察和试验之后,觉得回音壁和三音石都是由于声波的反射造成的,回音壁是个圆形的围墙,砌得很整齐、很光滑,是一个很好的声音反射体。当你在围墙的某个地方说话时,声波就沿着圆墙不断地反射,使得你在任何一处都听得着。在三音石上之所以拍一次手掌能听到三次回响,也是因为声音在不同反射物体上的回响。而圜丘天心石回声就是因为四周柱子和栏杆的回声,因为整个圜丘造型精确,中间略高,使得你站在天心石中间发出声音,声波传播到栏杆上再反射到地面,从地面又反射回天心石中央。如果地面不是倾斜的,那么回响自然也就没有了。当时为了验证这个设想,我特地叫来了正在此训练的体工队员约一个营的人,让他们把四周的柱子和栏杆都挡住,经过几次实验,回声果然没了。回家后,我就写了一篇文章于1953年刊登在《科学通报》和《物理通报》上。[17]"

　　1994年,中国科学院科技情报中心国内外联机检索表明:在黑龙江大学古建筑声学问题研究组之前,关于天坛声学现象研究仅有汤定元先生的《天坛中几个建筑物的声学问题》一篇论文。汤定元先生论文记述了天坛回音壁、三音石、天心石和一音石、二音石五个声学现象,并对前三个声学现象的声学机理,提出了卓有见地的科学假说。关于撰写本论文的目的,汤定元先生论文中是这样记述的:"天坛的建筑中,除了布局与结构的特点之外,还有几个声学现象,也值得我们注意。本文的目的,系用科学原理来说明这几种声学现象。至于那时的建筑师是否有意设计,或是为什么设计这些现象,则需要另外的考证,不在本文的范围之内。"

(二)天坛回音壁声学现象及机理解释

1.回音壁声学现象记述

汤定元先生在进行天坛回音壁声学现象及其形成机理的研究时,对于回音壁和皇穹宇建筑布局是基于这样的认识而开展的,"回音壁是一个圆形的围墙,高约6 m①,圆半径约32.5 m。南面开了一个门,内部有三座建筑(图2-45)。后面的圆形建筑即皇穹宇,里面只安置了一块'祭天'时所用的神牌。皇穹宇很近围墙,它的后面与围墙之间最近处只有2.5 m。整个围墙都砌得很整齐、很光滑,是一个优良的声音反射体。"

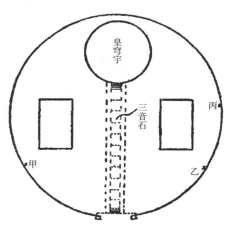

图2-45 回音壁内部建筑平面示意图

如图2-45所示,关于回音壁现象,汤定元先生论文中这样记述:"如有一人在图上甲处轻声地向墙壁说话,在乙处的人可以听得很清楚,好像甲的声音是从乙的附近丙处的墙壁中发出来似的。"

2.回音壁声学现象机理解释

关于回音壁声学现象机理,汤定元先生采用声音依直线传播的原理和全反射原理对其进行了解释。对于在皇穹宇建筑中,研究回音壁等声学现象声音依直线传播原理是否成立,也就是说我们可否用几何声学画声线的方法来研究回音壁等声学现象,汤定元先生论文中是这样回答的:"人们说话中所用的声音,其波频为100~3 000 Hz(说话粗沉的男人最低可以到90 Hz,说话最尖的女人最高可以到3 000 Hz),就是波长为3~0.1 m。回音壁的半径为32.5 m,比起我们说话时的波长要大得多。所以声音以直线进行传播的原理,在这样大的范围里是可以使用的。"也就是说声音依直线传播的原理,"只有在所研究范围的线度比所用的波长大得多时才适合"。天坛回音建筑中的情形恰恰正是如此,因天坛回音壁的半径(32.5 m)远大于人们说话声音的波长(3~0.1 m),所以声波依直线

---

① 原文有误,实高为3.72 m。

传播原理在天坛回音建筑中是适用的。

基于此,汤定元先生认为,回音壁"这个现象用声音的反射原理去解释,是容易清楚的"。假定墙面是理想的反射体,甲处的声音是从墙壁上甲点发出的,汤定元先生分析解释了乙处听到的从甲处发出沿墙壁传来的声音,为什么要比从空中直接传来的声音要响得多,从图2-46中可以看出:

"甲的声音从墙壁上的甲点发出,向1-2位置所发出的一束声音,经过墙壁的连续反射后,到达乙处。这一束声音到达乙处时,水平方向上还是一束,没有扩散。在垂直方向上,当然仍旧与平常一样扩散。因此我们可以说,声音沿着墙壁走,它的强度以$1/r$而递减(此处r为声音所走的路程),而在空中直接从甲到乙的声音,在水平与垂直两个方向都要扩散,其强度以$1/r^2$递减。所以直接由甲到乙的声音虽然走的路程较短,但强度递减率大,到达乙时,已经小到听不见了。而墙壁传来的声音,虽然走了较长的路程,但因为它的强度不那么容易消失,所以还能听得清楚。如果甲高叫一声,使乙可以直接听到,则乙先听到从空中直接传来的声音,随后又可以听到沿墙壁传来的声音。后者比前者还响一些,就是由于上述的原因。从图2-46中我们可以估计:沿墙壁传来的声音约走了140 m,由空中直接来的声音只走45 m。前者比后者要多走约95 m(声音在空气中传播速度约330 m/s),所以要迟到约3/10 s。而乙处的声强,前者(1/140)要比后者(1/45²)强十多倍,所以乙所听到的沿墙壁来的声音比自空中直接来的声音要响得多(乙听到的沿墙壁传来的声音并未响十多倍,因为耳朵所能辨别的响度系与两声强的对数成正比)。"

我们都知道,以点声源从甲处发出的声音,不仅是如图2-46中所示 1-2方向所发出的一束声音,而是各个方向都有的。汤定元先生还指出:对于与甲点的切线成θ角的一束声音,围墙的半径用R表示。简单的几何就可以证明:这一束声音永久的外切在以$R\cos\theta$为半径的圆周上。也就是说,凡与甲点切线所成的角度小于θ的声音,都集中在沿墙面厚$R(1-\cos\theta)$的圆环内。由图也可以看出:越靠近墙壁,声强就越大。声强沿着圆心方向逐渐递减。因为有皇穹宇正殿的存在,

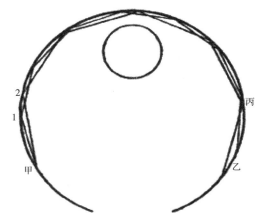

图2-46 回音壁内声音传播路径示意图

它的后面只能让很窄的一条声音通过。现在假设$R(1-\cos\theta)=2.5$ m,$R=32.5$ m,则可以得出$\theta=22°$。凡θ角大于22°的声音,都要碰到皇穹宇正殿的后墙壁,被反射到别处去,不能到达乙处。只有与切线所成的角度小于22°的声音,才能沿着墙壁到达乙处。因为声音的能量,都分布在靠近墙面的一条狭带里,所以乙沿着墙壁移动时,听不到声音有

起伏的变化。但声音在垂直于墙面的方向上离开墙壁时,则越来越小,不久就听不见了。

上述讨论,假定甲处的声音是从墙壁上甲点发出的,如果站在甲处的人距离墙壁较近,情形也差不多。但如果站在甲处的人距离墙壁较远一些,情形就有点不同了。从皇穹宇建筑平面布局看,由于皇穹宇正殿靠围墙很近,依据声波的反射原理,通过几何声学画声线的方法,可以证明:站在甲处的人所发出的声音,由图2-47可清晰地看出,只有两束声音可以通过皇穹宇后面的狭道,而且,这两束声音也不能到达墙面的全部。因此,站在乙处的人沿着墙壁移动时,是可以听出声音有起伏变化的。

图2-47 皇穹宇正殿对声波束缚示意图

在从假定的理想世界里,又该怎样返回现实世界呢?汤定元先生通过计算证明了沿圆形围墙连续反射传播的声波是满足声波全反射条件的,自然而然地把我们从假定的理想世界带回了现实世界。其文中是这样表述的:"在以上的叙述中,我们假定墙壁是理想反射体。声音的能量全部反射了回来,只有在空气中传播时,才有些损失。因此可以传播较长的距离。事实上,墙壁并不是理想的反射体,我们也不需要假定它是理想反射体。因为上述的情形,实际上是全反射现象。"

这又是怎么回事呢?汤定元先生的论文进而解释道:

"声音在砖墙内的传播速度,差不多十倍于它在空气中的传播速度。仿照光学的说法,砖对空气的'折射率'是1/10。全反射的临界角i_0应为:

$$Sin\ i_0 = 1/10, \qquad i_0 = 6°$$

只要投射角(入射角)超过6°,就能产生全反射的现象。在上述的情形中,因为我们所用的折射角都在68°(90°-22°)以上,所以是全反射现象。在全反射现象中,没有声音能够进入第二媒介。所以在第一媒介内的声音可以传播到较远的距离。在一个密闭的回音壁中,声音可以绕围墙几周。在一定的位置可以先后听到几次声音,而每两次声音间隔的时间,正是圆周的长度除以声音在空气中的传播速度的值。"

综上所述,汤定元先生依据声波的反射和直线传播的原理,根据皇穹宇内三座建筑布局,考虑到皇穹宇正殿的存在和围墙所用城砖材质的性能,通过计算证明了沿圆形围墙连续反射传播的声波满足声波全反射条件,进而解释了回音壁声学现象。其要点是:当一个人在靠近围墙的某处轻声说话时,声波沿着围墙通过全反射不断向前传播,使得其他人在任何一处都能够听得见。也正是由于全反射现象,使得声音可以传播到较远的距离。

(三)天坛三音石声学现象及机理解释

1.三音石声学现象记述

三音石声学现象发生在皇穹宇回音建筑内,汤定元先生进行的天坛三音石声学现象及其形成机理的研究,也是基于皇穹宇建筑的围墙是半径约32.5 m的圆形砖墙,三音石是皇穹宇正殿前甬道由北向南的第三块石板,且这块石板处于圆形围墙的中心这一条件的。从皇穹宇正殿台阶下来通往正中券门的甬道由宽度相同、长度各异的二十块石板铺成,第三块石板就是三音石。在讲述三音石及三音石声学现象时,汤定元先生的论文这样记述道:

"从皇穹宇的台阶下来到围墙的大门,有一条白石铺的路。从台阶向南数起,第三块石头正在围墙的中心。据传说:站在这块石头上面击一下手掌,可以听到'啪、啪、啪'三响,这块石头就叫作三音石。在第二块石头上击掌时,可以听到两声。而在第一块石头上击掌时,就只能听到一声。"

这段关于三音石声学现象的记述,明确告诉我们:站在皇穹宇殿前甬道的第三块石板击一下掌,可以听到三个回声。那么自然有人会问是不是只在三音石上击掌才可以听到三个回声?我们稍微离开三音石又会是什么情况?同样,不管掌声多强是不是都只能听到三个回声? 对于这些问题,汤定元先生在论文中有这样的记述:

"事实上并不这样。在三音石上击一下掌,击得响一些,可以听到'啪、啪、啪……'五六声。在这一块石头的周围,也有同样的效应,只不过模糊一点。离此石越远,'啪、啪、啪……'的声音越模糊。到一定距离之后,就只能听到一声。"

2.三音石声学现象机理解释

对于三音石声学现象的形成机理,汤定元先生同样根据声音依直线传播的原理和声音的反射原理,考虑到皇穹宇回音建筑的布局,用几何声学的方法,探讨解释了三音石声学现象。前面已经讲过,当所研究空间的线度远大于声波的波长时,声波遵循几何声学传播规律。而人们击掌声波波长为0.40~1.00 m,这与回音壁的直径65.00 m和圜丘台的直径23.12 m相比要小得多。对于说话声在前文回音壁机理相关内容中已经阐述。因此,在天坛回音建筑内,用几何声学的方法研究由击掌声或说话声而引起的声学现象是完全可行的。在谈及三音石形成机理时,汤定元先生在论文中这样写道:

"这是一个简单的声音反射的现象。从围墙中心发出的声音,向四周传播出去。走了同样的距离,都碰到了围墙,被反射回来,又集中在围墙中心,因此可以听到很清楚的回声。回到中心的声音,仍沿着圆的直径向前行进,碰到了对面的围墙,又反射回来,在中心集中,因而听到第二次回声。声音如此往返于围墙间,在围墙的中心,可以连续听到'啪、啪、啪……'的回声。围墙内的建筑物太多,自中心发出的声音,大部分碰到了建筑物,被反射到别的方向去了。只有一小部分能达到围墙,在直径上往复反射,否则可以听到更多的回声而且更清晰。围墙的半径为32.5 m,声音在半径往返一次约需1/5 s。如果掌鼓响一些,来数一数'啪、啪、啪……'的声音。大概数五下正好是一秒钟。再者,'啪、啪、啪……'的回声比原来的掌声要沉重些。越后来的回声,越低也越沉重。这是因为声音在空气中传播时,高频率的声音比低频率的容易被吸收。因而声音中的低频率成分,相对地增加起来。我们听到的声音,也就觉得沉重一些。"

汤定元先生在论文中对上述关于三音石声学现象形成机理的阐述至少说明了以下三个问题:

第一,关于三音石声学现象形成机理的解释是一种科学假说,且采用几何声学的方法,基于皇穹宇回音建筑的相关反射界面对声波反射而进行解释的,即击掌声波从三音石上发出,向四周传播,第一个回声是回音壁围墙第一次反射并会聚到圆心形成的,它经过了2倍半径的路程;第二个回声是回音壁围墙第二次反射会聚形成的,经过了4倍半径的路程;如此往复于围墙之间可以听到三次或更多次回声。据此,回声之间应具有以下特点:①回声时间间隔相等;②回声强度递减。

第二,由皇穹宇回音建筑平面图可知,由于皇穹宇正殿及东西两座配殿的存在,自三音石上发出的击掌声波有一大半(约55%)被围墙阻隔,使得击掌声波被反射掉而不能到达围墙,只有一小半(约45%)声波能产生反射、会聚而对回声有作用,否则可以在三音石上听到更多的回声而且更加清晰。

第三,计算并分析了击掌声波与三个回声的频率特性,即皇穹宇回音建筑对声波的吸收(包括空气和澄浆砖两部分)是和频率相关的,也就是高频成分的声波相对于低频声波而言衰减得要快。

为什么稍离开三音石几步还能听到三个回声,且随着距离的增加逐渐模糊,直至只有一个回声。关于这一点,汤先生论文中也给出了相应的解释:

"如果鼓掌的人,离开三音石几步(随便哪个方向都可以),从那里发出的声音碰到了围墙,并不能都反射到鼓掌者的耳朵附近来。通过鼓掌者所站的地点,画一条围墙的直径。只有碰到这直径两端附近的墙壁的声音,才能反射到鼓掌者的耳朵附近来。而且到达的时间也不相同,每一个回声所占的时间就因此而加长。如到达的时间相差很小,每一个回声所占的时间还不算长,前面两个回声之间的间隔耳朵可以分得开,则仍旧可以听到'啪、啪、啪……'的回声。不过每一个'啪'的声音要轻得多,所占的时间也较中心时所听到的为长。鼓掌者离圆心愈远,能将回声反射到鼓掌者耳朵附近的围墙面积就愈少,自直径两端反射回来的声音就愈模糊。最终就听不到'啪、啪、啪……'的回声了。只有一个回声,像平常的回声一样。因为围墙里的建筑物,对中心并不对称。三音石四周所发生的效应也不完全一样。离圆心同一的距离,也许在某一方向可以听到'啪、啪、啪……'的回声,而在另一方向就听不清楚。这也是实际情形中所观察到的。"

(四)天坛天心石声学现象及机理解释

1.天心石声学现象记述

汤定元先生论文中的天坛圜丘声学现象就是我们常说的天坛天心石声学现象。天心石声学现象发生在圜丘坛建筑群中的圜丘台上，圜丘台是一座台面由艾叶青石、四周栏杆及栏板由汉白玉材质铺筑而成的三层圆形平台，上层台面半径约11.4 m，中心有一被称为天心石的圆石，且上层坛面中心略高，四周略向下倾。关于圜丘及其结构造型，汤定元先生在论文中这样记述道：

"圜丘(古代帝王祭天的地方)是一个由青石建筑的圆形平台。基层占地很大。东南西北四方各有一个石阶梯，最高层的平台离地面约5 m，半径约11.4 m。除掉四个出入口外，周围都有石栏杆。圜丘台的上层平台的面并非真正的水平面，而是中心略高、四周略向下倾。因而栏杆与台面所成的角略小于90°。"圜丘的侧面与栏杆构造如图2-48、图2-49所示。

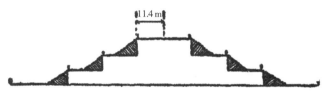

图2-48 圜丘侧面结构示意图

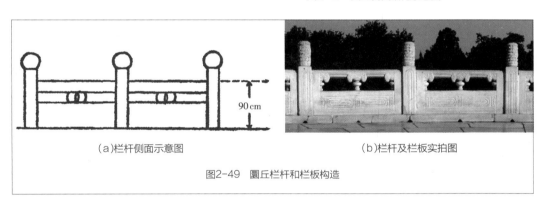

(a)栏杆侧面示意图　　　　　　　　　　(b)栏杆及栏板实拍图

图2-49 圜丘栏杆和栏板构造

对于天心石声学现象，汤先生论文中的记述为：

"如果有人站在台中心叫一声，他自己听到的声音比平时听到的要响得多，甚至于耳朵有些震得难受。"

2.天心石声学现象机理解释

对于天心石声学现象的形成机理，汤定元先生也是根据声音依直线传播的原理和声音的反射原理，考虑到圜丘回音建筑巧妙的结构造型，用几何声学的方法，探讨解释了天心石声学现象。在解释这一声学现象的形成机理之前，汤先生论文先给出了这样一个结论：

"这也是声音的反射现象，是发出的声音被石栏杆反射所致。"

怎么会得到这样的结论呢？前面已讲过，汤定元先生为了证实天心石的回声是由圜丘上层台面及石栏杆反射所致，邀请当时在天坛进行训练的解放军体工队100余名队员到圜丘台上进行遮挡实验的故事。天心石的回声是由石栏杆反射所致这一结论就是通过上述实验验证的，因为声音遇到吸声体时会被吸收，就不能产生反射，而人体恰恰就是很好的吸声体。关于这一实验汤先生的论文也有记述：

"下面的实验可以证明：声音碰到了柔软的东西（吸声体）就被吸收，不能发生反射作用。人体就是很好的吸声体。在石栏杆前面挤满了人，在台中心呼叫的人就听不到有上述的效应。这就是石栏杆被遮没了，不能再有反射作用所致。"

说到此，我们该说说天心石声学现象的回声到底是怎么形成的了。这一点，汤先生论文中已有很清晰的叙述：

"由台中心发出来的声音，碰到了栏杆，大都被反射到了别的方向去了。其中只有一部分碰到栏杆的下半部没有反射到雕花的石面上，才被反射走向台面，必须再经台面的一次反射，才能回到台中心。由中心发出的声音，先经台面反射，然后再经栏杆反射，也可回到中心。"

这就是天心石回声形成的物理机理，即声音从天心石发出，经四周围栏、台面两次反射、会聚到天心石，可以听到一个回声。但这里有一个先决条件：圜丘回音建筑巧妙的结构造型，也就是圜丘台的上层台面并不是真正的水平面，而是中心略高、四周略向下倾的斜面，即栏杆与台面所成的角度略小于90°。如果圜丘台面不是倾斜的，而是水平的，那么上述的回声效应就没有了。对此，汤定元先生文中是这样解释的：

"如果台面的确是水平的，栏杆真正垂直于地面，则经过两次反射的声音，与原来发出的声音正好平行。由嘴里发出来的声音，就不能到达耳朵附近，上述的效应就不能发生。而圜丘之所以有上述效应，就是由台面的巧妙结合所致。"

关于天心石回声形成的机理，汤先生的论文又给出了更为明确的表述：

"自中心发出的声音，向各方向扩散出去。经各部分栏杆反射回来的声音，走了同样的距离，正好在中心集合。自嘴里发出又回到耳朵附近的声音，约走了23 m的路程，需时约0.07 s。在时间上，我们的耳朵不能分辨出原来的声音与反射回来的回声。它们相距是这样近，听上去好像是一个声音。所以人在台中心呼叫的时候，耳朵所听的声音比平时要响得多，且每个音比自己发出的音所占的时间要长一些。"

如图2-50所示可以看出，自圜丘台上层中心（天心石）上发出的声音，无论是先经过栏杆或之后经过栏杆的反射，其回来的路径都是自下而上返回的，听上去总好像声音是从地下发出来似的。因此，有人提出疑问：圜丘上层中央石板下面是空的，像一口井似的有共鸣作用。其实并不是这样的，因为即使有这样一口井，如果上面盖了这么厚的石板，也是产生不了共鸣现象且听不到共鸣声音的。

至于"站在圜丘台中心说话的人，如若离开圜丘台中心几步，是否还存在上述天心石现象"这一问题，文中给出了明确的答案：

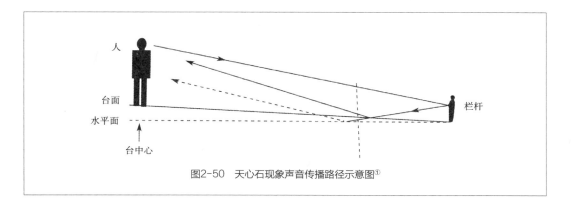

图2-50　天心石现象声音传播路径示意图①

"如果说话的人离开台中心几步,则自各部分栏杆反射回来的声音,只有一小部分回到说话者的耳朵附近,而且走的距离也不等,没有叠加成回声的作用,也就没有上述的现象。"

此外,汤定元先生论文中还记述了圜丘台上另外一个声学现象,即两人分别站在圜丘台上任意直径两端讲话,双方都觉得对方讲话的声音比在其他位置时要响,并指出"这也是声波反射的现象"。因为对称的关系,栏杆的一小部分将声音反射到说话者耳朵附近,加强了说话者所发出的声音。

(五)汤定元天坛声学机理科学假说要点

汤定元先生对天坛回音壁、三音石、圜丘天心石三个声学现象的声学机理,提出了卓有见地的科学假说,其要点是:

(1)回音壁现象。声音从回音壁一端经连续多次在壁面全反射传递到回音壁另一端。

(2)三音石现象。声音从三音石即回音壁圆心发出,同时被回音壁围墙反射并会聚到圆心,可以听到第一个回声;回到圆心的声音继续沿着直径传播,又同时被回音壁围墙反射并会聚到圆心,可以听到第二个回声;如此往复可以听到第三次回声。

(3)天心石现象。声音从天心石发出,经四周围栏、台面两次反射会聚到天心石,可以听到一个回声。

针对三音石、天心石两个声学现象的形成机理,汤定元先生还在论文最后特别强调:"在上述三音石及圜丘两个现象中,不难看出声音都是被凹圆柱面所反射的,反射回来的声音,如有交在某一点的可能,那这一点的声音就特别强。在平常的建筑中,因为墙壁都是直的,没有产生焦点的作用,所以不容易观察到上述这类现象。设计建筑时,要特别注意避免曲面的使用,以免室内的声音有分布特别不均匀的现象。"

___

① 引自宓正明《汤定元传》。

（六）天坛声学现象的相关论述

（1）中国科学院声学研究所杨训仁先生1958年在《物理通报》第11期中就曾发文引述汤定元先生对天坛声学现象的论述。杨训仁先生曾有用实验验证汤定元先生假说的想法，但由于当时条件所限，这个想法未能实现。

（2）1976年6月，中国科学院物理研究所田时秀先生在《物理》杂志上撰文指出："北京天坛回音壁所具有的声学效果是声学史上罕见的奇迹。"

（3）中国科学院声学研究所名誉所长马大猷院士多年来对天坛声学现象研究也一直非常关注，他在所著的《中国声学三十年》（发表于《声学学报》1979年第4期）一文和《声学手册》（1983年科学出版社出版）一书中都对天坛声学现象进行了阐述。

由此可见，著名的科学家汤定元院士、马大猷院士和我国科学界的有关专家学者对天坛著名的声学现象都给予了极大的关注并有精辟的论述。

（七）汤定元先生科学假说的地位和影响

1953年以后的40余年，汤定元先生关于天坛回音建筑声学现象机理的科学假说成为天坛声学现象的权威解释。我国科学界、教育界和旅游界对天坛声学现象的论述都是以此为依据的，这一假说还被载入相关的科技著作、论文、九年制义务教育教科书、辞书、百科全书、大中专教材、科普读物及众多宣传介绍天坛的画册、书刊中。例如：

（1）中国科学院自然科学史研究所戴念祖研究员所著的《中国声学史》（1994年河北教育出版社出版）第461—463页对天坛声学现象的论述以汤定元先生的假说为本的。

（2）1980年版《十万个为什么？》物理1卷中第212—214页有关天坛回音壁、三音石的解释。

（3）1989年版《辞海》（缩印本）第860页对回音壁的解释。

（4）1991年版"中国少年儿童百科全书"《科学技术》分册第199页关于回音壁的解释。

（5）1990年版沈克琦主编的高等教育自学考试教材《自然科学基础》第124—127页对回音壁、三音石的解释。

（6）1993年版九年制义务教育初中教科书《物理》第一册第32页对圜丘的解释以及相关的课外读物《物理世界》第一册第25—27页对回音壁、三音石的解释。

（7）1992年版九年制义务教育初中教科书《语文》第一册第250—253页对回音壁、三音石、圜丘的解释。

（8）1993年版《高中物理读本》第一册第316—317页对回音壁的解释。

（9）1995年版"小学生自然百科"《水、热、声、电、光》分册第108—109页对回音壁、三音石的解释。

(10)1980年版《故事物理学》第155—157页对回音壁、三音石的解释。

(11)1993年版《天坛》画册(中国旅游出版社)第68页对回音壁的解释。

(12)1994年版《天坛》画册(中国世界语出版社)第72—73页对回音壁、三音石的解释。

由此可见，汤定元先生关于天坛回音建筑声学现象机理的科学假说影响之深、波及面之广。

第四节
天坛回音建筑声学现象实验研究

一、为何要进行天坛声学现象实验研究

1.古建筑声学问题研究进程的必然

中国四大回音古建筑是我们祖先留下的瑰宝。从1986年开始，俞文光教授先后主持完成了"莺莺塔声学问题研究""河南蛤蟆塔声学问题研究"和"四川石琴声学问题研究"等项目，分别揭开了山西永济普救寺莺莺塔、河南三门峡宝轮寺"蛤蟆塔"和重庆潼南大佛寺"石琴"的回声机理之谜，取得了具有国际先进水平的研究成果，引起了较强烈的社会反响。1990年，在完成了中国四大回音古建筑中前三个声学机理研究[18-23]之后，俞文光教授领导的古建筑声学问题研究组(简称研究组)开始关注最著名的一处回音古建筑——北京天坛回音建筑，并着手对其进行实验研究。

2.汤定元先生的解释与天坛现场考察有不符之处

根据汤定元先生关于三音石声学现象机理的假说，人们在三音石上听到三个回声的强度依次应该是强、弱、更弱，即三个回声的强度是递减的，且三个回声之间的时间间隔应该是相等的。然而研究组在研究中却发现汤定元先生的解释与天坛现场听到的现象有不符之处，即三音石三个回声时间间隔不等，声强也不是递减的，而是弱、强、更弱。另外，还发现圜丘天心石上听到的回声不止一个，而是两个或三个。

3.天坛一音石、二音石声学现象尚未有解释

在研究组进行天坛声学现象实验研究之前，天坛回音建筑中与三音石近在咫尺的一音石、二音石两个声学现象的形成机理尚未有人给出解释。

因此，利用现代先进的测试分析仪器和现代物理学、声学理论，对天坛原有声学现象(回音壁、一音石、二音石、三音石、圜丘等五个声学现象)和新发现的"对话石""四音石"声学现象进行实验研究，验证汤定元先生和金梁先生书中关于天坛回音壁、三音石和圜丘天心石声学现象回声机理的假说，揭开一音石、二音石声学现象的回声机理，同时，对新发现的天坛"对话石""四音石"声学现象进行研究并揭示其传声和

回声机理,就显得尤为重要和非常必要。

对于每年有上千万国内外游人参观游览的世界文化遗产天坛,其声学现象之谜未解,实在令人感到遗憾,更不能不使我们这些科技工作者感到不安。另外,若不能正确揭示这一机理,则若对天坛回音建筑进行维修,就很可能重蹈覆辙,造成"保护性破坏"。

因此,对北京天坛声学现象进行实验研究,对天坛回音建筑文化遗产的保护利用,既有学术意义又有实际应用价值。这项研究工作属古建筑声学、科技考古学和科技史学科的应用研究领域,是多学科交叉的综合性研究课题。

二、实验研究的主要历程

1)20世纪90年代初期,俞文光教授领导的黑龙江大学古建筑声学问题研究组开始关注天坛声学现象,查阅了有关资料,只检索出了汤定元先生同时发表在1953年2月号《科学通报》和《物理通报》上的相关论文,并发现直到20世纪90年代初有关的中学教科书、百科全书、工具书、科普读物及介绍天坛的画册、书刊中对天坛声学现象的论述都是以汤定元先生的假说为依据的。

2)1992年3月,研究组正式与天坛公园管理处接触洽谈并开展合作研究。当时,俞文光教授本以为只要认真进行一次测试,通过实验证实或完善金梁先生的记述及汤定元先生关于回音壁、三音石和天心石声学现象的假说,即可完成任务,没想到研究工作进行了三年。

3)1993年3月20日,黑龙江大学与天坛公园管理处签订了联合测试天坛声学现象的协议书。在黑龙江大学俞文光教授主持下,由黑龙江大学周克超、吕厚均、穆瑞兰、陈长喜、北京天坛公园管理处景长顺、吴庚新、姚安、周庆生、王桂荃、孔繁勇、吴玲、袁兆晖,哈尔滨理工大学贾陇生,国家地震局工程力学研究所付正心等研究人员组成了天坛声学现象研究课题组,正式开始天坛声学现象实验研究工作。

4)1993年5月11日,黑龙江省教育委员会将俞文光教授申报的"天坛回音壁、三音石、天心石声学问题研究"课题列入黑龙江省教委科研计划,并予以资助。

5)1994年3月26日,研究组俞文光教授、吕厚均研究员发现天坛"对话石"声学现象,为天坛又增添了一个新的声学景观。

6)1994年8月,俞文光教授主持的"我国四大回音古建筑声学问题综合研究"项目获得了国家自然科学基金的资助,研究组如虎添翼,整个研究工作全面展开。

7)1995年5月4日,国家自然科学基金委员会第8期简报以"北京天坛声学现象研究取得突破性进展"为题全面介绍了研究组的研究成果,如图2-51所示。此后,新华社、人民日报、中央人民广播电台、中央电视台、光明日报、人民日报(海外版)、中国日报(英文版)、中国科学报(海外版)、澳门日报、香港天天日报、香港星鸟日报等近百家通讯社、报纸、电台、电视台分别发表了介绍这一科研成果的文章和消息,引起了较强烈的社会反响。

8)1996年5月31日,“天坛声学现象研究”成果在北京天坛公园管理处通过黑龙江省科委组织的专家鉴定。如图2–52至图2–56所示,鉴定会由汤定元院士亲自主持,罗哲文、林文照、单士元、张开济、戴念祖、郑孝燮、汪世清、郭奕玲、沈慧君、周维权等专家参加了鉴定会。与会专家一致认为:该成果开拓了古建筑声学新的研究领域,为“科学保护、合理利用”我国回音古建筑提供了可靠的科学依据,对挖掘回音古建筑蕴藏的科学内涵,促进科技史与古建筑学研究的结合,弘扬中华民族的历史文化,有重要的现实意义和历史意义。“对话石”声学现象是对天坛古建筑声学效应的又一重要发现。在古建筑声学领域,该成果达到了国际先进水平。其中,天坛“对话石”声学现象的发现及其声道研究,达到了国际领先水平。

国家自然科学基金委员会

简　　报

第 8 期

总第206期　　1995年5月4日

在国家自然科学基金支持下

北京天坛声学现象研究取得突破性进展

北京天坛是我国明清两代皇帝祭天、祈谷的场所,建于明永乐十八年(公元1420年),占地273公顷,是世界上最大的祭天建筑群。其设计之精,建筑之巧,风格之奇,回音之妙在世界古建筑中属罕见。它的精湛的建筑艺术、深刻的文化内涵、宏伟独特的建筑风格,成为东方古老文明的象征和人类建筑艺术的瑰宝,它以回音壁、三音石、圜丘等所具有奇妙的声学现象而闻名海内外,被列为我国四大回音建筑之首。

-1-

图 2–51　国家自然科学基金委员会简报

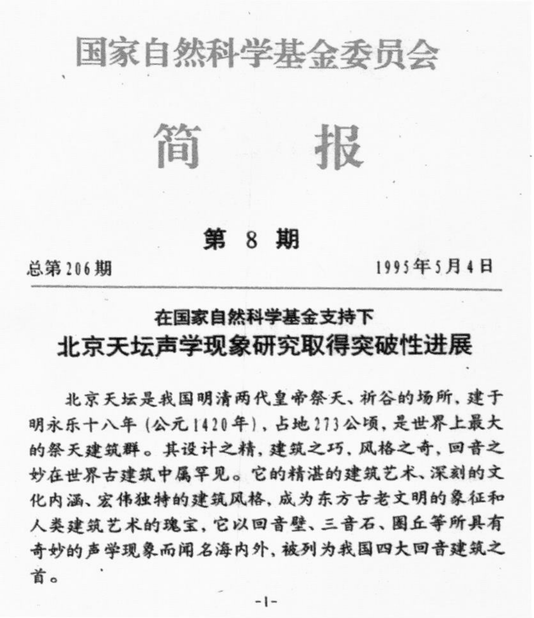

9)1996年12月28日, 冰质天坛回音壁在哈尔滨松花江上的冰雪大世界落成,如图2–57所示。冰质天坛回音建筑再现了北京天坛回音壁、三音石和对话石等声学现象,通过模拟试验进一步证实了研究组关于天坛声学现象机理解释是正确的。

10)“天坛声学现象研究” 成果于1997年获得黑龙江省教委科技进步一等奖,又于1998年获得黑龙江省科技进步二等奖。

11)1996年5月31日,中央电视台《晚间新闻》报道了此研究成果(图2–58)。中央电视台还根据这一研究成果拍摄了系列科普专题片《古代声学现象及奥秘》中的两

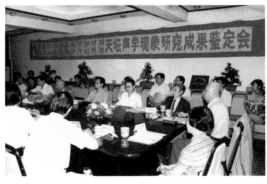

图 2–52　天坛声学现象研究成果鉴定会会场

(程乾波　摄)

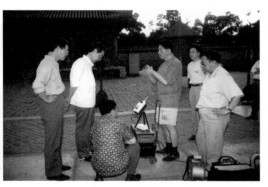

图 2–53　林文照、郭奕玲等测试组专家在现场测试

(程乾波　摄)

图 2-54　汤定元院士及夫人与吕厚均在三音石上细心倾听(程乾波　摄)

图 2-55　罗哲文、郑孝燮、汪世清、张开济等专家与俞文光教授在现场考察(程乾波　摄)

图 2-56　汤定元院士等专家和与会人员合影(程乾波　摄)

集,即《揭秘与新发现》和《再现回音现象》(国家基金委与中央电视台合拍科普专题片首批十个选题之一),并在1997年7月至1998年4月多次在中央电视台一、二频道播出。中央电视台"科技博览""九州神韵"和"夕阳红"节目组拍摄和编辑了《奥妙与再现》(上、下)、《天坛》和《逛皇城》等4部专题片。

图 2-57　冰质天坛回音建筑大门(吕厚均　摄)

图 2-58　俞文光老师接受中央电视台采访(程乾波　摄)

浙江教育电视台还拍摄专题片《回音壁为什么会回音》等,这些专题片为普及科学知识、激发青少年对科学的热爱、对青少年进行爱国主义教育提供了生动的教材。

12)1996年5月,"天坛声学现象研究"实验研究成果通过鉴定后,我国科学界、教育界和旅游界对天坛声学现象的记述和解释逐渐都以其为依据。天坛公园现场解说也以此研究成果为本,并且此成果还被有关科技著作、地方志、教材和科普读物完全采用并详细引用,例如:

(1)卢嘉锡总主编,戴念祖著,《中国科学技术史·物理学卷》,科学出版社(北京),2001年,第345—347页。

(2)戴念祖著,《中国物理学史大系·声学史》,湖南教育出版社(长沙),2001年,第381—382页。

(3)北京市地方志编撰委员会编著,《北京志·世界文化遗产卷·天坛志》,北京出版社(北京),2004年,第270—273页。

(4)段炳仁主编,姚安著,《祭坛(北京地方志·风物图志丛书)》,北京出版社(北京),2004年,第55—59页。

(5)吴寿锽著,《中华科技史话》,陕西教育出版社(西安),1998年,第16—20页。

(6)戴念祖著,《文物与物理》,东方出版社(北京),1999年,第207—210页。

(7)侯幼彬著,《中国建筑之道》,中国建筑工业出版社(北京),2011年,第319页。

(8)刘树勇、白欣著,《中国古代物理学史》,首都师范大学出版社(北京),2011年,第123—126页。

(9)徐志长著,《天坛(中国遗产之旅)》,大象出版社(郑州),2004年,第60—63页。

(10)刘树勇、李艳平、王士平等著,《中国物理学史·近现代卷》,广西教育出版社(南宁),2006年,第82—84页。

(11)姚安、王桂荃编著,《天坛(北京的世界遗产文化遗产)》,北京美术摄影出版社(北京),2004年,第65—68页。

(12)宓正明著,《汤定元传》,科学出版社(北京),2011年,第91—92页。

(13)武裁军、姚安著,《天坛(中国世界遗产文化旅游丛书)》,中国水利水电出版社(北京),2004年,第34—35页、44—47页。

(14)武裁军著,《天坛导游手册》,旅游教育出版社(北京),2004年,第108—110页。

(15)北京市崇文区地方志办公室编,《天坛广记》,中华书局(北京),2007年,第51—55页。

(16)天坛公园管理处编著,《天坛》,文物出版社(北京),2008年,第55—58页。

三、实验研究的主要成果

自1993年起,研究组与天坛公园管理处、哈尔滨理工大学和国家地震局工程力学研究所等单位合作,历时三年多,十余次进京,在不同环境条件下,利用现代先进的测试分析仪器和现代物理学、声学理论,测量了天坛回音建筑的基础数据,首次对天坛声学现象进行了实验测试和声道研究,通过对现场测得声脉冲响应图的综合分析,取得了突破性进展,主要成果①如下:

(1)发现了一个新的奇妙声学现象——天坛"对话石"现象,对其声道进行了研究并揭示了其声学机理,为天坛增添了一个新的声学景观。专家认为,这是对天坛古建筑声学现象的重要发现。

(2)对汤定元先生和金梁先生书中记述的科学假说进行了实验验证,证实了汤定元先生和金梁先生记述的关于回音壁传声机理的假说;修正了汤定元先生关于三音石回声机理的假说,完善了天心石回声机理的假说;证实了金梁先生记述的对三音石和天心石回声机理的解释是不正确的。

(3)首次揭开了一音石、二音石声学现象之谜,对回声机理给出了科学解释。

(4)发现并确认了四音石声学现象及其回声规律。

(5)初步揭示了一、二、三、四音石这四块石板长度各异的内涵,即在一音石范围内能听到一个回声,在二音石范围内能听到两个回声,在三、四音石范围内也只能听到三个或四个回声。

(6)找到了回音壁内各声学现象存在的平面布局、外形尺寸的可取值范围,证实了现存天坛回音壁正处于较佳值上。

(7)对天坛声学现象及天坛回音建筑的历史进行了考释。

上述成果在回音古建筑的保护、开发和应用方面有广泛的价值,得到了国家自然科学基金委员会有关领导和专家的高度重视。

四、实验测试基本思想和方法

(一)实验测试基本思想

1. 声学机理研究测试思想

在所研究空间的线度远大于声波的波长时,声波可以依直线传播,遵循几何声学传播规律,且适用物理学中的$S=v \cdot t$这一基本公式(式中S是路程,v是速度,t是时间)。通常,人们说话声波从男低音到女高音频率为100~3 000 Hz,人们的击掌声从小孩到青壮年频率为400~1 000 Hz,相应的说话声波波长为0.10~3.00 m,击掌声波波长0.40~1.00 m,这与回音壁的直径65.00 m和圜丘台的直径23.12 m相比要小得多。因此,在天坛回音建筑内,用几何声学的方法研究由说话声或击掌声而引起的声学现象是完全可行的。也就是说,在天坛回音建筑内,由说话或击掌而引起的声波是依直线传播的,它遵循几何声学的规律。

开展天坛回音建筑声学现象实验研究的目的,就是用科学原理来解释天坛声学

---

① 见俞文光、周克超、付正心等《天坛声学现象研究》(1996)黑科成鉴字第 047 号。

现象。依据几何声学传播规律即声波的反射原理、直线传播原理和回声定位法,利用现代科学手段,以击掌声或说话声为声源,采用先进的分析测试仪器,对天坛著名声学现象进行实验测试和声道研究,通过对现场测试所获得的声脉冲响应图的分析,再采用几何声学画声线的方法,找到回音建筑形成著名声学现象的反射界面,揭示其回声形成的物理机理,给出科学解释。

2. 声压级测试思想

对于回音壁和对话石声学现象,以频率为1 000 Hz的音频振荡器作为连续声源,用声级计分别测量回音壁、对话石声学现象各有关位置上的声压级,从而确定这两个声学现象的声场分布。

(二)实验测试基本流程

以击掌声波为脉冲声源,用声级计接收脉冲声源声波、直达声波、反射回波,并记录在磁带记录仪上,经动态分析仪、计算机和绘图仪绘出声脉冲响应图,分析各种声学现象。

(三)实验测试步骤

(1)用现代测量手段,测量天坛回音建筑的基础数据,绘制出回音建筑平面布局图,为测试分析做好准备工作。

(2)根据天坛回音建筑各声学现象的特点设计现场实验测试方案。

(3)根据实验测试方案,以击掌声波为脉冲声源,用声级计接收声源声波、直达声波、反射回波,并记录在磁带记录仪上,经频谱分析仪和绘图仪,绘出各声学现象击掌声波的声脉冲响应图。

(4)根据声脉冲响应图,找到各回波的确切时间和回波走过的路程。依据"$S=v \cdot t$"公式,就可以用回声定位法判定引起声波反射物体的确切位置,找到反射界面,进而确定各声学现象形成机理,并给出科学解释。

(四)实验测试仪器及测量精度

丹麦BK公司生产的声级计;

红声器材厂HS–5633数字式声级计;

日本TACA　R–81型磁带记录仪;

丹麦BK公司2112型频谱分析仪及记录仪;

美国惠普公司HP3562型频谱分析仪;

美国惠普公司HP7475A型绘图仪;

美国惠普公司HP301型计算机;

美国相干公司激光扫平仪。

采用以上测试仪器,测量时间量可以精确到10^{-5} s,测量天坛回音建筑内建筑物的几何尺寸和建筑物之间相对位置的几何尺寸,也可精确到10^{-2} m。对不同温度下的

声速,可采用如下公式:

$$v=331.45+0.61T(m/s) \tag{2-1}$$

求得的声速精确度也可达到10^{-2} m/s,这保证了在不同温度下的测量精度。其他产生测量误差的原因,如风速和噪声等,都可以通过选择测量时间而避免。因此,采用回声定位法可测得空间线度的精度至少在10^{-2} m,恰好可以和我们所测得的天坛回音建筑内各建筑物几何尺寸和相对位置尺寸进行比较。

五、实验测试与分析

(一)回音壁现象测试与分析——证实科学假说

1.回音壁现象机理研究测试

回音壁是天坛皇穹宇回音建筑的圆形砖质围墙,它用山东临清特制的澄浆砖磨砖对缝砌筑而成,墙高3.72 m,墙厚0.9 m,墙体基本上是一个半径约为32.5 m的圆形。在回音壁南面有三座形状复杂的券门与外部相通,北端是一座通高19.2 m、直径15.6 m的建筑物——皇穹宇正殿,正殿前甬道的东西两侧各有配殿一座,分别称为东配殿和西配殿。

从回音壁现象实验研究成果[6,24,25]不难看出,回音壁现象的实验测试方案是在认同金梁先生书中记载和汤定元先生提出的关于回音壁传声机理假说的前提下而设计进行的。

如图2-59所示,回音壁声学现象就是在回音壁东西两侧的墙边各站一人,当他们面向北侧贴近墙面讲话时,两人之间直线距离超过30 m。虽然有时两人还可能因配殿阻挡互相看不见对方,但他们仍能听到对方清晰的讲话声,好像说话人就在回音壁近旁。如果两人分别站在东西配殿南侧的回音壁墙边,即图中A处和B处,AB之间的直线距离是41.60 m,这时他们之间没有配殿阻挡,一人站在A处击掌,站在B处的另一人可先听到一声较弱的击掌声,然后又听到一声较响的击掌声。若此时环境较为安静,过一会还可能听到一个较弱的击掌声。

基于此,研究组设计了如下实验测试方案:如图2-59所示,在A处以击掌声作为声源,即击掌脉冲声由A处发出,B处放置声级计和磁带记录仪,记录由A处经过各种途径传来的声波,再用频谱分析仪绘制击掌声波的声脉冲响应图。为了精确测定由A点发出直接达B点的击掌脉冲声波和经过其他途径传播到B点的两个声波的声脉冲响应图,研

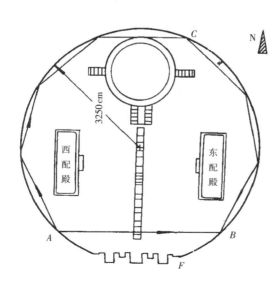

图2-59　回音壁传声路径示意图

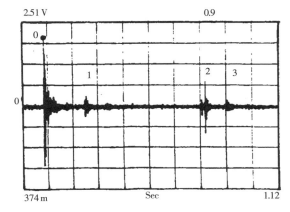

究组设计了一台脉冲音频振荡器,输入一台扩大机后用两只扬声器同时在A、B两处发声,经声级计转换成电信号后,记录在磁带记录仪的磁带上。

2.回音壁现象机理分析

采用上述实验测试方案测得了如图2-60所示回音壁内击掌传声声波的声脉冲响应图,在A处以击掌声作为声源,即击掌脉冲声由A处发出,经各种路径传到B处的声脉冲响应图。此时,可以通过式(2-1)计算出声波由A处传播到B

图2-60 回音壁内击掌传声声脉冲响应图

处的时间和路程,称为实测值,再与现场实际测得的路程(理论值)进行比较,从而确定声波由A处到达B处的所经过的实际路程。表2-1为回音壁测试数据比较表。

表2-1 回音壁测试数据比较表

回波标号	时间(ms)	路程(m)	对应路径
1	理论值 —	41.60	AB(图2-59中由A到B直达声路径)
	实测值 124.02	41.72	
2	理论值 —	159.06	ACB(图2-59中由A经C到B路径)
	实测值 469.04	157.04	
3	理论值 —	180.20	ACBFB(图2-59中由A经C到B又到南门F反射回到B路径)
	实测值 531.83	178.90	

从表2-1可以看出,理论值与实测值是基本相符的。根据回声定位法,通过对图2-60和表2-1及相关数据的分析和计算,可以认定:①标号为0的脉冲声波即击掌脉冲声波;②标号为1的声波是由A处直达B处的声波,它基本上按自由声场距离平方反比例$1/r^2$衰减,致使由原幅度1 296.4 mV衰减为135.37 mV;③标号为2的声波是由A处发出的,经回音壁北侧墙体多次全反射到达B处的反射声波,它基本上按自由声场距离反比例$1/r$衰减,标号为2的声波的幅度远比标号为1的声波的幅度大,理论计算约大10倍,这样就解释了在A处对墙(面北)小声说话,虽然B处的人不能听到直达声,但可清晰地听到似乎是由墙内传来的说话声的原因;④标号为3的声波是由A处发出的,沿着北侧墙体经C处到达B处后,继续前进到南面琉璃门边墙角F处又反射回到B处的声波。

从图2-60可以看出,击掌脉冲声波及其回波的特征是:击掌声波发出后,先听到一个较弱的声音,过较长一段时间后又听到一个较强的声音,紧接着又听到一个较弱的声音。这与现场听到的情形是相符的。

图2-60中标号为2的直达声波幅度比标号为1的声波幅度并没有大10倍,这是因

为标号为2的声波在沿北墙多次反射的过程中仍有一部分声波会向四周空气中散射,致使衰减比例远大于反比例。另外,回音壁并非是声音完美的理想反射体,它在多次反射过程中会吸收、散射一部分声能。

实验研究同时证实了回音壁南侧有形状复杂的三座券门阻挡了声波由此传向B处,使A处发出的声音无法从回音壁南侧传播到B处,声脉冲响应图也没有记录到这个声波。由表2-1可知实测值与理论值存在差异的原因:首先在于计算中声速的选择;其次是声音传播的理论值是圆弧的弧长,而实测值则是沿圆弧的折线。

综上所述,回音壁传声机理是由A处经回音壁北部墙面多次全反射经C处到达B处,全反射过程中声音衰减较小,而直达声衰减较大。B处的收听者听到的清晰说话声是墙体全反射到达B处的声音。因此,从物理意义上讲,我们认为把"回音壁"现象叫作"传声墙"应该更确切一些。

3.回音壁声压级测试与分析

当点声源在自由空间辐射声能时,声波以球面波的形式向外传播,这时任何一点的声强遵循与距离平方成反比的规律。

设r_1处的声压级为L_1,r_2处的声压级为L_2,它们有关系式:

$$L_2 = L_1 - 20\lg r_2/r_1 \tag{2-2}$$

由上式可得:

$$\Delta L = L_1 - L_2 = 20\lg r_2/r_1 \tag{2-3}$$

回音壁内沿圆形围墙声压级的衰减与自由声场不同,它和距离以反比规律变化[5],即声波沿圆形围墙传播时在水平方向上无扩散,声压级的衰变规律变为:

$$L_2' = L_1 - 10\lg r_2/r_1 \tag{2-4}$$

$$\Delta L' = L_1 - L_2' = 10\lg r_2/r_1 \tag{2-5}$$

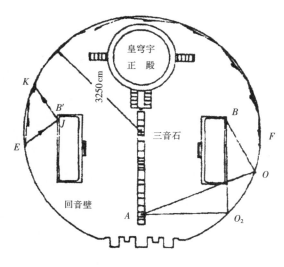

参看回音壁声压级测试现场平面图(图2-61),由式(2-2)和式(2-4)可以计算出L_2和L_2'(理论值)。为测量声波沿回音壁的衰减情况,在图2-61中E处放置一个频率为1 000 Hz的音频振荡器,调节音频振荡器使得距离E为5 m处圆弧上的声压级L为80 dB,使其喇叭靠近围墙并朝向北侧,让声级计沿内墙边逐渐向F处移动。记录距E处为不同位置r_2时对应的声压级L(实测值),每间隔5 m或10 m记录1个声压级的实测值L。实测值L与理论值L_2、L_2'如表2-2所示。

图2-61 回音壁声压级测试现场平面示意图

现场测试时间:1995年10月7日晚21时,气温8℃,天气晴,环境噪声42 dB,音频振荡器频率f= 1 000 Hz。

通过对回音壁声压级测试结果(表2-2)的分析和讨论,可知:①声波沿回音壁的实测衰减情况基本上遵循公式(2-4),即声波沿回音壁声强按距离反比例衰减。由此我们证实汤定元先生的科学假说[5];②与声源E处相距100~120 m的F处的声压级与自由声场相离E处为20~25 m处的声压级相当。这一结果表明,与E处相距20多米可以听到的说话声,在回音壁的作用下可传到100~120 m处且能听到。

表2-2　回音壁声压级理论值(L_2和L_2')和实测值(L)

距离 r_2(m)	5	10	15	20	25	30	40	50	60	70	80	90	100	110	120
L_2(dB)	80	74	70	68	66	64	62	60	58	57	56	55	54	53	52
L_2'(dB)	80	77	75	74	73	72	71	70	69	69	68	67	67	67	66
L(dB)	80	78	75	72	78	75	70	73	68	66	63	70	67	66	67

从表2-2中还可以看到,实测值在10 m、25 m、30 m等处的L值比相应位置L_2'值略大。对此,我们用如图2-61所示加以解释:E处的声源是连续声源,声波向四周传播,其中一部分声波传到西配殿的砖墙J处被反射,再传播到回音壁K处上,这些地方既有沿回音壁直接传来的声波,又有被配殿反射到达的声波(如$E{\rightarrow}J{\rightarrow}K$),这两部分声波叠加,就使得这里的声压级实测值$L$会比理论值$L_2'$稍大些。

此外,在60 m、70 m、80 m处的实测声压级L又比理论值L_2'稍小些,这是因为这些地方正处于皇穹宇正殿与回音壁之间距离最窄处,一部分声音被阻挡,再加上E处的声源不能无限靠近回音壁的墙面所致。本现场实验测试声源大约离开墙面10 cm,根据声波沿圆形围墙多次连续反射传播的原理,在一些地方可能会出现声"跳过"现象,使得出现远离声源的声压级反而大的现象。这一结果正好从一个侧面证明声音在回音壁的传播是沿圆围墙多次连续反射的结论是正确的。

至此,我们通过实验研究证实了金梁先生书中记载的和汤定元先生提出的关于回音壁传声机理的假说是正确的,即A处发出的声音是沿着回音壁光滑墙面多次连续全反射传到另一侧B处的。回音壁传声机理可以表述为:当一个人在靠近皇穹宇圆形内墙面的某个地方说话时,声音是沿着圆形围墙表面传播的,是从围墙的一端经连续多次在内墙面的全反射传递到另一端的,这使得其他人在围墙的任何一处都能够听得见。

(二)三音石现象测试与分析——修正并完善科学假说

1.三音石现象机理研究测试

从皇穹宇平面布局(图2-62)可以看出,皇穹宇由正殿和东西对称的两配殿及环绕在建筑物周围的圆形砖质围墙(回音壁)构成,殿前通往南侧券门的甬道由20块宽度相同、长度各异的石板铺成。三音石是指皇穹宇殿前甬道上由北向南数的第三块

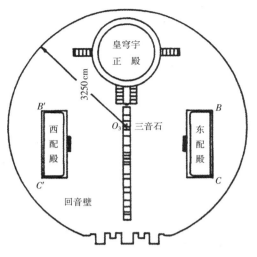

图2-62 皇穹宇平面布局图

石板,其恰好位于回音壁的圆心处,因站在这块石板上击一下掌可以听到三个回声,故得名"三音石"。

根据皇穹宇回音建筑的结构、材质和平面布局等特征,从物理学的角度来看,金梁先生书中记载的和汤定元先生提出的关于三音石形成机理的两种科学假说,认为三音石声学现象是声音的反射会聚现象这一判断是正确的。然而,研究组在研究中却发现上述两种假说与现场考察听到的结果都有不符之处。研究组发现:天坛三音石的三个回声具有两个特征:①击掌声与第一个回声及相邻两个回声之间的时间间隔不相等,其分别是短、短、长,即击掌声与第一个回声、第一个回声与第二个回声的时间间隔比较短,第二个回声与第三个回声的时间间隔比较长。这一特征暗示我们:三音石的三个回声所经历的声程是不相等的,它们不都是两倍半径。②三个回声的强度不是递减的,而是弱、强、弱,即第一个回声弱,第二个回声强,第三个回声弱。这两个特征都与汤定元先生的科学假说相悖,是听者的错觉,还是汤定元先生假说不完善?另外,研究组在现场考察倾听时还发现,皇穹宇正殿的门窗无论是打开还是关上,或者站在三音石上击掌的人是否面对正殿对现场倾听结果都没有影响,这又说明金梁先生书中记载的关于产生三音石声学现象的四个必备条件,即"第一是必须开着殿门;第二是由殿门到殿内正北面的神龛前不准堆放桌椅等障碍物;第三是除殿门开着外,殿窗必须关上,且糊着窗纸;第四是说话人必须站在甬道第三块石板上",肯定有其不确切之处。显然,金梁先生书中记载的三音石现象形成机理的假说就失去了一定的根基。

基于此,三音石声学现象的实验研究成果[6,26]给出了三音石现象的实验测试方案,即在皇穹宇殿前甬道上,站在三音石上以击掌声波为脉冲声源,在同一位置放置声级计和磁带记录仪作为接收器,在时域内记录由三音石上发出的击掌声波及被皇穹宇建筑多次反射的回波,经频谱分析仪、绘图仪绘出三音石上击掌声波的声脉冲响应图。最后采用回声定位法,依据皇穹宇建筑平面布局和三音石击掌回波声脉冲响应图,可以判定引起声波反射物体的确切位置,从而确定三音石声学现象的形成机理,并给出科学解释。

2.三音石现象机理分析

皇穹宇平面布局参看图2-62,其内的回音壁是一个近似圆,圆心在三音石中心O_3上,在皇穹宇现场实测的回音壁半径R分别为32.33 m、32.42 m、32.64 m、32.60 m、32.64 m、

32.62 m、32.45 m、32.39 m。由此,可得到回音壁半径R的平均值约为32.50 m(理论值),三音石中心到东西配殿墙基及墙面距离L_1、L_2(理论值)分别为16.40 m和17.30 m。

1995年3月19日23时至20日凌晨1时30分,在皇穹宇现场测得的三音石击掌回波声脉冲响应图,如图2–63所示。测试时,天气:晴;气温:$T=8℃$;声速可以通过式(2–1)计算求得:$v=336.33$ m/s;击掌的人面向回音壁南侧三座券门(背朝皇穹宇正殿殿门),且正殿殿门关闭。图2–63记录下了击掌声波、各反射回波确切时间,可据此计算出击掌声波与各反射回波之间所经历的确切时间Δt_i及所走过的声程S_i。图中标号为0的声波是击掌脉冲声波,$t_0=593.16$ ms;标号1~4的声波分别是击掌脉冲声波的5个反射回波。表2–3为三音石声脉冲响应图的相关数据。

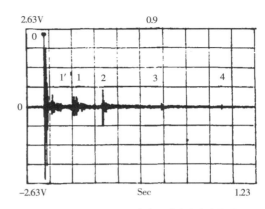

图2-63 天坛三音石上击掌回波声脉冲响应图

表2-3　三音石声脉冲响应图相关数据

标号i	1′	1	2	3	4
t_i(ms)	688.77	696.87	784.27	976.07	1171.80
Δt_i(ms)	95.61	103.71	191.11	382.91	578.64
S_i(m)	32.16	34.88	64.29	128.78	194.61

因三音石是回音壁圆形围墙的圆心,故击掌声波从这里发出后如遇到回音壁墙,只会沿原路返回圆心,再继续前进遇回音壁围墙反射后仍然回到圆心,如此往返于回音壁围墙,产生第一次、第二次、第三次反射。根据图2–63和表2–3所示的相关数据,通过计算和分析,可以得出三音石声脉冲响应图相关数据理论值和实测值比较表,如表2–4所示。

表2-4　三音石测试数据比较表

标号	时间(ms)	路程(m)	距离(m)	反射物
1′	理论值 —	32.80	16.40	东西配殿墙基
	实测值 95.61	32.16	16.08	
1	理论值 —	34.60	17.30	东西配殿墙
	实测值 103.71	34.88	17.44	
2	理论值 —	65.00	32.50	皇穹宇墙一次反射
	实测值 191.11	64.28	32.14	
3	理论值 —	130.00	32.50	皇穹宇墙二次反射
	实测值 382.91	128.78	32.19	
4	理论值 —	195.00	32.50	皇穹宇墙三次反射
	实测值 578.64	194.61	32.44	

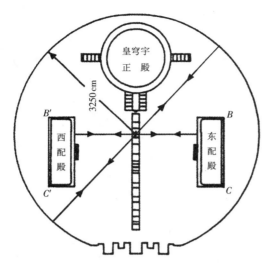

图2-64　三音石回声路径示意图

据此，根据回声定位法，由声波的反射定律和皇穹宇平面布局，再结合图2-63和表2-4中的相关数据，可以画出如图2-64所示的三音石回声路径图，进而可以判定：

标号为1′和1的两个反射回波叠加构成第一个回声，因这两个回波的时间间隔仅为8.1 ms，故人耳根本无法分辨(人耳的分辨力为50 ms)；又1′号和1号两个反射回波所经历声程的测试计算结果($S_{1'}$、S_1)与三音石中心到东西配殿墙基及墙面距离实测值的2倍($2L_1$、$2L_2$)是相符的，误差仅分别为2.5%和0.6%。另外，从图2-62和对皇穹宇建筑的现场考察可以确定，在皇穹宇内距三音石中心17 m左右，有反射能力的建筑物只有相对甬道对称的东西两配殿的墙基和墙面，故三音石的第一个回声是由东西两配殿的墙基和墙面对声波的反射叠加形成的，而不是回音壁墙对声波反射会聚形成的。

标号为2的回波是第二个回声，2号反射回波所经过的声程的测试计算结果(S_2)与回音壁半径的2倍($2R$)是相符的；同时，与三音石中心到东西配殿墙面距离的4倍($4L_2$)也是相符的。由图2-62和对皇穹宇建筑的现场考察可以确定，能使击掌声波经一次或多次反射后又回到三音石，且行进路程为S_2的建筑物只有回音壁围墙和相对甬道对称的东西两配殿的墙基及墙面，故三音石的第二个回声是回音壁墙第一次反射会聚到三音石上的击掌声波和经东、西(或西、东)两配殿墙基及墙面第二次反射后回到三音石上的击掌声波叠加形成的。

标号为3的回波是第三个回声，它所经过路程的测试计算结果(S_3)与回音壁半径实测值的4倍($4R$)相符。从图2-62和上述分析可知：在皇穹宇内，能使击掌声波反射后又回到三音石上的建筑物只有回音壁围墙和相对甬道对称的东西两配殿的墙基及墙面，而东西两配殿的墙基及墙面因是平面反射又不能产生3号回波的行程S_3，故第三个回声是回音壁墙第二次反射会聚到三音石上的击掌声波。

标号为4的回波是第四个回声，它所经过声程的测试计算结果(S_4)与回音壁半径的6倍($6R$)相符。同理，在皇穹宇内，能使击掌声波反射后回到三音石上，且产生行程S_4的建筑物只有回音壁围墙，故第四个回声是回音壁墙第三次反射会聚到三音石上的击掌声波。这个回声在通常环境下是很难听到或测到的，只有在夜深人静、环境噪声较小且击掌声较强时，偶尔才能测到；也只有在上述条件下，耳朵比较灵敏的人才能听到。

另外,从对图2-63、图2-64和表2-4的分析还可以看出:

第一个回声由标号为1'和标号为1的两个反射回波构成,标号为1'的回波是由东西两配殿墙基反射波叠加形成的,标号为1的回波是由东西两配殿墙反射波叠加形成的,其波幅较小。这是因为配殿的墙和墙基是平面反射,没有会聚作用,所以回声较弱,在三音石上击掌后大约0.1 s能听到这个回声。

第二个回声是标号为2的回波,它是由回音壁墙第一次反射会聚和东西两配殿墙基及墙面第二次反射回到三音石上叠加形成的,其波幅较大,虽经过了2倍半径的路程,但由于回音壁有效墙面(回音壁能反射击掌声波的墙面)的反射会聚作用,再加之还有东西两配殿墙基及墙面第二次反射后回到三音石上的击掌声波的作用,故回声较强。它经过了约0.2 s,这个回声与第一个回声相比,又多经过了约0.1 s。

第三个回声是标号为3的回波,它是由回音壁有效墙面第二次反射会聚形成的,其波幅更小。第三个回声经过了4倍半径的路程,虽经过回音壁有效墙面的两次反射会聚,但声波传播过程中衰减较大,故回声较弱。第三个回声经过了约0.4 s,与第二个回声相比又多经过了约0.2 s。

标号为4的回波波幅最小,这是由于其经过了6倍半径的声程,声波衰减的原因。第四个回声只有在环境噪声较小、击掌声较强时,才能偶尔测出或听到。

我们做个小结:在三音石上击一下掌,经过了约0.1 s听到的第一个回声是由东西配殿的墙和墙基反射回波叠加形成的;大约又经过0.1 s听到的第二个回声是回音壁有效墙面第一次反射会聚的声波和东西两配殿墙及墙基第二次反射后回到三音石上的声波叠加形成的,因是回音壁第一次反射会聚的回波,故回声较强;又经过大约0.2 s听到的第三个回声,是回音壁墙第二次反射会聚波形成的,因它走过的路程较长,故回声较弱。所以,在三音石上击一下掌听到的三个回声具有两个特征:①回声强度依次是弱、强、更弱;②时间间隔依次是短(0.1 s)、短(0.1 s)、长(0.2 s)。上述结果表明:实验测试分析结果所得出的结论与研究组现场考察听到的三音石现象的两个特征是一致和吻合的。

综上,关于天坛三音石声学现象机理的实验研究成果可归纳为:

(1)揭示了天坛三音石回声机理,即三音石的第一个回声是由东西两配殿的墙和墙基对声波的反射形成的,第二个回声是回音壁墙面对声波的第一次反射会聚的声波和东西两配殿的墙面和墙基对声波的第二次反射波叠加形成的,第三个回声则是回音壁墙面对声波的第二次反射会聚形成的。

(2)修正并完善了汤定元先生关于三音石回声机理的假说,即第一个回声不是回音壁墙对声音的反射会聚形成的,而是东西配殿墙和墙基反射形成的,第二、三个回声才是回音壁墙对声音的反射会聚形成的。

(3)证实了金梁先生书中记载的对三音石回声机理的解释是不正确的。研究组在现场进行考察倾听和测试时,发现皇穹宇正殿的门窗无论是打开还是关上,或者站在三音石上击掌的人是否面对正殿对现场倾听结果都没有影响,且在冰质天坛回音建筑中,在冰皇穹宇正殿未建成时,就可测到三音石声学现象。

至此,我们可以说揭开了三音石回声机理之谜,修正并完善了汤定元先生关于三音石回声机理的假说,证实了金梁先生书中记载的对三音石回声机理的解释是不正确的。

(三)一音石现象测试与分析——揭示奥秘

1. 一音石现象机理研究测试

从皇穹宇平面图2-62可以看出,在皇穹宇正殿到南侧券门之间有一条由二十块宽度相同、长度不一的石板铺成的甬道,皇穹宇正殿前甬道第一块石板就是一音石。因站在甬道的第一块石板上击一下掌,可以听到一个回声,故称其为"一音石"。

一音石声学现象虽在汤定元先生《天坛中的几个建筑物声学问题》一文中有所记述,但文中对其形成机理并未给出解释。也就是说,在20世纪90年代开展天坛声学现象实验研究之前,对于一音石声学现象的形成机理并未有人给出解释。

基于此,一音石声学现象的实验研究成果[6]给出了一音石现象的实验测试方案,即在皇穹宇殿前甬道上,站在一音石上以击掌声波为脉冲声源,在同位置(一音石上)放置声级计和磁带记录仪作为接收器,在时域内记录一音石上发出的击掌声波及被皇穹宇建筑反射的回波,经频谱分析仪、绘图仪绘出一音石上击掌声波的声脉冲响应图。采用回声定位法,依据皇穹宇建筑平面布局和一音石上击掌回波声脉冲响应图,可以判定引起声波反射物体的确切位置,从而确定一音石声学现象的形成机理,并给出科学解释。

2. 一音石现象机理分析

采用上述实验测试方案,得到如图2-65所示的一音石上击掌回波声脉冲响应图。根据图2-65记录的在一音石上的击掌声波及反射回波的确切时间,通过式(2-1)将其由时程换算为路程,可计算出击掌声波回波时间和路程的理论值与实测值,如表2-5所示。

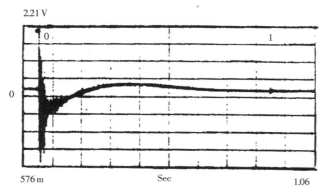

图2-65 一音石上击掌回波声脉冲响应图

表2-5 一音石测试数据比较表

标号	时间(ms)	路程(m)	反射物与反射路径
1	理论值 —	129.49	回音壁,图 2-66 中 $O_1A_1B_1O_1$
	实测值 386.13	129.87	回音壁,图 2-66 中 $O_1A_1B_1O_1$

如图2-66所示为一音石、二音石击掌声波回声路径示意图。从表2-5可以看出，一音石回波所经过路程的理论值为129.49 m，实测值为129.87 m，理论值与实测值是相符并吻合的。

根据回声定位法，由声波的反射定律及皇穹宇平面布局，再结合一音石回声路径图可以判定：

标号为0的声波是在一音石中心O_1上发出的击掌声波，标号为1的声波是一音石唯一的一个回声，这个回声所走过的路程是由一音石中心O_1上发出的击掌声波，到

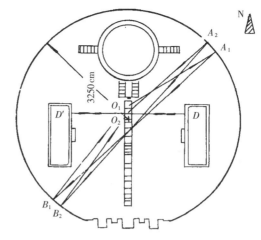

图2-66　一音石、二音石击掌声波回声路径示意图

达回音壁墙面A_1处，经其反射到对面的墙面B_1处，又反射回到O_1处，走过了$O_1 \rightarrow A_1 \rightarrow B_1 \rightarrow O_1$这样一个路径，它们正好构成了一个钝角三角形$O_1A_1B_1$的三条边，三边总长度约4倍半径。因皇穹宇回音建筑内有正殿、东西配殿等建筑物阻挡，故由O_1发出的声波只有一部分能到达回音壁墙面并被反射沿$O_1A_1B_1$这样一个钝角三角形的路径返回到O_1处，我们把这部分墙面称为"有效墙面"。显然，该回波是有会聚作用的。计算结果及作图都表明：一音石的有效墙面比三音石的有效墙面略小，只有当环境噪声较小时才能听到这个回声。击掌声与回声的时间间隔约为0.4 s，这与现场听到的情形相符。

综上，一音石回声现象形成的机理是击掌声波经过有效墙面各部分反射后，沿着$O_1A_1B_1$这样一个钝角三角形三边又返回并会聚在O_1处，它就是在一音石上听到的回声。此外，一音石回声机理还可表述为：一音石上的击掌声波沿着一个钝角三角形的三边，被回音壁有效墙面连续两次反射并会聚到原处，因此回声经过了约4倍半径的路程，故回声较弱。

(四)二音石现象测试与分析——揭示奥秘

1. 二音石现象机理研究测试

从皇穹宇平面图2-62可以看出，在皇穹宇正殿到南侧券门之间有一条由二十块宽度相同、长度不一的石板铺成的甬道，皇穹宇正殿前甬道第二块石板即二音石。因站在甬道的第二块石板上击一下掌，可以听到两个回声，故称其为"二音石"。

二音石声学现象虽跟一音石声学现象一样在汤定元先生《天坛中的几个建筑物声学问题》一文中也有所记述，但文中对其形成机理同样未给出解释。也可以说，与一音石声学现象一样，在20世纪90年代开展天坛声学现象实验研究之前，对于二音石声学现象的形成机理也未有人给出解释。

基于此，二音石声学现象的实验研究成果[6]给出了二音石现象的实验测试方案，即在皇穹宇殿前甬道上，站在二音石上以击掌声波为声源，同样在二音石上放置声级计和磁带记录仪作为接收器，记录测得的击掌声波及被皇穹宇建筑反射的回波，经频谱分析仪、绘图仪绘出二音石击掌声波的声脉冲响应图。根据回声定位法，依据皇穹宇建筑平面布局和二音石击掌回波声脉冲响应图，可以判定引起声波反射物体的确切位置，从而确定二音石声学现象的声学机理，并给出科学解释。

2.二音石现象机理分析

根据上述实验测试方案，得出二音石击掌回波声脉冲响应图，如图2-67所示。二音石上击掌回波声脉冲响应图所记录的在二音石上的击掌声波及两个反射回波的确切时间，通过式(2-1)将其由时程换算为路程，可计算出二音石上击掌声波回波时间和路程的理论值与实测值，如表2-6所示。

从表2-6可以看出，二音石上击掌声两个回波所经过路程的理论值与实测值是相符并吻合的。

表2-6　二音石测试数据比较表

标号	时间(ms)	路程(m)	距离(m)	反射物与反射路径
1	理论值 —	34.60	17.30	东西配殿墙，图 2-66 中 O_2DO_2、
	实测值 100.68	34.11	17.06	$O_2D'O_2$
2	理论值 —	129.27	—	回音壁，图 2-66 中 $O_2A_2B_2O_2$
	实测值 385.26	130.52	—	

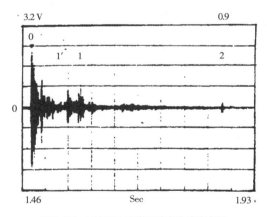

图2-67　二音石上击掌回波声脉冲响应图

根据回声定位法，由声波的反射定律及皇穹宇平面布局，再结合二音石上击掌声波回声路径图，可以判定：

（1）标号为0的声波是在二音石中心O_2上发出的击掌声波。

（2）标号为1的回波是由东西配殿墙和墙基反射又回到二音石中心O_2处叠加形成的，即由二音石中心O_2到东配殿墙和墙基D反射又回到二音石中心O_2和二音石中心O_2到西配殿墙和墙基D'反射又回到二音石中心O_2处。由于东西配殿是相对于中轴线对称的，所以二音石中心O_2到东配殿墙和墙基D的距离O_2D和二音石中心O_2到西配殿墙和墙基D'的距离O_2D'相等。这两个回波同时回到O_2组合叠加成标号为1的回波。

（3）标号为1'的回波，回波时间为75.00 ms，路程为25.23 m。根据现场观察分析和实测，这个回波是由皇穹宇正殿正上方的牌匾反射形成的，牌匾距二音石中心击掌处恰为12.40 m,牌匾的倾角使二音石击掌声波恰好与牌匾平面垂直,使得仪器可以记录到标号为1′这个回波。

(4)人们听到的第一个回声,是标号为1和标号为1′这两个回波混合叠加的声音,即由皇穹宇正殿牌匾和东西配殿墙及墙基三个反射波叠加形成的。因为标号为1的回波与标号为1′的回波的时间间隔仅为25 ms,所以仪器虽然能记录并区别开来,但人耳是无法分辨的。

(5)标号为2的回波是二音石的第二个回声,这个回声所经过的路程是由二音石中心O_2处发出的击掌声波,到达回音壁墙面A_2处,经其反射到对面的墙面B_2处,又反射回到O_2处,走过了$O_2 \to A_2 \to B_2 \to O_2$这样一个路径。它与一音石类似,走过了一个类似钝角三角形$O_2A_2B_2$的三边,三边总长度也约4倍半径。像这样的三角形还有一些,回音壁有一部分弧形墙面即有效墙面对这个回波都有作用(也有会聚作用)。击掌声与这个回声的时间间隔约为0.4 s,而第二个回声与第一个回声又经过了约0.3 s,这也与现场听到的情形相符。

综上,二音石两个回声的形成机理分别是:第一个回声是由皇穹宇正殿牌匾及东西配殿墙和墙基三部分反射回波叠加的结果。这三个回波先后时间差约为30 ms,人耳是无法加以区分的。第二个回声是声波经过了由$O_2 \to A_2 \to B_2 \to O_2$大约4倍半径路程后,返回到二音石的。因此,在二音石上击一下掌后,不到0.1 s听到第一个回声,又经过约0.3 s还能听到第二个较弱的回声。这一结果与现场听到的情形是相符的。二音石回声机理还可简单表述为:二音石的第一个回声是皇穹宇正殿的牌匾与东西两配殿墙和墙基三部分反射波叠加形成的;第二个回声与一音石的回声机理类同,即击掌声波沿着一个钝角三角形的三边,被回音壁"有效墙面"连续两次反射并会聚到原处,此回声经历了约4倍半径的路程。

(五)天心石现象测试与分析——完善科学假说

1. 天心石现象机理研究测试

圜丘台位于皇穹宇南侧,为三层圆形露天祭坛,各层四面出陛,是圜丘建筑群的主体建筑。天心石是一直径为0.94 m的圆形石板,位于圜丘台上层台面中心;圜丘台顶层是中心略高四周略低的圆形台面,皆由艾叶青石铺砌,台面四周是汉白玉栏杆。采用现代测试仪器分别测得:顶层坛面半径平均值为11.56 m,圜丘台中心与边缘高度差为0.14 m,栏杆高0.95 m。

天心石声学现象就是:人若站在天心石上击掌,则可以听到从四面八方传来的两个或三个回声,其时间间隔相等,强度逐渐减弱。若站在天心石上说话,则自我感觉说话声不仅拉长了而且更响亮了,给人以一种神秘感和心灵受到震撼的感觉。因而,明清时将天心石称为"亿兆景从石",表达了人们对"天"的景仰。

关于天心石声学现象及其形成机理,金梁先生书中及汤定元先生的论文中分别有记述和解释。两种解释虽都是基于圜丘或周边建筑(如圜丘的栏杆、栏板,四周的围墙、宫殿、柏树林等)对声波的反射,但对于反射物体的选取却是截然不同的。而且,金梁先生书中记述和解释了多个回声,汤定元先生论文中只记述和解释了一个回声。

基于上述情况,实验研究成果[6,27]给出了天心石现象的实验测试方案,即在天心石上以击掌声和短促的喊声为声源,并在天心石上放置声级计和磁带记录仪,将所记录的结果经频谱分析仪处理后绘出击掌声波和喊话声的声脉冲响应图,再根据回声定位法、圜丘建筑平面布局和天心石击掌声波的声脉冲响应图,判定引起声波反射物体的确切位置,从而确定天心石声学现象的声学机理,并给出科学解释。

2. 天心石现象机理分析

根据实验研究成果所确定的圜丘天心石声学现象的实验测试方案,在圜丘台现场分别测得了以击掌声和喊话声为声源的声脉冲响应图,如图2-68、图2-69所示。

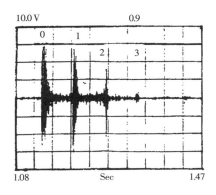

图2-68　天心石上击掌回波声脉冲响应图

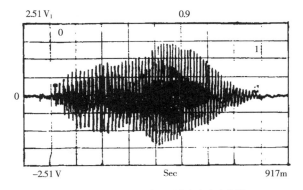

图2-69　天心石上喊话回波声脉冲响应图

同时,由声脉冲响应图找出时程,再将其换算成路程或距离。将相关测试数据的实测值与理论值进行比较,如表2-7所示。

表2-7　天心石现象测试数据比较表

标号	时间(ms)	路程(m)	距离(m)	反射物
1	理论值　—	23.12	11.56	栏杆、台面
	实测值 69.20	23.10	11.55	
2	理论值　—	46.24	11.56	栏杆、台面
	实测值 138.40	46.21	11.55	
3	理论值　—	69.36	11.56	栏杆、台面
	实测值 207.56	69.28	11.54	

由图2-68可以看出:天心石上击掌声波的回波有三个,其中,标号为0的声波是原击掌声波,标号为1的回波是第一个回声,标号为2的回波是第二个回声,标号为3的回波是第三个回声,只是第三个回声已衰减得较弱,有时人耳无法听清。根据回声定位法,由声波的反射定律及圜丘建筑平面布局,再结合天心石上击掌声的声脉冲响应图(图2-68)和测试数据比较表(表2-7),通过计算和分析,可以找到引起天心石上

击掌声各反射回波的反射界面,绘出天心石击掌回波路径图,如2-70所示,进而可以判定各反射回波的形成机理:

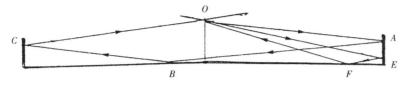

图2-70　天心石上击掌回波路径示意图

(1)第一个回声是标号为1的回波,它由三部分回波叠加组成。其一路径是击掌声波从天心石上 O 处发出向四周传播,一部分射到台面 F 处被反射到栏杆下半部 E 处,再反射并会聚到中心点 O 处,即沿 $O{\to}F{\to}E{\to}O$ 的路径传播,其路程略大于半径的2倍;其二路径是击掌声波从天心石上 O 处发出向四周传播,一部分射到栏杆下半部 E 处被反射到台面 F 处,再反射并会聚到中心 O 处,即沿 $O{\to}E{\to}F{\to}O$ 的路径传播,其路程与上一路径完全相同,也略大于半径的2倍;其三路径是击掌声波从天心石上 O 处发出,传到围栏中部凹凸不平的花纹上产生散射,该散射波第一次在 O 处会聚时,叠加到第一个回波中,其路程等于半径的2倍。这三部分回波在天心石叠加在一起组成标号为1的回波,就是人们听到的第一个回声。

(2)第二个回声是标号为2的回波,它由两部分回波叠加而成。一部分回波的路径是击掌声波从天心石上 O 处发出向四周传播,其中部分传到围栏的上半部 A 处被反射到另一侧台面 B 处,又被反射到围栏上半部 C 处,再被反射并会聚于天心石上 O 处,即沿 $O{\to}A{\to}B{\to}C{\to}O$ 的路径传播,总共经过了约4倍半径的路程。因围栏 A 处并不是一个点,而是一个圆周,因此,在圆心 O 处听到的这个回波好像来自四面八方。另一部分回波的路径是从天心石上 O 处发出的击掌声波经围栏中部凹凸不平的花纹产生散射,又返回并第一次会聚在 O 处的声波,沿上一路径继续传播,又经过了2倍半径的路程,叠加到第二个回波中。这两部分回波在天心石上 O 处叠加在一起组成标号为2的回波,就是人们听到的第二个回声。

(3)第三个回声是标号为3的回波,这一回波只在部分声脉冲响应图中显示。第三个回声总共经过了约6倍半径的路程,它是击掌声波从天心石上 O 处发出传到围栏中部凹凸不平的花纹上产生散射形成的。该散射波第一次在 O 处会聚时,叠加到第一个回波中,就是听到的第一个回声;沿上一路径继续传播,又经过了2倍半径的路程,叠加到第二个回波中,就是听到的第二个回声;再往复传播,在击掌声较强、环境噪声较小时,经过了2倍半径的路程又再次会聚到圆心 O 处,就是听到的第三个回声。第三个回声总共经过了6倍半径的路程,由于多次散射,这个回声很弱,当击掌声波较弱或环境噪声较大时,人们常常听不到这个回声。

人们在圜丘天心石现场听到的情况与上述分析是一致的。

由图2-69我们可看出,短促喊声的几个回波是重叠在一起的。其原因是喊声持续时间比掌声长得多,喊声尚未结束,经过69 ms,第一个反射回波已经到达天心石;又经过69 ms,第二个回波也已到达,还有第三个回波,这样叠加在一起,喊声结束后总共又历时约210 ms整个回波才会结束,不仅时间被"拉长"了,而且叠加又使声音变得更响亮了。

在圜丘台上还做过这样的实验,即用棉被将天心石遮住,重复掌声和短促喊声实验,所得结果与未遮住天心石时的实验结果相似。这说明天心石这块石板本身与天心石声学现象并无多大关系,它只是圜丘台面圆心这个位置的参照物。现在,由于游人踏踩,天心石受损严重,根据以上实验结果,可以放心地更换天心石这块石板,这对天心石声学现象是不会有影响的。

综上,天心石声学现象的回声机理还可表述为:站在天心石上击掌,第一个回声是击掌声传到围栏下半部没有雕花的石板上被反射到台面,再反射返回天心石上人耳处的回声;或者声音先到台面,经反射后到达围栏下半部石板上,再经反射返回天心石上人耳处。由于圆形围栏存在会聚作用,故第一个回声较强。在天心石上听到的第二个回声是击掌声传到围栏上半部被反射后传到天心石另一侧台面上,又被台面反射到相对的围栏上,再被围栏反射到天心石上人耳处。这个回声共经过了约台面直径2倍的路程,加上围栏的会聚作用,其声强也较大。第三个回声声强较弱,这一方面是因为它走过了约3倍台面直径的路程,声波在传播过程中衰减,另一方面是因为它并不是直接反射,而是围栏中部雕花部分的散射波经过3倍直径路程后才传到人耳处的。所以,在击掌较轻或环境噪声较大时,有时人耳就听不到。

人站在天心石说话,声波沿台面半径向四面八方传播,经光滑坛面和石栏板表面反射,声波仍沿半径方向会聚到天心石,声波从发出到返回天心石的时间仅为0.07 s,说话者几乎无法分辨它的原音和回音,回音和原发音叠加,使得人们感觉到发声更加洪亮浑厚。

(六)对话石现象测试与分析——发现与揭秘

1.天坛对话石声学现象

大家都知道,皇穹宇是圜丘祭神牌位的供奉所,位于圜丘的北侧。天坛四组奇妙的声学景观中仅圜丘天心石声学景观发生在圜丘台上,其余三组声学景观都发生在皇穹宇建筑内,皇穹宇回音建筑是天坛回音建筑最重要的组成部分。如图2-71所示,皇穹宇由正殿和东西配殿及环绕在建筑物周围的圆形砖质围墙(回音壁)组成。正殿通往正中券门的甬道由宽度相同、长度不同的二十块石板铺成,从殿基须弥座开始由北往南数的第一、第二、第三块石板就是著名的一音石、二音石和三音石。皇穹宇回音建筑内东西两侧各有一座配殿,名曰东配殿和西配殿,殿宇周围的圆形砖质围墙就是举世闻名的回音壁。回音壁墙体高3.72 m,厚0.9 m,内圆半径约为32.5 m,圆心恰好在三音石上，整个围墙是由山东临清特产的、质地坚硬的澄浆砖磨砖对缝砌成的，围墙严密平滑，弧度十分规则，是很好的声音反射体。

图2-71是天坛对话石声学现象测试现场平面示意图。在图2-71中，若有一人站在皇穹宇正殿前甬道第十八块石板上A处说话或击掌，则站在距此约36 m远的东配殿的东北角B处（一个2 m多长、0.5 m宽的条形区域）或西配殿的西北角B'处（与B处相同的条形区域）的另一人，虽然受配殿阻隔看不到对方，却可以清晰地听到A处人的说话声或击掌声，就好像说话人或击掌人就站在配殿角

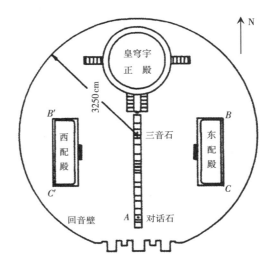

图2-71　天坛对话石声学现象测试现场平面示意图

附近似的。同样，如果站在东配殿的东北角B处或西配殿的西北角B'处的人说话或击掌，则站在第十八块石板上的人亦能清晰地听到对方的说话声或击掌声，双方可以互相通话，就如同打电话一样，十分有趣。即使在游人较多、环境噪声较大的情况下，双方通话也不受影响，效果十分明显。如果不在皇穹宇建筑内，即使在上述相同的距离和声强等条件下，双方也很难听到对方的说话声或击掌声。这种特定的双向通话的声学现象就是我们首次发现的天坛对话石声学现象，甬道上第十八块石板也因此得名"对话石"。这一声学现象所创造的奇妙氛围如同三音石一样再现了"人间私语，天闻若雷"的景象。

此外，在正殿前甬道第十七、第十九和第二十块石板上，也具有同样的双向通话的声学现象，只是通话效果不如在第十八块石板上那样好。

天坛对话石声学现象是黑龙江大学古建筑声学问题研究组的俞文光教授和吕厚均研究员于1994年3月26日早晨在天坛皇穹宇建筑内进行建筑参数测量时偶然发现的。对话石声学现象的发现，丰富了天坛建筑艺术的声学内容。1996年5月31日，在由著名物理学家汤定元院士和国家古建筑专家组组长罗哲文先生主持的"天坛声学现象研究"成果鉴定会上，专家认定其为"是对天坛古建筑声学效应的又一重要发现。[1]"并且认为："天坛'对话石'声学现象的发现及其声道研究，达到了国际领先水平"，为"科学保护、合理利用"天坛皇穹宇回音建筑提供了可靠的科学依据，对开发天坛旅游资源，促进旅游事业的发展也将起到积极的作用。

----

[1]　见俞文光、周克超、付正心等《天坛声学现象研究》(1996)黑科成鉴字第 047 号。

2.对话石声学现象机理研究测试

纵观回音壁、一音石、二音石、三音石和天心石声学现象的实验测试方案,只有在回音壁声学现象实验测试方案中,声源和接收器不在同一位置,在其他四个声学现象的实验测试方案中,声源和接收器都在同一位置。由对话石声学现象现场测试平面图(图2-71)不难看出,对话石声学现象是同时处于皇穹宇回音建筑内的两个人,分别在皇穹宇内两个不同的特定位置上进行对话的声学现象。而回音壁声学现象则是处于皇穹宇回音建筑内的两个人,分别在贴近回音壁内墙面的圆弧上的两个不同位置上进行对话的现象。两个声学现象的相同点是两个人都不在同一位置,就是声源和接收器都不在同一位置。不同点是对话石声学现象中两个人的位置是特定的两个点,也就是两个人相对位置和绝对位置都是确定的;而回音壁声学现象中两个人虽不在同一位置,其相对位置和绝对位置却是可以变化的,只不过两个人的位置仅能在贴近回音壁内墙面的圆弧上进行变化。如此看来,回音壁声学现象的实验测试方案对于设计对话石声学现象实验测试方案是有借鉴意义的。

根据对话石声学现象的特点,借鉴回音壁声学现象的实验测试方案,研究组根据对话石声学现象的实验研究成果[7,28-30]给出了对话石现象的实验测试方案,如图2-71所示。在对话石A处以击掌脉冲声波为声源,在东配殿东北角B处或西配殿西北角B'处放置声级计和磁带记录仪作为接收器,在时域内记录了声源A处和从A处传播到B处的击掌脉冲声波,应用谱分析仪绘出击掌脉冲声波的声脉冲响应图。为了能在东配殿东北角B处或西配殿西北角B'处准确记录到声源在A处发出时刻的击掌脉冲声波,我们在声源A处利用传声器将其输入扩音器,并用置于B处的扬声器再送给接收器即声级计和磁带记录仪。根据回声定位法,依据对话石声学现象测试现场平面图和对话石击掌声波声脉冲响应图,可以判定击掌脉冲声波从对话石A处传到东配殿东北角B处或西配殿西北角B'处的路径,从而确定对话石声学现象的声学机理,并给出科学解释。

3.对话石声学现象形成机理分析

1994年10月24日23时至25日凌晨2时,天气晴,气温T=13℃,声速由式(2-1)可以计算求得v=339.38 m/s。按照对话石声学现象实验测试方案,研究组人员在天坛皇穹宇内首次对对话石声学现象进行了现场测试。如图2-72所示是击掌声波从对话石上A处发出,传播到东配殿东北角B处的声脉冲响应图。

从对话石上击掌声波声脉冲响应图(图2-72)可以计算出击掌脉冲声波由声源A处传播到B处的时间t和所走过的路程S(实验值)。图2-72中标号为1的脉冲声波为A处的击掌声波,t_1=320.21 ms,标号为2的脉冲声波是传播到B处的击掌声波,t_2=465.14 ms,则t=t_2-t_1=144.93 ms;通过公式S=vt,可求得S=49.19 m。

根据对话石声学现象测试现场平面图(图2-71),结合皇穹宇院内建筑的结构和布局,考虑到声源和接收器之间的直线距离约为36 m,以及东配殿东北角B处可以清晰地听到对话石上A处的说话声这一事实,研究组推断对话石声学现象是一种声音的反射、会聚现象。它是声波经过回音壁反射、会聚到配殿角B处的(因为不在皇穹宇内,双方相距36 m是很难听清楚对方说话声的,而在皇穹宇院内能使声波产生会聚的只有回音壁)。依据声波的直线传播原理和反射定律,研究组绘出了声波从A处传播到B处的路径示意图,如图2-76所示。研究组在现场测得了声波从A处传播到B处的路程S_o(理论值):

$$S_o=AO_1+O_1B=AO_2+O_2B=49.68(m)$$

研究组还测得了声源分别在第十七、第十九和第二十块石板上,接收器在配殿角B处的击掌声波声脉冲响应图,如图2-73至图2-75所示,表2-8给出了图2-72至图

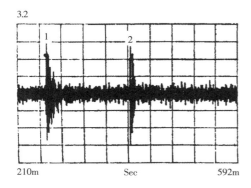

图2-72 对话石上击掌声波声脉冲响应图

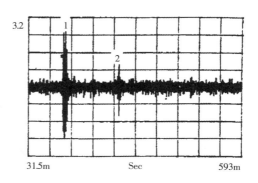

图2-73 第十七块石板上击掌声波声脉冲响应图

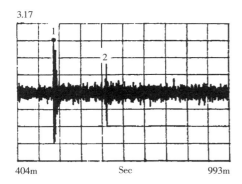

图2-74 第十九块石板上击掌声波声脉冲响应图

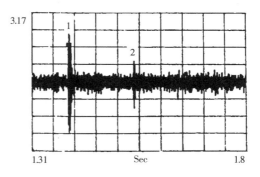

图2-75 第二十块石板上击掌声波声脉冲响应图

表2-8 第17~20块石板上击掌声波传播时间及路程

声源位置(石板)	t_1(ms)	t_2(ms)	t(ms)	S(m)	S_0(m)
17	121.29	267.87	146.58	49.75	49.21
18	320.21	465.14	144.93	49.19	49.68
19	505.15	651.76	146.61	49.76	50.15
20	1 397.60	1 545.10	147.50	50.06	50.57

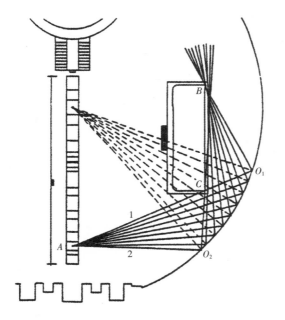

图2-76　对话石声波传播路径示意图

2-75中[在第十七块、对话石(第十八块)、第十九块和第二十块石板]实测的t_1、t_2、t、S值和声波所走过路程的理论值S_0。

同时,研究组利用声波的直线传播原理和声波的反射定律,分别绘出了声源在第十七、第十九和第二十块石板中心的声波传播路径示意图。图2-77为声波传播路径会聚区域的局域图,其中(a)、(b)、(c)、(d)分别为第十七至第二十块石板中心击掌声波传播路径示意图中配殿角B处附近会聚区域的局域图。通过对上述测试结果的综合分析,进行以下几方面的讨论:

(1) 从对话石声波传播路径示意图(图2-76)中可以看出:从对话石A处发出的声波, 只有在1、2两线夹角内的一束声波,才能经回音壁反射后会聚到配殿角B处附近一个南北长约2.6 m、东西宽约0.6 m的区域内。在这个会聚区域可以很清晰地听到对话石A处的说话声或击掌声。离开这一会聚区域,对话石声学现象逐渐消失。因为配殿角B处恰好在这个会聚区域内,故在配殿角B处可以清晰地听到对话石A处的说话声或击掌声。从对话石A处发出的在1、2两线夹角以外的声波经回音壁反射后,被东配殿东南角C(见图2-76)挡住而不能通过。

(2)从表2-8即第十七至第二十块共计4块石板上击掌声波传播时间及路程的数

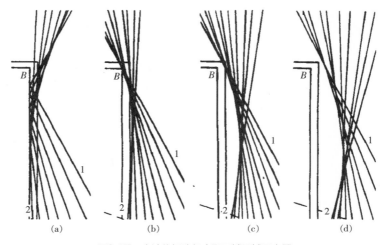

(a)　　　　　(b)　　　　　(c)　　　　　(d)

图2-77　声波传播路径会聚区域局域示意图

值可以看出，各块石板上的击掌声波到达配殿角B处所经过路程的理论值和实测值吻合得都较好。这说明图2-76中声源从对话石A处向1、2两线夹角方向发出的一束声波，确实是沿AO_1和AO_2之间经过回音壁反射后，又经O_1B和O_2B之间会聚到配殿角B处的。同理，上述分析对接收器在配殿角B'处也成立。另外，现场考察和理论分析及计算都表明，声波沿其他路径到达配殿角B处，其路程的理论值S_0与实测值S不能吻合。

(3)从声源分别在对话石、第十七块、第十九块和第二十块石板上，接收器在配殿角B处的击掌声波声脉冲响应图(图2-72至图2-75)可以看出，对话石上击掌声波传播到配殿角B处后声波波幅最大，这说明与其他三块石板相比，对话石双向通话现象最明显，效果最好。另外，从声波传播路径会聚区域局域图(图2-77)中也可以看出，配殿角B处恰好在对话石中心击掌声波的会聚区域内，而对于在第十七、第十九和第二十块石板上的击掌声波而言，配殿角B处不在其会聚区域内，这也说明在配殿角B处与对话石通话的效果最好。

(4)根据对话石声波传播路径示意图(图2-76)，结合对话石现象测试现场平面图(图2-71)，在利用作图法进行分析时，发现在对话石声学现象中，经回音壁反射后能产生会聚作用的声波束夹角还与东配殿的东南角(见图2-71中C处)或西配殿的西南角(见图2-71中C'处)的位置有关，即东配殿东南角C处或西配殿西南角C'处位置若发生变化将直接影响能产生会聚作用声波束夹角的大小。

4.对话石现象声压级测试与分析

点声源在自由声场情况下的声压级如式2-2所示，即：

$$L_2=L_1-20\lg r_2/r_1 \tag{2-2}$$

式中，r_1、r_2为距点声源的距离，L_1、L_2为相应距离的声压级。人们说话的声压级通常为60~70 dB。我们以$r_1=1$ m为基准，分别取$L_1=60$ dB和70 dB，根据式(2-2)可以分别计算出距点声源36 m处($r_2=36$ m)的声压级L_2为29 dB和39 dB，即其声压级为29~39 dB。而在皇穹宇回音建筑内环境噪声通常在50 dB以上，就是在夜深人静时也要超过36 dB。若皇穹宇内是自由声场，如图2-76所示，那么即使说话声直接从对话石上A处传到东配殿东北角B处，对话石上A处与东配殿东北角B处之间的两个人也很难对话。实际上，自对话石上A处发出的声波是向1、2两线夹角方向发出的一束声波，且是沿着AO_1和AO_2之间经过回音壁反射后，又经O_1B和O_2B之间会聚到配殿角B处的，即沿着$AO_1 \to O_1B$和$AO_2 \to O_2B$之间的多条路径，经过了约50 m的路程才到达东配殿东北角B处的，且对话石A处与东配殿东北角B处之间还能互相对话，这就表明声音在传播过程中存在会聚现象。同理，对话石A处与西配殿西北角B'处之间也能互相对话，且声音在传播过程中也存在会聚现象。

研究组对皇穹宇回音建筑内对话石声学现象的声场分布进行了现场测试。测试时间：1995年10月11日晚；天气：晴；气温：8℃；环境噪声：41dB。研究组将一个频率$f=$

1 000 Hz的音频振荡器放在对话石上A处,再用一个声级计沿着声线$AO_1 \to O_1B$逐渐远离声源A,记下声级计与A的距离及相应的声压级,最后移到B处。调节音频振荡器音量,沿着$AO_1 \to O_1B$和$AO_2 \to O_2B$之间的不同路径,重复上述过程。表2-9给出了声压级L的实测值和理论值。

表2-9 对话石声压级(L)理论值和实测值

S(m) L(dB)	1	2	3	4	5	6	7	8	9	10	50
理论值	80	74	70	68	66	64	63	62	61	60	47
实测值	80	76	72	70	66	64	62	58	56	56	62
理论值	75	69	65	63	61	59	58	57	56	55	43
实测值	75	67	63	60	62	61	58	54	51	48	57
理论值	67	61	57	55	53	51	50	49	48	48	42
实测值	67	62	60	57	57	53	52	50	49	49	52

根据式(2-2)计算声压级的理论值时,取$r_1=1$ m为基准。从表2-9可以看出:在东配殿东北角B处实测的声压级(实测值)远大于根据自由声场公式计算得到的理论值。这说明声音从对话石上A处发出后,由于回音壁有效墙面O_1O_2反射、会聚作用使得东配殿东北角B处的声压级提高(声音放大了)。同时还可以看出,东配殿东北角B处声压级的实测值和与对话石上A处相距7 m处的实测值相当,说明在对话石上A处说话,在东配殿东北角B处的人感觉说话人只与自己相距7 m左右,也就是说与对话石A处相距折线距离约50 m的配殿角B(或B′)处也可以听得见。至此,我们可以进一步确定对话石声学现象是一种声音的反射会聚现象,即在对话石上A处发出的声音,经过回音壁有效墙面O_1O_2反射会聚到东配殿东北角B处附近的一个区域内(如图2-76所示);反之亦然,在东配殿东北角B处发出的声音也会聚到A处附近的一个区域内。所以,对话石上A处和东配殿东北角B处附近的两人可以互相对话,且说话声清晰可闻。同理,也可以解释对话石上A处与西配殿西北角B′处之间能互相对话的奥妙。

一般来说,在皇穹宇内听到的对话石声学现象远比回音壁声学现象明显。事实上,在现场因游人较多、环境噪声较大,常常听不到回音壁声学现象,却可听到天坛对话石声学现象。在实验研究过程中,经现场多人、多次试听对话石声学现象,都觉得其是天坛声学现象中声学效果最显著的。

综合上述讨论,对于对话石声学现象及形成机理,可以简单地进行以下几点小结:

(1)科学地解释了研究组发现和首次进行现场测试的对话石声学现象是由回音壁有效墙面对声音的反射、会聚形成的。

(2)对话石上A处与东配殿东北角B处(或西配殿西北角B′处)对直线距离36 m(或折线距离约50 m)的声压级和自由声场中约7 m的声压级相当。

(3)对话石声学现象的声学效果与下列因素有关:①声源在甬道上的位置;②东、西配殿的几何尺寸和方位;③回音壁的半径;④使声波产生反射会聚的回音壁有效墙体的实际弧长和实际曲率半径;⑤声波经回音壁反射、会聚形成的会聚区域的位置和大小;⑥回音壁圆形围墙墙体的材质。

(4)在对天坛皇穹宇回音建筑进行维护时,除应保持其富丽典雅的外观造型外,还要充分考虑影响对话石声学现象及其他几个著名声学现象声学效果的因素,以免出现"保护性破坏"现象。只有这样,才能使我们祖先留下的珍贵建筑文化遗产中奇妙的声学景观能够流传下去。

(七)四音石现象测试与分析——未解之谜

1.天坛四音石声学现象

站在天坛皇穹宇回音建筑内甬道北端的第一块石板上击一下掌,可以听到一个回声,人们称其为一音石;在此向南迈出一大步,站在第二块石板上击一下掌,可以听到两个回声,人们称其为二音石;再向南迈出一大步,站在第三块石板上击一下掌,可以听到三个回声,人们称其为三音石。这样,如果再向南迈出一大步,站在第四块石板上击掌,如图2-78所示,又会有什么声学效果呢?天坛皇穹宇建筑自明嘉靖九年(1530) 建成, 经清乾隆十七年(1752)改扩建,形成现今形制,在研究组进行实验前, 还没有见过在皇穹宇回音建筑现场内进行过上述考察试听。为此,研究组在皇穹宇内甬道上的每一块石板上都逐一做了考察倾听试验。试验结果表明:站在皇穹宇回音建筑殿前甬道的第四块石板上击掌可以听到四个回声。这样, 经过多次现场考察倾听和反复实验测试, 研究组发现并确认了四音石声学现象及其回声规律[①]。

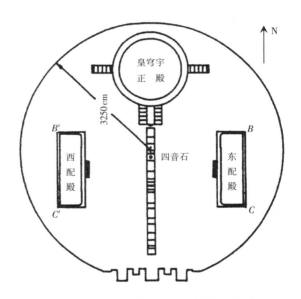

图2-78 四音石声学现象测试现场平面示意图

2.四音石声学现象测试与机理探讨

因四音石声学现象与前面讲述的一音石、二音石和三音石声学现象一样,都发生在皇穹宇回音建筑正殿前甬道上,现场考察倾听的方法都是相同的,故四音石声学现象现场实验测试方案可以直接采用与一音石、二音石和三音石声学现象相同的

---

① 见俞文光、周克超、付正心等《天坛声学现象研究》(1996)黑科成鉴字第 047 号。

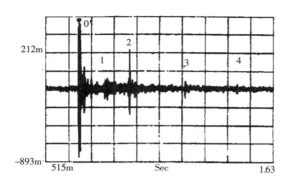

图2-79 四音石上击掌回波声脉冲响应图

现场测试方案，即站在四音石上以击掌声波为声源，同样在四音石上放置声级计和磁带记录仪作为接收器，记录测得的击掌声波及各个反射回波，经频谱分析仪、绘图仪绘出四音石上击掌声波声脉冲响应图。

按照四音石现象现场实验测试方案，在天坛皇穹宇内甬道的第四块石板上进行了多次现场测试。图2-79就是站在甬道的第四块石板上以击掌声为声源测到的四音石击掌声波的声脉冲响应图[31]。从图中可以清晰地看到，标号为0的脉冲声波就是击掌声波；在击掌声波之后，标号为1~4的四个脉冲声波分别是四音石上的四个反射回波，且标号为1的回波是由两个相近脉冲波叠加而成的。

从四音石上击掌声波声脉冲响应图(图2-79)中可以明显看出四个反射回波的强度可依次表述为强、更强、弱、更弱。同时，还可以计算出击掌脉冲声波四个反射回波所走过的路程，即标号为1的两个脉冲回波所走过的路程分别是32.23 m和34.60 m，它们构成了第一个回声；标号为2的脉冲回波所走过的路程是61.77 m，它是第二个回声；标号为3的脉冲回波所走过的路程是129.50 m，它是第三个回声；标号为4的脉冲回波所走过的路程是192.00 m，它是第四个回声。

根据回声定位法，依据声波的直线传播原理和声波的反射定律，仅确认了四音石上第一个回声形成的机理，它是由东西配殿的墙和墙基反射波叠加形成的。而四音石上其他三个回声形成的机理目前尚不清楚，还有待进一步研究。由于当时开展实验研究经费严重不足，研究组不得不暂时十分遗憾地中断了对天坛四音石声学现象机理做进一步的研究。2013年前后，研究组先后获得国家和黑龙江省相关项目资助，又启动了此项研究工作，期待着最终能够揭示天坛四音石声学现象完整的形成机理。

六、比较研究讨论与结果

(一)比较研究讨论

1.回音壁声学现象形成机理

金梁先生书中对于"传声墙"(回音壁)传声机理可概括为：声波因有东西配殿和正殿的束缚，不能向四外消散，只可沿着光滑而平的筒形围墙，向前推进，且波随墙进，把声波全都聚在一起传入听话人的耳朵，故此距离虽远而声音特别大。

汤定元先生对回音壁传声机理假说可表述为：声波是沿着圆形围墙通过全反射不断向前传播，进而使得声音可以传播较远的距离。

实验研究通过回声定位法,对现场测试获得的回音壁声脉冲响应图的分析恰好证明了金梁先生书中记载和汤定元先生提出的科学假说,即声波是沿着圆形围墙表面,经连续多次在内墙面的全反射从围墙的一端传到另一端的,使得人们在围墙的任何一处都能够听得见。

2.三音石声学现象形成机理

金梁先生书中记述的三音石回声机理可简述为:三音石上发出的声浪传入皇穹宇正殿内以后,由于正殿的圆形四壁(格扇窗)和殿外的距离远近不同,所以反射回来的两个声音也就有先有后。同时,又由于正殿的天花藻井是锅底形状的穹隆圆顶,既高又大,声音反射回来较慢,因而在前两个回声之后,又产生了一个回声,故此形成了连续的三个回声。但必须同时满足四个条件,一是必须敞开殿门;二是由殿门到殿内正北面的神龛前,不能有较大的障碍物;三是正殿的窗户要全部关上,且要糊着窗纸;四是说话的人必须站在三音石上。

汤定元先生关于三音石回声机理的科学假说可以简述为:声音从三音石发出,同时被回音壁圆形围墙反射并会聚到圆心,如此往复可以听到三次或更多次回声。根据这一假说,三音石的三个回声应具有以下两个特征:①三个回声的时间间隔应该是相等的;②三个回声的强度应该是递减的。

然而从实验研究测得的三音石上击掌回波声脉冲响应图(图2-63)和在天坛皇穹宇现场听到的声学现象与汤定元先生的假说都是不符的。由图2-63我们可以看出:三音石上三个回声的时间间隔是不相等的,且声强也不是递减的,而依次是弱、强、更弱。而且,实验研究成果的相关论文[26]已经证实:在实验测试中,皇穹宇正殿的殿门无论是打开还是关上,对三音石声学现象的测试结果均无影响。

基于此,虽然金梁先生书中记述及汤定元先生关于三音石回声形成机理的假说都是基于建筑物对声波的反射原理而进行解释的。但又很显然,在金梁先生书中记载的三音石回声形成机理中,对声波产生反射的物体和声波传播路径的选择上存在原则问题。同样,汤定元先生关于三音石回声机理的假说也是不完善的,需要进行修正。实验研究结果确定的三音石三个回声机理分别是:第一个回声是由皇穹宇中两个配殿的墙和墙基反射波叠加形成的,第二、三个回声才是由汤定元先生假说中回音壁围墙的第一次、第二次反射会聚声波形成的。

另外,汤定元先生在论文中还探讨了三音石回声的频率特性及其成因,对这一问题我们将另行讨论。

3.天心石声学现象形成机理

金梁先生书中记述的天心石回声机理可以简述为:人站在天心石上喊出的声音,向四面八方传播出去,因圜丘台下四面有数层不同高度和不同形状的围墙,如圜丘坛外围的内外壝墙、天坛的内外坛墙、坛内的宫殿和柏树林等,声波经这些远近不同的物体反射返回的时间不同,故此不是一个回声。

汤定元先生对于天心石声学现象形成机理的假说,可以简述为:声音从天心石发出,经四周围栏、台面两次反射会聚到天心石,可以听到一个回声。

从实验研究测得的天心石上击掌回波声脉冲响应图 (图2-68),依据回声定位法,通过计算和分析,确定的天心石三个回声的形成机理来看,金梁先生书中记载的"天心石回声形成机理中的对声波产生反射物体"的说法确实存在问题。同样,汤定元先生关于天心石回声机理的假说也是不完善的,需要进行补充和完善。实验研究结果确定的天心石三个回声形成机理中第一个回声就是汤定元先生关于天心石回声机理的假说中所记述的回波。

4.皇穹宇内其他声学现象形成机理

金梁先生书中对天坛声学现象的记述和解释只涉及天心石、三音石和回音壁现象。汤定元先生论文中除了记述天坛回音壁、三音石、天心石声学现象以外,还记述了一音石和二音石声学现象,但其仅对前三个声学现象的形成机理提出了卓有见地的科学假说。实验研究相关论文给出了天坛已知声学现象的声脉冲响应图,确定了回音壁、一音石、二音石、三音石、对话石和圜丘天心石等声学现象形成的物理机理,同时,还确定了四音石声学现象部分回声形成的物理机理。

截至目前,在天坛回音建筑中,除了四音石中部分回声机理没有完全解释清楚之外,还有许多其他科学问题有待进一步研究。

(二)比较研究结果

(1)天坛声学现象形成机理的三种解释都是基于皇穹宇和圜丘内建筑物对声波的反射原理进行的,所依据的原理都是科学的。其中,前两种解释是科学假说,是基于声波反射原理的定性研究;后一种解释是实验研究成果,是基于声波反射原理和回声定位法的定量研究。

(2)实验研究成果证实了汤定元先生和金梁先生书中记述的关于回音壁传声机理的假说;修正了汤定元先生关于三音石回声机理的假说,证实了金梁先生书中记载的三音石回声机理的解释是不正确的;完善了汤定元先生关于天心石回声机理的假说,证实了金梁先生书中记载的对天心石回声机理的解释是不正确的。

(3)天坛声学现象实验研究依据回声定位法和声波的反射原理,通过对天坛著名声学现象声脉冲响应图的分析和计算, 定性地找到了回音建筑形成著名声学现象的反射界面,揭示了回声形成的机理,并给出科学的解释;发现并命名了天坛新的声学景观——对话石声学现象;设计建造了世界上第一座冰质天坛回音建筑,再现了北京天坛回音壁、三音石和对话石声学现象,验证了其声学机理的科学性。

第五节

天坛回音建筑模拟试验研究

一、为什么要进行冰质天坛模拟试验？

前面已介绍了天坛回音建筑声学现象实验研究及其所取得的成果,汤定元院士等著名专家学者及国家有关部门对上述成果都给予充分肯定和高度重视,研究成果引起了海内外强烈的社会反响。这虽使研究组受到鼓舞,但更使研究组感到责任重大。无论是从天坛的科学价值、文物价值和文化旅游价值角度考虑,还是从保护世界文化遗产的责任义务,以及科技工作者的责任心角度考虑,都需要对天坛回音建筑进行模拟试验研究,即根据天坛实验研究所取得的成果,设计建造一座能够产生类似天坛声学现象的回音建筑,进而验证实验研究成果的科学性、严谨性。

毕竟研究组进行实验研究所取得的成果只是对天坛回音建筑实地测量的分析研究结论,这些结论还有待通过模拟试验进一步加以证实。例如,回音壁围墙的半径可不可以改变?回音壁围墙须有多高?皇穹宇内东西配殿相对位置对三音石、四音石和对话石的回音特点有何影响?天坛如果需要维修,哪些关键地方不可动,哪些地方可动而又不至于影响回音效果?许多问题需要为天坛回音建筑的科学保护提供更多合理可靠的科学依据。要是因研究组的研究结论不准确而导致天坛回音建筑的错误维修,那就很可能造成"保护性破坏",进而犯下不可逆转的历史性错误。所以,进行天坛建筑声学现象模拟试验势在必行。

要进行天坛模拟试验,既不可能在北京天坛回音建筑即皇穹宇或圜丘内进行"动手术"性的试验,也很难实现以砖石为材料,重新设计建造一个永久性的天坛回音建筑来验证实验研究成果,研究组只能选择通过模拟试验来进行验证。北国冰城哈尔滨特有的冰雪文化和冰雕艺术,为研究组开展模拟试验提供了机遇和可能。

这里将给大家介绍一下黑龙江大学古建筑声学问题研究组利用北国松花江冬季特有的冰雪文化条件,以江冰为材料,设计建造冰质天坛回音建筑,开展天坛回音建筑声学现象模拟试验的情况。

早在1994年,俞文光教授就萌生了以松花江江冰为材料,建造冰质天坛回音建筑,以求再现天坛声学奇观的想法;1994年2月,通过对松花江江冰对声波反射性能的测试与分析,确证了松花江江冰与天坛回音建筑即回音壁圆形围墙那些致密平整的"澄浆砖"具有大致相同的声学性能;1995年5月,研究组正式提出设计建造"冰质天坛回音建筑"的设想[32];1996年12月30日,在哈尔滨市海山广告有限责任公司的通力合作下,世界上第一座冰质的天坛回音建筑(如图2-80所示)建成,再现了北京天坛回

图2-80　冰质天坛回音建筑全景
（吕厚均　摄）

音壁、三音石和对话石等声学现象[33-35]。

二、冰质天坛回音建筑的设计与建造

（一）冰质天坛回音建筑设计思想

研究组在设计和建造冰质天坛回音建筑时，重点考虑天坛声学现象中的回音壁、三音石、对话石三个声学现象。虽然江冰的反射系数不同于天坛皇穹宇建筑用的山东临清特产的精制澄浆砖，但只要合理进行设计，再现天坛回音壁、三音石和圜丘天心石三个声学现象还是完全可能的。为此，研究组确定了"一个自然、两个加强"总体设计思想，即对回音壁声学现象，顺其自然；而对于三音石、对话石两个声学现象，研究组将设法加强其声学效果。

（二）冰质回音壁声学现象的设计

天坛回音壁系皇穹宇的圆形砖质围墙，它采用山东临清特产的、质地坚硬的澄浆砖磨砖对缝砌成，内圆光滑平整，是优良的声反射体。其传声机理是声音从一端经连续多次在壁面的全反射传递到另一端。由此可知，回音壁的声道是无法改善的。虽然松花江江冰的加工精度不如精制的澄浆砖，但研究组认为再现回音壁现象是可行的，只是其声学效果可能不如天坛回音壁。因此，按着"顺其自然"的总体设计思想，冰质天坛回音建筑中的回音壁也必须选取圆形的围墙。受当时哈尔滨冰雪大世界及周围建造环境的限制，研究组设计建造的冰质天坛回音壁的半径选取为26 m，略小于天坛回音壁半径（约为32.5 m）。此外，虽然冰质天坛回音壁围墙的高度按照常人身高选取即可，但考虑到冰质回音建筑造型美观和屏蔽其外部环境噪声的功用，研究组确定冰质回音壁围墙的高度为2.6 m，这个高度比天坛回音壁围墙实际高度3.72 m要矮1 m多。

（三）冰质三音石声学现象的设计

由前面的研究结果可知，三音石声学现象既与东西配殿墙面和墙基的位置、大小有关，又与回音壁的半径有关，同时，还与三音石有效声道的可利用角度密切相关。在进行冰质三音石声学现象设计时，研究组遵循"加强三音石声学效果"的设计思想，考虑到上述因素，除了调整确定了冰质天坛皇穹宇围墙的内圆半径及建筑物的平面布局外,还适当缩短了东西两配殿南北方向的长度,这样就增大了三音石有效声道的可利用角度,加大了东西两配殿墙面和墙基的面积,从而达到了加强三音石回声效果的目的。同时,为证实第二个回声是"回音壁墙面对声波的第一次反射、会聚的声波及东西两配殿的墙面和墙基对声波的第二次反射波叠加形成"的论断,研究组有意调整了东西两配殿墙和墙基相对于三音石的位置,观察其第二次反射回波能否与回音壁第一次反射回波错开(且错开时间以不超过人耳的分辨能力50 ms为宜),也就是确认东西两配殿墙和墙基的第二次反射回波是否存在,当然位置的调整还应保证做到不影响三音石的声学效果。

(四)冰质对话石声学现象的设计

由图2-76可知,对话石现象既与对话石A、东配殿东北角B的位置及回音壁的相对位置有关,还与对话石有效声道的可利用角度、东配殿东南角C的位置密切相关。因此,在设计对话石声学现象时,同考虑三音石声学效应一样,也需要考虑适当调整冰质天坛皇穹宇的内圆半径和建筑物平面布局,适当缩短两配殿南北方向长度,以增大对话石有效声道的可利用角度,从而达到加强对话石对话效果的目的。

(五)"冰质天坛试验室"建造方案

在统筹考虑影响回音壁、三音石和对话石等建筑声学现象诸多因素的基础上,确定了冰质回音壁内圆半径和东西两配殿的长度及其相对位置。具体尺寸是:回音壁内圆半径26 m、围墙高2.6 m、东配殿和西配殿南北长13 m、东西长4.6 m,东西两配殿相距28 m。最后,按此尺寸设计建造了冰质天坛回音建筑——冰质天坛试验室,其整个平面布局如图2-81所示。经过18天紧张的施工,一座规模宏大、占地面积约3 000 m²、用冰量超过1 000 m³的冰质天坛回音建筑最终于1996年12月30日在哈尔滨冰雪游乐中心落成。

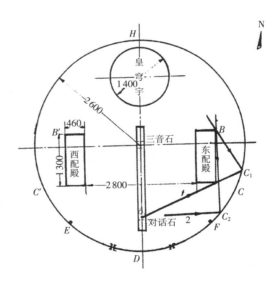

图2-81 冰质天坛回音建筑平面布局示意图(单位:cm)

三、冰质天坛声学现象的测试与分析

(一)冰质天坛试验室声学现象测试与分析原理

以击掌声波或1 000 Hz的音频振荡器作为声源,由于声波波长远小于建筑物的线度,故采用几何声学的方法进行研究是完全可行的。研究组采用回声定位法,由冰质天坛回音建筑平面图和击掌回波声脉冲响应图精确判定反射物的位置,进而验证回音壁、三音石、对话石等声学现象形成的机理。

现场测试时,以击掌声波作为脉冲声源,获得声脉冲响应图,以确定反射界面;以音频振荡器作为连续声源,以确定声场分布。采用声级计、磁带记录仪作为接收器,记录击掌声波及其反射回波,再利用动态分析仪、绘图仪绘制声脉冲响应图。

冰质天坛试验室落成后,现场试听结果表明:冰质天坛回音建筑再现了北京天坛回音壁、三音石和对话石等声学现象。研究组又分别于1996年12月24日19时至22时(气温T=−20 ℃)、1996年12月31日21时至22时(T=−20 ℃)和1997年1月11日21时至22时(T=−15 ℃),以击掌声波作为脉冲声源,以音频振荡器作为连续声源,对冰质天坛回音建筑模拟试验的声学效果进行了现场测试,参加测试人员有俞文光、吕厚均、付正心、陈长喜、洪海等。

(二)冰质回音壁现象测试与分析

如图2-81所示,以击掌声波为声源,在冰质天坛实验室相对于甬道对称的E、F两处分别放置声源和声级计,进行现场测试。测试时,T=−15 ℃,可求得v=323.3 m/s,经仪器分析后得到冰质回音壁击掌声波声脉冲响应图(图2-82),图中标号为0的声波为击掌声波,t_0=427.73 ms;标号为1至4的声波为经各种路径由E处传到F处的回波,冰质回音壁击掌声波声脉冲响应图相关数据如表2-10所示。

根据表2-10和图2-81即可判定,标号为1的回波为直达声,标号为2的回波为由E处经回音壁D处(南侧)反射到达F处的声波,标号为3的回波是由E处经回音壁南侧

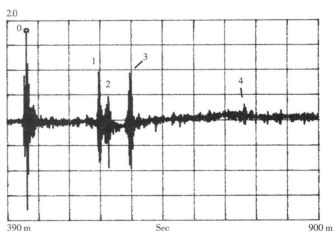

图2-82　冰质回音壁击掌声波声脉冲响应图

表2-10　冰质回音壁时域波形图相关数据

标号i	1	2	3	4
t_i(ms)	546.48	561.72	596.87	783.99
Δt_i(ms)	118.75	133.99	169.14	356.26
S_i(m)	38.39	43.18	54.51	114.82

(含D处)沿墙体多次全反射到达F处的声波,标号为4的回波是由E处经回音壁北侧(含H处)沿墙体多次全反射到达F处的声波。天坛回音壁中没有标号为2和3的回波,是由于其南侧结构差异所致:天坛回音壁南侧由三座形状复杂的券门组成,而冰质天坛回音壁南侧则是由圆形围墙和在围墙上开的两座门组成(见图2-81)。

由此可见,冰质天坛试验室中的回音壁是按照合理的设计建造而成并再现了天坛回音壁声学现象。

(三)冰质三音石现象测试与分析

在冰质天坛试验室中心,即冰质天坛回音建筑的三音石上,以击掌声波为声源,同位置放置声级计、磁带记录仪进行现场测试。现场测试时,T=−20℃,冰质回音壁南侧两门之间(含D处)墙体尚未砌筑,经仪器分析后得到如图2-83所示的冰质三音石击掌声波声脉冲响应图。图中标号为0的声波是击掌声波,t_0=1.012 1 s,标号为1至5的声波为5个反射回波。如表2-11所示为冰质三音石击掌声波声脉冲响应图相关数据。

表2-11 冰质三音石击掌声波声脉冲响应图相关数据

标号i	1	2	3	4	5
t_i(s)	1.105 9	1.182 8	1.341 0	1.077 3	1.203 1
Δt_i(ms)	93.8	170.7	328.9	65.2	191.1
S_i(m)	29.95	54.50	105.00	20.82	60.98

由表2-11可以判定:标号为1的回波是东西两配殿墙和墙基反射后返回的声波,即冰质三音石的第一个回声,因设计时有意加大了配殿相应墙体的面积,故这个回波比天坛三音石相应回波加强了;标号为2的回波经过了约2倍半径路程,这是回音壁第一次反射会聚到三音石的声波,即冰质三音石的第二个回声;标号为3的回波经过了约4倍半径路程,是

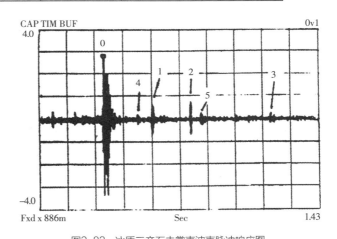

图2-83 冰质三音石击掌声波声脉冲响应图

回音壁第二次反射会聚到三音石的声波,即冰质三音石的第三个回声;标号为4的回波经过了约20 m的路程,是由正殿高约2 m的墙反射回来的声波,由于4号回波与1号回波时间间隔仅为28.6 ms,人耳无法分辨(人耳分辨能力为50 ms),故4号回波只是使第一个回声加强了;标号为5的回波与标号为2的回波时间间隔为20.4 ms,人耳也无法分辨。然而,5号回波是什么波呢?它是研究组有意拉大距离的东西两配殿第二次反射后返回三音石的声波,这就验证了研究组实验研究关于三音石声学现象机理

的解释。

上述结果表明,冰质天坛试验室中的三音石也是按照合理的设计思想再现了北京天坛三音石声学现象。

(四)冰质对话石声学现象测试与分析

1. 回声定位测试

在冰质天坛试验室内现场测试冰质对话石声学现象,如冰质天坛回音建筑平面图(图2-81)所示,在对话石中心A处以击掌声波为声源,于东配殿东北角B(或西配殿西北角B')处放置声级计、磁带记录仪进行测试,测试时,T=-20℃,经仪器分析后得到如图2-84所示的冰质对话石击掌声波声脉冲响应图。图中,标号为1的声波是击掌声波,t_1=2.101 05 s,标号为2的声波是经Δt时间后传到B处的声波,t_2=2.113 32 s,Δt=122.70 s,相应路程s=39.17 m。此外,研究组还进行了声源与接受位置互换的试验,得出多次测量平均路程为39.33 m。

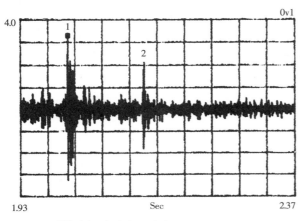

图2-84　冰质对话石击掌声波声脉冲响应图

如图2-81所示,现场实测冰质对话石中心A处到东配殿东北角B(或西配殿西北角B')处折线距离为:AC_1+C_1B=39.60 m。

现场实测与测试计算结果是相符的,其误差在±1%以内。

2. 声压级测试

在冰质天坛试验室内现场测试冰质对话石声压级,如图2-81所示,在冰质回音建筑对话石上A处放置频率为1 000 Hz的音频振荡器作为声源,用数字式声级计沿声线$AC→CB$,自对话石上A处逐渐向东配殿东北角B处移动,记录声源在声线不同位置时声压级的实测值($L_{对→东}$),并将其与在自由声场下点声源之声压级的理论值(L_0)进行对比,如表2-12所示为冰质对话石声压级测试数据。

表2-12　冰质对话石声压级测试数据

距离 S(m)	1	2	3	4	5	6	7	8	9	10	39.6
L_0(dB)	80	74	70	68	66	64	63	62	61	60	48
$L_{对→东}$(dB)	80	73	71	69	68	66	65	63	62	60	62
$L_{对→西}$(dB)	80	75	71	70	69	67	63	62	61	60	64

表2-12中的$L_{对→东}$表示声源在对话石上A处,将声级计自对话石中心A处沿声线$AC→CB$逐渐向东配殿东北角B处移动所记录的声压级(亦称实测值)。同理可知,$L_{对→西}$表示将声级计自对话石中心A处沿声线$AC'→C'B'$逐渐向西配殿西北角B'处移动所

记录的声压级(亦称实测值)。由表2-12可以看出,在东配殿东北角B处或西配殿西北角B'处声压级的实测值远大于理论值,这说明声音从对话石A处发出后,由于回音壁有效墙面反射会聚作用使东配殿东北角B处或西配殿西北角B'处的声压级提高 (声音放大);同时还可以看出,东配殿东北角B处或西配殿西北角B'处声压级的实测值和与对话石相距7~8 m处的实测值相当,这表明在对话石上A处说话,在东配殿东北角B处(或西配殿西北角B'处)的人感觉说话人与自己相距7~8 m远。现场测试和试听结果都表明:声源在对话石上A处,在东配殿东北角B处或西配殿西北角B'处的焦散面为一个0.5~1.5 m的条形区域,即在对话石A处说话,在东配殿东北角B处或西配殿西北角B'处0.5~1.5 m的条形焦散面内能够清晰听到对方的说话声。该焦散面内的声场明显大于自由声场,由此可以断定声音被回音壁有效墙面C_1C_2反射后会聚在东配殿东北角B处(或西配殿西北角B'处)附近的条形焦散面内。反之亦然,在东配殿东北角B处发出的声音也会聚到对话石上A处附近的条形焦散面内。所以,在冰质对话石上A处和东配殿东北角B处(或西配殿西北角B'处)附近的两人可以互相对话,且说话声清晰可闻。

上述结果表明,冰质天坛回音建筑对话石同样按照研究组关于冰质对话石声学现象的设计思想再现了天坛对话石声学现象,即使在白天游人较多、周围环境噪声较大的情况下,双方对话仍不受影响。

四、冰质天坛回音建筑模拟试验结果及科学文化价值

综上所述,在冬季,利用北国哈尔滨寒冷的自然环境,以松花江江冰为材料,设计建造了冰质天坛回音建筑,即冰质天坛试验室。模拟试验的测试分析结果表明:冰质天坛回音建筑按照研究组模拟试验的设计思想和建造方案再现了北京天坛回音壁、三音石和对话石等声学现象,尤以三音石和对话石的效果更为明显。

冰质天坛回音建筑将著名世界文化遗产北京天坛建筑群蕴含的声学奥妙与现代冰雕艺术完美地融合在一起,为我国冰雪文化增添了新的科学内涵,是发展冰雕艺术的一次成功尝试,填补了世界冰雕艺术的空白。这次实践的成功,使得黑龙江大学古建筑声学问题研究组对天坛回音建筑声学现象机理研究取得的成果进一步得到证实,表明研究组对天坛回音建筑声学现象实验研究所取得的成果是科学的、严谨的。研究成果为天坛回音建筑的"科学保护、合理利用",为科学、教育和旅游文化界研究、宣传和介绍相关内容提供了科学依据,对挖掘回音古建筑蕴藏的科学内涵,促进科学技术史与古建筑学研究的结合,弘扬中华民族的优秀文化都有着重要的现实意义和历史意义,在回音古建筑的保护和利用方面也有广泛的应用价值。

五、对天坛回音建筑声学问题的进一步思考

天坛回音建筑声学现象中尚有四音石中部分回声机理未解,且天坛回音建筑是有意而为还是巧合目前尚无定论。冰质回音建筑虽证实了回音壁围墙的半径可以改

变,回音壁围墙的高度也可调,皇穹宇的东西配殿相对位置对三音石、对话石的回音特点有影响,但可改变的范围还有待深入探讨。此外,天坛回音建筑材料性能及制作工艺亦需进行深入研究, 皇穹宇正殿前甬道石板长度各异的内涵仍未完全解释清楚。为此,对天坛回音建筑声学问题进行深入分析和综合研究就显得尤为重要,既有学术价值,又有实际应用价值。

(一)研究确定天坛回音建筑声学设计要点

结合回音古建筑声学机理研究,特别是天坛声学现象机理研究和设计建造冰质天坛回音建筑的经验,对天坛回音建筑回声机理进行挖掘,从回音建筑形制、布局中影响回声效果的结构参数、反射界面和材料性能方面入手,对天坛回音建筑进行综合研究;对天坛回音建筑中所使用的山东临清澄浆砖对声波的反射系数等声学性能进行研究,进而确定天坛回音建筑产生声学现象的声学设计要点,即回音建筑关键结构参数、反射界面和材料性能等指标。

(二)对天坛回音建筑声学机理进行动态分析

根据建筑声学中的哈斯(H. Haas)效应和人耳最小可听阈,结合天坛声学现象形成的声学设计要点,在确保声学现象存在的前提下,对天坛回音建筑的形制、布局进行动态分析,探讨回音壁半径的可取值范围,东西两配殿墙面及墙基位置可变化范围以及二者的关系;在某一确定半径值的回音壁内,寻求东西两配殿墙面及墙基位置的可变动范围。同时,研究并获得圜丘声学现象的产生与其围栏结构参数之间的关系。进而研究确定天坛回音建筑的形制、布局关键结构参数的可取值范围及最佳结构参数。

(三)开展天坛皇穹宇甬道四块长度各异石板的内涵实验研究

根据天坛回音建筑的布局和结构特点, 探讨设计天坛皇穹宇内甬道上一音石、二音石、三音石和四音石等四块长度各异石板的内涵的实验测试方案,进行现场测试并绘出声脉冲响应图,完善、优化并确定实验测试方案,完成验证甬道长度各异石板实验方案的设计,同时,完成现场测试。对通过实验获得的声脉冲响应图进行对比分析,寻求探讨建立验证甬道长度各异石板内涵的实验方法,即通过声脉冲响应图的比对来证实四块长度各异石板的内涵,进而给出科学的结论。

(四)研究确定天坛回音建筑建筑材料声学性能及制作工艺

对天坛回音建筑中所使用的建筑材料的声学性能和制作工艺进行研究,特别是对天坛皇穹宇回音建筑墙体所使用的山东临清特产澄浆砖(以"敲之有声,断之无孔"闻名)的声学性能和制作工艺进行研究,完成山东临清特产澄浆砖的制作工艺研究,给出山东临清特产澄浆砖对声波的反射系数等声学性能参数。

(五)开展天坛四音石实验研究,力争揭开其形成机理之谜

在对天坛回音建筑布局及结构参数进行精细化测试和研究的基础上,对天坛四

音石声学现象开展实验研究和模拟计算,对测得的声脉冲响应图和模拟计算结果进行深入分析并对其声道进行研究,力争揭示天坛四音石现象形成的声学机理,进而确定四音石现象的声学设计要点。

(六)对天坛回音建筑"有意与无意"及建于明嘉靖九年的圜丘坛建筑能否产生回声现象等问题进行研究

根据天坛回音建筑的布局和结构特点,结合查找历史档案资料,对天坛回音建筑"是有意设计而为,还是无意巧合而成"的问题进行探讨研究。依据天坛回音建筑的声学设计要点,通过模拟计算,对始建于明嘉靖九年(1530)世宗改制,到清乾隆朝改扩建之前天坛圜丘建筑群中的皇穹宇和圜丘两建筑物进行分析研究,推断出这一时期的圜丘建筑群中能否产生天坛著名声学现象,并给出研究结论。对天坛回音建筑演进轨迹及规划布局、建筑形制的形成和演化进行深入考察,完成相关问题的考察研究报告。

总之,在已取得的天坛回音建筑及声学现象机理研究成果的基础上,对天坛回音建筑声学问题进行深入分析和综合研究,这对世界文化遗产天坛回音建筑的"科学保护、合理利用"是尤为重要的,也是非常必要的,既有学术价值,又有实际应用价值。

上述研究工作于2012年、2013年分别获得国家自然科学基金项目、国家文化遗产保护领域科学研究课题和黑龙江省自然科学基金项目的资助。现在,研究工作正按计划紧张有序地进行,并取得了预期的研究成果,相关研究成果将陆续在有关学术刊物上发表。

第六节
天坛祭天建筑的科技和文化内涵

一、天坛祭天建筑的科技内涵

(一)天坛祭天建筑设计思想

1. 选址

在大地方位上,古代中国按照《周易》八卦方位观将大地之形划分为彼此相连的五个方位,即东、西、北、南、中。因为中国建筑文化是根植于东方大地的文化,所以,这种方位之"形"常常在中国建筑文化中得到观念上的暗示。儒家"以南为阳,左为上",所谓"左,阳道;右,阴道"也,于是便有"南阳、北阴、东阳、西阴"之说,且东南方为阳天。又因祭天建筑属阳,地位为上,故祭天建筑的选址应在都城南郊偏东的左方,如图2-85所示。

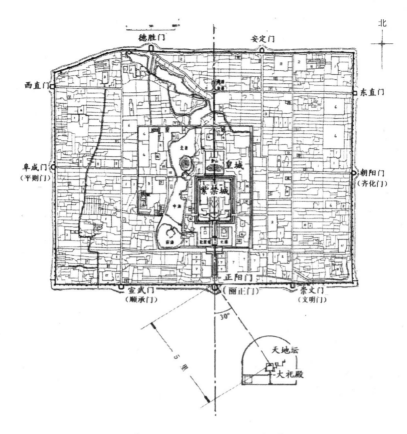

图2-85　明初北京天地坛定位图①

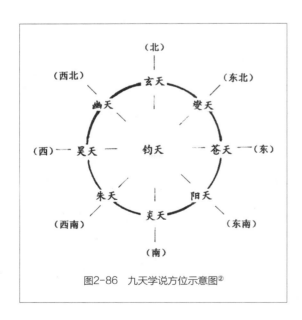

图2-86　九天学说方位示意图②

自有都城以来,凡祭天之坛,都选在都城的南方,以取周礼国之阳之义,距离都城一般在五里或七里。自东晋元帝司马睿建都于康立(今南京),并于南郊于祀地后,丘郊之坛始开始立于都城的东南方。以后历代多选东南方立坛,至永乐年间建北京天坛时,选择在正阳门与崇文门之间为坛位,也是定位于北京城的东南方向。坛位选址之所以能够确定在永乐年间北京城的东南方,使之按礼制延续并继承下来,其主要有两点原因:一是按照中国古代九天学说(见图2-86),

①② 引自徐志长《天坛广记》。

认为东南方是阳天,祭天坛位应选在"阳天"位置,因此取东南方;二是将坛位选定于东南方,还有利于都城交通的发展,尤其是都城南主干道,可以相应地延长或发展。由此看出,天坛选址还考虑了城市交通发展的需要,而以九天学说"阳天"定位,应是确定天坛选址的理论依据。明代在坛位的选择上继承以"阳天"定位的做法,事实证明,这对后来北京城的拓展是很有利的。不过北京天坛位于都城之内的现状是先有坛、后筑城的结果,而不是最初建筑者的设计和选择。

2. 整体设计理念

天坛祭天建筑的文化主题是"崇天",即赞颂至高无上的"天"。天坛的建造起于崇天意识。天坛的设计理念就是要利用建筑象征的手段,通过建筑的选址、设计布局、空间造型和颜色等形态特征来渲染天的肃穆崇高,突出天的辽阔与高远,激起人们对天的崇拜感,从而表现天帝的至尊至高和无上。

"天坛建筑在设计思想上,充分体现了它的祭祀功能,每一处建筑的设计都与天地息息相关,透露出深刻的文化象征意义。[36]"天坛建筑组群从总体文化意蕴分析具有以下显著的特点:

第一,巨大壮阔。天坛有着宏大的用地规模,占地面积2.73 km²,约相当于北京紫禁城的四倍,以此来表现天的巨大;而建筑物造型简单,数量甚少,视野开敞,绝大部分天坛都笼罩在苍松翠柏之下,涛声盈耳,青翠满眼,气氛深邃宁静,营造出安谧肃穆的环境与氛围。天坛体量巨大,其圜丘未设屋顶,原型为远古郊祭露天台,而此设计既传统又质朴简洁,十分壮丽,成功地体现出中国人一向崇尚的"天人亲和"的关系。它的开敞意蕴略似广场,由于圜丘坛的建造而更显伟大、壮阔。

第二,处处体现"崇天"这一文化主题。天坛祭天建筑反复强调"圆"这一建筑文化符号。呈"回"字形的南方北圆的双重围墙模式,三座主要建筑——圜丘、皇穹宇和祈年殿及其院墙又都采用圆形或方形平面,象征"天圆地方";而皇穹宇这一名称更是包含了"天圆"之文化观念。其外围墙又作"正圆形",半径约为32.5 m,因其举世闻名的回音壁,又被称为"人间私语,天闻若雷"景观,寓意"向天询问,即刻回应"之意;又用数字来象征与主题有关的各种文化意蕴,如"天"属阳,圜丘坛所有建筑构件均以最大的阳数——"九"作为基数,在人间用来象征帝王的至尊,在宇宙中则是象征"皇天上帝"的至高无上。古代称天为"九霄""九重""九天",天坛圜丘上层坛面的中心是一块圆石,即天心石,围绕天心石共铺有九重艾叶青石,每重扇形石板数均为九的倍数。此外,三层坛面的栏板数、台阶的步数、各层坛面的直径,也都是九或九的倍数,用来象征崇天、亲人之虔诚感情。在中国古代,"圆"是天的象征性符号,重视"圆"的表现,使"崇天"这一文化主题深入人心。

第三,主体建筑无比神圣崇高。康德曾经指出,崇高关系到数与力的巨大。天坛祭天建筑群巨大的"数",首先表现在占地广阔上。然而天坛的崇高并不是通过增加建筑物的数量来达到的,在巨大广阔的区域里只恰当地建造了几座造型简单、体量巨大的建筑,虽然其"数"不多,却表现出另一种崇高,这与故宫用无数高耸的宫殿来表现神圣崇高形成鲜明的对比。这归根结底在于天坛之圜丘、祈年殿等在造型、位置、尺度、色彩等方面具有驾驭全局"独领风骚"的审美效果。站在圜丘上,在古柏蓝天的衬托下,确有身处天穹的氛围,仿佛与天相接、与天神相近,内心会立刻涌起崇高、伟大的壮美感,这是对于浩茫宇宙、壮阔天地、伟大民族的美感,它的神圣感是与天地山川同辉的壮伟与豪迈。站在圜丘上之所以能够产生神圣崇高的意境,是因为圜丘外墙墙内地面向中心逐渐隆起,使各层台面置于人们的仰视范围之中,营造出向上天进发的态势;同时,将人们熟知的可比物体高度降低,如内外墙墙只高一米许,利用视觉效果的对比,反衬出圜丘台的崇高,并让人们体会到古人描述的"天圆地方"的神秘;再将柏树林置于远离圜丘百米之外,使得圜丘处于一个相对空旷且孤立的环境中,从而产生崇高感。通过上述手法,将古人"天圆地方"的观念体现得淋漓尽致,营造了圜丘圣洁崇高的形象。

(二)天坛祭天建筑平面布局

1. 偏东中轴线布局

天坛祭天建筑的平面布局有一特色,其主要建筑群虽按主轴线布局,但主轴线在内外坛却都不居中,即祭天建筑群的布局不是采用惯用的以中轴线为对称的设计方案。这种情况历史上也有先例,从其宽阔平坦的2.73 km²用地规模来看,这样布局是有理论依据的。它运用了子思、孟轲主张的"天人合一"观念,把祈年殿、圜丘、皇穹宇等主要建筑所在的主轴线布置在中线之东,形成西半部大、东半部小的布局,这与京城中皇帝的宝座偏东,西城略大、东城略小的布局相似。这样布局既达到了祭天建筑与城市建筑取得共有的特征、体现"天人合一"的观念,又解决了北京宫殿未达到"择国之中而立宫"的古制。

打开天坛平面布局图即可发现,天坛主要建筑都处在内坛之中。但内坛却并未安置在外坛的南北正中线上,而是位于这条中轴线偏东,从而在主体建筑群以西留出了一片广阔的空间。这样,当人们从西门进入天坛之后,映入眼帘的首先就是那开阔的天宇,神圣、博大与至高无上的"天帝"立刻在蓝天白云的映衬之下凸显出来,人们顿时会感觉到自身的渺小,因此便会心甘情愿地向"天帝"顶礼膜拜,祈求保佑。天坛的纵轴线东移是为了尽量加长从西门进入的距离,这一设计使人们在长长的行进过程中,似乎愈来愈远离人寰尘世,距天神越来越近了;空间与时间互相转化,感情得以充分深化。

2. 建筑布局

天坛平面布局简洁,轴线突出,建筑南北分明,平面呈现祭天建筑的特点,具有独到之处,如图2-7和图2-87所示。

天坛位于北京正阳门外的东南侧,整个建筑布局呈"回"字形,两道坛墙将坛域分为内坛和外坛,内外坛墙均北圆南方,其结构、形态极富寓意。内坛又分南北两部分,北半部是祈谷坛建筑群,南半部是圜丘坛建筑群,祈谷坛和圜丘坛之间由一条高4 m、长360 m、宽30 m、北高南低的丹陛桥相连,浑然一体,形成了一条贯穿内坛的南北中轴线,其主要建筑大都集中在这条中轴线的两端,由南至北依次为圜丘、

图2-87 卫星拍摄天坛平面布局图

皇穹宇、祈年殿和皇乾殿等;内坛西隅建有斋宫,外坛有神乐署、牺牲所等建筑,这些使天坛成为完整、典型的礼制建筑群。

在中国古建筑中,"坐北朝南"是至尊的建筑落位。在天坛建筑中,凡是与"天"有关的,如祈年殿、皇穹宇等都坐北朝南;而"天子"皇帝的居所斋宫却坐西朝东,位置相对卑微。轴线上为正,等级最高,与天有关的建筑位于轴线上。斋宫离开轴线,等级降低,表现出天与皇帝的父子关系。

天坛祭天建筑按主轴线布局,是天坛平面布局的一大特点。首先,天坛祭天建筑群南北中轴线自圜丘坛圆心点至祈年殿圆心点全长750 m。主体建筑圜丘坛与祈年殿分布在轴线南北两端,这种依轴线两端布局的产生,是嘉靖年改制的结果。嘉靖九年建圜丘时,将坛位定在大祀殿南,认为"二祭时义不同,则坛殿相去,亦宜有所区别"。为使祭天与享帝互不干扰,两组建筑各成体系,各自独立于南北。其次,附属建筑都位于轴线的两侧,而且离轴线建筑都有一定的距离,特别是在圜丘与祈年殿之间的丹陛桥两侧,未安排任何建筑,更利于建筑主体的突出,并保持宇静的环境。第三,轴线上的主体建筑均为圆形三层,其北皇穹宇为单檐攒尖圆形殿宇,周围环以圆形的围墙。皇穹宇殿后与丹陛桥相隔的东西隔墙,也随圆殿呈半圆形状,至殿左右而后东西直抵内坛墙。轴线北侧的祈谷坛建筑群,较多地保留了明代早期的特点,除祈年殿外,祈年门、皇乾殿仍为矩形平面。南北两组建筑从平面上看,圜丘坛、祈年殿都有"天圆地方"宇宙观的寓意。第四,在圜丘坛与祈年殿之间,以丹陛桥作为连接两组建筑的纽带,一改中国古建筑中以建筑的排列组合而形成的一种虚的、无形的主轴线布局的做法,形成了一种实的、有形的主轴线,这种做法,在其他宫殿建筑中尚未见到。这种特殊的主轴线做法,使距离较远的圜丘坛、祈年殿两组建筑得以相互联系,成为一个有机的整体。如果将这座丹陛桥看成是连接天与天帝之间的天桥,就能体会设计者在设计与天有关的相应建筑时的用心之良苦。

图2-88　天坛祈年殿①

（三）天坛祭天建筑空间造型

1. 主体建筑造型

（1）祈年殿空间造型

祈年殿是典型的上屋下坛结合体，如图2-88所示。其中，"屋"即祈年殿，殿高31.8 m；"坛"即三层汉白玉石台，高6.3 m，通高约38.1 m，是北京市最高大的古建筑之一。该殿从外部形态到内部结构都充分展示了古人对天和宇宙的认识，充满寓意，是古代科技文化的载体。三重蓝色琉璃瓦顶与天空颜色相近，圆顶攒尖，似已融入蓝天。所有这些，都是要造成人天相亲相近的意象。其文化主题虽在"祈年"，但其本质还是崇天、敬帝。在古人看来，年成之丰歉决定了国计民生的命脉，也决定于"天"的恩赐，所以"祈年"当先"祈天"，而帝王贵为"天子"，是替"天"在人间行仁道的。天子"祈天"，祝愿年年风调雨顺、国泰民安，这便是祈年殿的文化意义。

祈年殿圆坛、圆顶的建筑形式，更多地保留了明堂建筑的一些特定形制，如上圆法天，八窗四达，明堂的十二座法十二月，祈年殿的十二柱象征十二月，等等。祈年殿不仅上圆，而且下三层须弥座台基亦为圆形，这也是仿明堂建筑对祭天建筑进行的设计，同时是对明堂建筑的一种改造，以适应天坛的特殊环境并与祭天建筑形式相谐调。祈年殿以三层圆形殿仿周明堂的建筑形式，与唐武则天所建的万象神宫更有相似之处。万象神宫下层方形法四时，祈年殿中四柱象征一年四季；二层圆形法十二时辰，上层圆形法二十四节气等在祈年殿内都有所体现。可见古时明堂祀上帝的作用虽然在明代祈年殿中保留下来，但其建筑形式却因"天"礼之数而发生了变化，更具象征性，成为一种特殊形式的礼制建筑。祈年殿的建成，理顺了历史上天与天帝祭祀之关系，使无形与有形共处于天坛之中，共同构成天的主宰。

祈年殿艺术造型十分优美，自下而上望去，三重屋顶逐层收缩，直上云霄，给人以旋转腾飞的联想，有极强的动感。如自上而下观看则是自天而地逐层旋转展开，仿佛天地相连，更让人感觉上天的伟大和人类的渺小，也强调了"天人合一"的思想，是古人敬天意识和古代高超建筑技术水平的结合。祈年殿巍然屹立，大有拔地擎天之势，恢宏壮观，气度不凡。

（2）圜丘坛空间造型

圜丘坛真正体现了天的魅力。圜丘坛并不很高，三层通高15.9尺（5.08 m），每层9

---

① 引自杨茵、旅舜《天坛》。

级台阶,登上27级台阶就到达了圜丘的顶层,但周围没有任何高于它的建筑,只有满眼翠柏林海。人站在上面,天是那样的近、那样的蓝,白云轻轻飘过,你无法抗拒那种力量,仿佛要投入天的怀抱。圜丘坛虽然独立于此,但匠师们却巧妙地运用了借景手法,使你眼前出现了苍茫林海、红墙蓝瓦、斗拱彩绘,尽管相隔很远,却尽收眼底,组成了一个建筑整体,让人赞叹,令人神往。

圜丘最独特之处是其无屋宇覆盖的露天坛面,通体洁白,晶莹若玉,台面平整如抵,空无一物,象征着天空的清澈明净。两重围墙都很低矮,高仅约1m,是有意采用缩小尺度的手法,借以反衬圜丘台之高,同时又尽量不遮挡四望的视野,视域可远及墙外的树林和更远的天际线,颇有高可及天的感觉,有情接蓝天苍穹之意蕴。尽管坛面本身并不高,却营造出了一个人们观念中的多层次的空间形象,这一空间形象虽不可见却可感知。黑格尔说,美的最高境界是"诗歌",它不再是以有形物而是靠观念来传达思想的,这就达到了"容有限于无限中"。圜丘的营造意境已经达到了这一境界。祭天时,上天神位供奉在天心石上,祭祀者皇帝站在天心石上发声,由于聚焦的作用,可以听到从墙墙各处返回的回声,仿佛一呼百应。"在文化理念上,圜丘是以天宇为'屋顶',有人工之建筑融入天地宇宙空间的磅礴构思,因而在意境上,进入了'天垂示于人,人拥入于天'的文化高度"[37],表现出了"天人合一"的思想观念。

2. 建筑空间形态

(1)祈年殿建筑空间法象于天的寓意

徐志长先生在《中国遗产之旅:天坛》一书中针对祈年殿建筑空间寓意指出:祈年殿的三环柱网,将大殿划分出许多不同的开间,四根龙井金柱,把大殿平面划为四方四个空间,象征一年有四个季节:东方为"春",南方为"夏",西方为"秋",北方为"冬"。四柱中间的方形空间就是中央戊巳土,天干、四方、五行、四季皆涵盖其中。

中环十二根金柱沿圆周将祈年殿划分为12开间。东、南、西、北各三间,象征一年中有12个月。与春季相对应三间,东北一间为正月,正东间为二月,东南一间为三月,顺时针依次向南、西、北环转排列,其余为四至十二月。

最外一环十二根檐柱所划分的12开间则代表一天有十二个时辰。古时一天分十二个时辰,一个时辰相当于现在的两个小时,分别是子、丑、寅、卯、辰、巳、午、未、申、酉、戌、亥,同时,也代表十二个地支和方位。如图2-89所示,它不是以对应春季正月的开间方位为起始,而是以正北开间起始为"子",以后依次向东顺时针环转排列至正东开间为"卯",正南开间为"午",正西开间为"酉",于是子、卯、午、酉又分别成为四方即北、东、南、西的同义词。皇宫紫禁城的南门就称"午门"。今天,我们仍把南北经线称作"子午线",也缘于这里的地支方位。

依此排列,外环12开间与中环12开间中正月相对应的开间正好为"寅",于是中国的历法中以干支记月时就称正月为"寅月",称"正月建寅"(二月为"卯月")。同时外

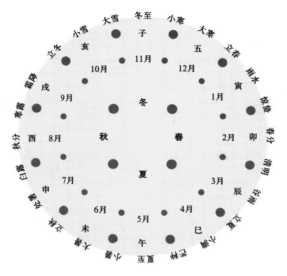

图2-89 祈年殿的空间寓意示意图①

环十二根柱的位置和十二根柱间还分别代表着一年的二十四节气，以代表正月起始的柱的位置为"立春"，柱间为"雨水"，顺时针环转下个柱位为"惊蛰"，柱间为"春分"，依次顺时针环转为"清明""谷雨""立夏"……直至正南开间为"夏至"，依次类推为"小暑""大暑""立秋"，直至"大寒"，环转一周。其中，"两分"(春分、秋分)、"两至"(夏至、冬至)恰对东、西、南、北，周到精密，十分科学。将这些寓意画在纸上，恰是中国古代的罗盘仪。可见祈年殿的柱间寓意绝非迷信，它是中国古代科技成果的载体。如果说圜丘台在突出数字寓意上下足了功夫，那么祈年殿则是在宇宙空间及时间方位上全面进行了颇具寓意的阐述。

（2）主体建筑"天人合一"的圆融境界

古人说："笔圆，下乘也。意圆，中乘也。神圆，上乘也。"所谓"笔圆"是指仅着眼于形式本身，或者说仅掌握圆的外表；"意圆"是指赋予圆的形式以某种意味；"神圆"则是指把圆的形式和精神内涵高度融合，从而产生一种隽永的韵味。天坛祭天建筑正是"神圆"的体现。天坛祭天建筑不论是在整体布局上，还是在造型、色彩上都是在创造一种"天人合一"的圆融境界。我们现在所见到的天坛建筑群，虽非一次建成，但每次扩建、改建都能保持连续性和整体性。从现在天坛的中轴线看，祈年殿和圜丘一北一南，一高一低，一浓一淡，一实一虚，在对比中保持呼应。皇穹宇处于祈年殿与圜丘之间，在空间、造型、色彩等方面都是一种过渡。皇穹宇紧靠圜丘，不仅满足了祭天活动的需要，而且拉开了和祈年门的距离，使丹陛桥得以充分展开，预示祈年殿作为高潮即将展现。这一切都是在变化中求统一，并达到整体的和谐，也就是"神圆"的境界。

二、天坛祭天建筑的文化内涵

象征是建筑美的一种表现方式。世界各民族的建筑文化，其精神意义往往都在于象征。建筑文化的象征，必然与两大因素有关，正如黑格尔在其《美学》一书中所说："第一是意义，其次是这意义的表现。意义就是一种观念或对象，不管它的内容是什么，表现是一种感性存在或一种形象。[38]10"象征"意义"是建筑文化的第一要素。人们总是有一定的抽象观念与情绪需要表达出来，崇高或猥琐、静穆或流溢、庄严或活泼、

---

① 引自徐志长《天坛(中国遗产之旅)》。

安详与欢快、压抑或亢奋等,这些观念与情绪都带有抽象性质。由此,以暗示一定的"建筑意"为目的的建筑文化的象征便应运而生。正如黑格尔所言,建筑文化"要向他人揭示一个普遍的意义,除掉要表现这种较高的意义之外别无目的,所以它毕竟是一种暗示、一个有普遍意义的重要思想的象征(符号)、一种独立自主的象征。尽管对于精神来说,它还只是一种无声的语言⋯⋯所以这种建筑的产品是应该单凭它们本身就足以启发思考和唤起普遍观念的[38]34"。这里所谓的"普遍",是指建筑文化之精神意义的普遍性和共性,也就是抽象性。建筑文化的象征性与抽象性密切相关,中国建筑文化自然也是如此,意义是建筑文化的第一要素。

中国古建筑作为东方特有的一种文化符号,具有浓郁的象征表现意识。象征主义是中国古建筑文化的重要特色之一,这与中华民族的特殊思维方式有关,象征主义就是这种特殊思维方式的重要特点和标志。中国古建筑处处闪烁着象征主义神奇的光彩,洋溢着象征主义浓郁的情趣。中国建筑文化感性形式象征性表现方式也有许多类型与手法,其主要表现方式有四种:一为数字象征,二为形体象征,三为声音象征,四为色彩象征。

(一)天坛祭天建筑群的数字象征意蕴

数字象征是指在建筑外部空间设计中采用比附的方法,把一些具有某种神秘意义的特殊数字用到建筑上,以增强建筑对人的精神感染作用的一种象征,是把数字神化的一种方式,也是蕴含于一定建筑文化现象的数的关系,是对一定"建筑意"的暗示。其象征的意义是人为规定的,象征与被象征二者之间没有什么必然的内在联系,如古人以奇数象征天和阳性的事物、偶数象征地和阴性的事物等。

古代建筑中的数字有着极其深奥的含义。从数字奇偶性来看,古人把奇数看作阳数,用以代表天;偶数看作阴数,用以代表地。《易·系辞》中说:"天一,地二,天三,地四,天五,地六,天七,地八,天九,地十。天数五,地数五,五位相得而各有合。天数二十有五,地数三十。凡天地之数五十有五。"由此可以看出,古人给数字赋予了极其丰富而重要的含义。中国人对数字所赋予的象征意义在著名明清建筑群北京天坛之重要建筑祈年殿和圜丘的建造中有充分的表现,在这两个建筑中,数字的象征意义极为丰富。

1.祈年殿之数字象征

古人特别重视数字的象征含义。东汉马融认为建筑数字象征来源于《周易》,他在《周易正义》中指出:"太极生两仪,两仪生日月,日月生四时,四时生五行,五行生十二月,十二月生二十四气。"天文现象中涉及的四、五、十二、二十四等数字都是象征宇宙的符号,被认为与天神有必然的联系,用它们可以通神。天坛祈年殿的建筑结构亦专注于象征,其内大量运用数字,意在通神,以祈求天神保佑,其构件尺寸、数量均符合一年四季、日月星辰等数目,内涵十分丰富。

图2-90　祈年殿内部装饰(吕厚均　摄)

祈年殿高九丈九尺，用阳数极象征至高无上，以为暗示天宇、天数、阳数及君王之权威。殿顶周长三十丈，表示一月三十天。大殿内的三环柱网也是按天象所建的，如图2-90所示，中央的四根龙井柱象征一年春夏秋冬四季；中层十二根楠木金柱象征一年十二个月，外层的十二根檐柱则象征一天的十二个时辰；中层金柱、外层檐柱加起来共二十四根，象征着一年的二十四个节气；三层大柱合计二十八根，象征周天二十八星宿，再加上柱顶的八根童柱，共三十六根，象征三十六天罡；宝顶下的雷公柱则象征皇帝的"一统天下"。祈年殿包含了古人所认识的大部分数字。这表明，在以农立国的中国古代，农业与天时季节有着十分密切的关系。祈年殿的这种设计，是古人"重农"思想的反映。

2.圜丘坛之数字象征

古人认为，世上万物皆分阴阳，天为阳，地为阴。中国古代把一、三、五、七、九等单数称作阳数，因阳代表天，故这几个单数又叫天数。其中，"九"是个位数最大数，是最高的阳数，常被用来表示天的至高至大，帝王祭天自然要用最高阳数"九"。北京天坛是明清两代皇帝祭天的场所，其建筑物无不体现着"九"的象征意义。

"九"这个数字的象征意义，在中国历史悠久，涉及面很广。早期，"九"为龙形图腾化文字，有神圣含义。《易经》中以阳数象征天，"九"表示阳数之极，象征神圣和吉祥。《黄帝内经·素和·三部九候论》记载："天地之至数，始于一，终于九焉。"这里的"至"是"极"的意思，九就是天数中的极数，被视为天的代表，如把天分成九重、地划为九州等。过去帝王常自称是"奉天承运"来统治百姓的，故"九"成为帝王专用的神秘数字，也成了天子的象征。作为帝王祭天的圜丘自然要用最高阳数"九"，圜丘坛的几何尺寸、坛面上的石板、栏板及台阶都与"九"这个最高阳数密切相关。

(1)建筑尺寸中"天数"的象征

圜丘始建于明世宗朱厚熜改行四郊分祀制时，即明嘉靖九年(1530)。初建时体量较小，上层台面直径仅为五丈九尺，用阳数五和九相配，是帝王之象征，寓意"九五之尊"。因明朝祭天只设一正位"皇天上帝"，一配位"明太祖朱元璋"，故台面虽小，也完全能够满足当时冬至举行祭天大典使用。以后，随着清代祀典配祀位按制依世增加，圜丘扩建势在必行。乾隆十四年(1749)圜丘扩建后形成现在的形制。扩建后的圜丘不仅体量加大，而且满足使用要求，且数字寓意更加丰富。如图2-91所示，现在的圜丘按照明清时旧制的古尺计量，上层直径九丈(寓意为1×9，隐含阳数1和9)，中层直径十五丈(寓意为3×5,隐含阳数3和5),下层直径二十一丈(寓意为3×7,隐含阳数3和7),圜丘三层坛面直径隐含着《易经》古筮法中的所谓全部奇数,即阳数1、3、5、7、9。三层坛面直径长度之和为9+15+21=45(丈),四十五者,九乘五也,"九"这一易数,象征阳数之最,象征阳刚,它与"五"相配,是帝王之象征,所谓"九五之尊"。坛径之和寓"九五"之意,真可谓匠心独运,巧妙至极。"九五",据《易传》所解,为最美妙、最吉利的帝王之卦位,

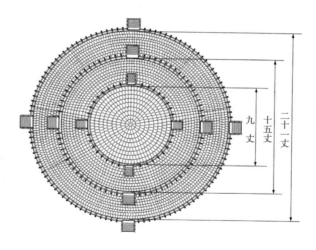

图2-91　圜丘俯视示意图①

是关于中国帝王的中正之位、至尊之位。中国古代称帝王为"九五至尊",源自《周易》乾卦九五爻辞:"九五,飞龙在天,利见大人。"这里的"龙"是封建帝王之象征,意为帝王如云天之飞龙,光明无量、前路无限,刚健、辉光,这是中国古代的传统文化观念。

　　圜丘外围西南隅有望灯台三座,用青石砌造,高1.71 m,东西各有九级台阶。传说天高九重,灯杆高度亦取九重天寓意按定制为九丈九尺(31.68 m)。灯杆由三根戗杆支撑,灯杆上悬挂高2 m多、周长4 m多的巨大灯笼,内燃蜡烛,称天灯,既可照明,又可起到装饰作用。

　　(2)三层坛面石板数量中"九"的象征

　　圜丘之数将数字文化象征意识表现得非常强烈。圜丘三层,各层四面出陛,坛面皆铺墁艾叶青石,坛面的艾叶青石用料数是对《易经》"太极"与易数"九"的反复强调。易学中有关"太极"的宇宙观念,即所谓"太极生两仪,两仪生四象,四象生八卦",以至于万事万物皆由此生,这是中国古代玄妙精深的宇宙观的体现。《易经》认为,"太极"是天地万物、人类社会的"本根"。作为太极之象征,天坛之圜丘上层坛面中心砌一圆形艾叶青石,称为"太极石",又称"天心石",如图2-92所示。圜丘第一层坛面围绕天心石以扇面形状向外环砌铺开的艾叶青石数量均以九的倍数递增。其第一重围砌9块扇形石板,意为"一九";第二重围砌18块,意为"二九";第三重为27块,意为"三九"……直到第九重为81块,意为"九九",如图2-93所示。于是,圜丘最上层(第一层)的石板用料数,第一重至第九重组成了一个逐渐向外递增的等差数列:1×9、2×9、3×9、4×9、5×9、6×9、7×9、8×9、9×9,九重石板用料数之和为:(1+2+3+4+5+6+7+8+9)×9=(9×5)×9=45×9=405(块),由"四十五个九块"共计405块扇形艾叶青石板组成。

――――――――――――
① 引自徐志长《天坛(中国遗产之旅)》。

图2-92　圜丘天心石(吕厚均　摄)

图2-93　圜丘最上层石板数之九的象征(吕厚均　摄)

　　圜丘第二层的石板用料数共为十八重,也以天心石为中心,其第一至第九重重复第一层的做法,其第十重为90块、第十一重为99块……直到第十八重为162块。第二层露于地面之上的第十重至十八重石板用料数构成10×9、11×9、12×9、13×9、14×9、15×9、16×9、17×9、18×9的逐渐向外递进的等差数列, 由 "一百二十六个九块" 共计1 134块扇形艾叶青石板组成。

　　圜丘第三层石板用料数最大。第三层石板共二十七重,也以天心石为中心,其第一至第十八重重复第二层的做法,第十九重为171块、第二十重为180块……直到第二十七重243块。第三层露于地面之上的第十九重至二十七重石板用料数构成19×9、20×9、21×9、22×9、23×9、24×9、25×9、26×9、27×9逐渐向外递进的等差数列,由 "二百零七个九块" 共计1 863块艾叶青石板组成。

　　综上所述,圜丘三层坛面艾叶青石板铺砌的重数和石板用料数,都是九或九的倍数。其目的在于不断重复强调 "九" 数的意义。中国古代有 "九重天" 之说,依次为 "日天""月天""金星天""木星天""水星天""火星天""土星天""二十八宿天" 及 "宗动天"。圜丘建筑构造 "九" 数的重复出现,意在联想天有 "九重",天帝就端居于 "九重天",九天之上是天宫上界。这只是圜丘建筑感性表现形式的文化象征意蕴。我们只要再仔细看看明清每年祭天大典之时, 只有坛中央的太极石上才能供奉皇天上帝的神牌,象征天帝居于九天之上而统辖天下这一点,就可以明白,这里名为象征皇天上帝,实质是在颂扬封建王权,认为只有人间帝王才是皇天上帝的代表,只有帝王在人间出现,才能产生关于天帝的文化观念。因此,祭天时皇天上帝的神牌在太极石上的供奉,实质是象征人间帝王至尊之位以及对民众百姓统辖的 "合理性"。这一点,可从圜丘第一层共九重的 "四十五个九块" 中看出:四十五者,九乘五也,这里又隐含 "九五之尊" 之含义。

　　(3)三层石栏数量中天数 "九" 的象征

　　圜丘是一巨大的圆形汉白玉露天石台,共分三层,通高5.08 m,每层四面出陛,各层坛面以艾叶青石铺砌,均围以汉白玉石雕寻杖栏杆、石雕望柱头(图2-94),石望柱下附石雕龙头出水嘴,这和祈谷坛石栏雕饰主题不同。这里表明龙为阳、为天,是对专以祭天的神坛性质的强化。圜丘四周石栏的数目也不是随意设置的,各层石栏数目也遍存"九"的寓意,同样是对"九"的崇拜与审美,如图2-95所示。比如,上层坛面石栏数为四方各九块(寓意一"九"),共(1×9)×4=36块(寓意四"九");中层坛面石栏数为四方各18块(寓意二"九"),共(2×9)×4=72块(寓意八"九");下层坛面石栏数为四方各27块(寓意三"九"),共(3×9)×4=108块(寓意十二"九")。此外,就三层坛面四面的台阶而言,每层的台阶数均为九级;同时,三层台阶,九根望柱,寓意深刻,也是一目了然,如图2-96所示。由此看出,圜丘设计者把至阳之数——"九"运用到了极致。人们常说:"天坛走一走,到处都是九。"匠师们通过对至阳之数的运用和发挥,表达了古人对天神的无限尊崇和渴望达到天人合一境界的强烈愿望。可以这么说,圜丘是华夏古文明精华的体现,是建筑和景观设计的杰作。

图2-94　圜丘望柱、栏杆及栏板(吕厚均　摄)

图2-95　圜丘上层坛面之栏板(吕厚均　摄)

(二)天坛祭天建筑的形体象征意蕴

形体象征是以一定的建筑形体造型,模拟宇宙或社会生活中一些事物形状来象征一定的文化美学观念情绪和心理行为的一种象征。

在中国古代文明发源地之一的中原地区,古代中国人通过对其他地域环境的认知,在想象之中建构了一个有秩序的"天圆地方"的宇宙图像。

图2-96　圜丘台阶和望柱(吕厚均　摄)

早在战国时期的《尚书·禹贡》等典籍中,就有关于"九州"的记载,记述了从中心向边缘延伸的空间结构。这种空间结构被认为是一种完美、合理、最符合天道秩序的布局。在古代人们的心目中,只有仿效"天",才能拥有天的神秘与权威。古代很多重要的建筑造型都是模仿"天圆地方"这种形象进行设计建造的,如天坛祭天采用圆形,地坛祭地采用方形。古代中国人相信"天圆地方"之说,认为昊昊上天是圆的,四面八方无边无垠的苍茫大地是方的,这正和《周礼·考工记》中"上圆象天,下方法地"的"天圆地方"宇宙观一致。于是圆、方之形的建筑遍布中华大地,尤以方形建筑最为常见。

"天圆地方"的说法反映了古人对自然界的初步认识,是中国古代典型的宇宙观。中国最古老的一些茅舍,如仰韶文化时期的建筑平面与屋宇皆为圆形的小屋,这圆形中蕴含着一定的象征天穹的意识。

从建筑布局上看,天坛建筑布局呈"回"字形,分为内、外坛两大部分,各有坛墙围护。内外坛墙北沿均为圆弧形,南沿与东西墙各成直角方形,北圆南方。现在坛墙仍保留明永乐十八年始建时的原状,其平面的几何图形也富有象征艺术。因为天坛始建时为合祀天地,称为天地坛,故根据"天圆地方"之说,把北墙的两个转角做成圆弧形的圆角,南墙两端做成方角,这个别具特色的几何形式,不仅象征合祀天地之制,而且在京城总体规划上也增加了非常醒目的艺术性。正如班固《两都赋》所言:"其宫室也,体象乎天地,经纬乎阴阳,据坤灵之正位,仿太紫之圆方。"此外,还有一些建筑如环绕祈年殿修筑的方形坛墙、环绕圜丘台修筑的外方内圆的两道墙墙等,其"方""圆"的整体和局部运用,直观表现出"天圆地方"这一古人对于天地形状的认识。

从地势上看,天坛的地势为南低北高,祈年殿为古时北京城的制高点。从成贞门至祈年门的南北方向高差为3 m,沿丹陛桥北行的道路隐然有登天的景仰与艰难之感。南北地基的高差与中国传统文化中"坐北朝南"的皇帝座位的方位吻合,暗含"皇权天授"之意,以表明王权的合法性和"君临天下"的皇帝威严。

从单体建筑看,圜丘处处蕴含着"圆"的和谐,如图2-97所示。圜丘两重围墙内圆外方,象征"天圆地方",代表了广义的天地万物。其建筑造型均为圆制,形圆像天。从外方内圆的双重围墙到圜丘台的三层圆形坛面层层收缩,直至上层坛面中心天心石。这个圆不仅指外形圆,而且有一种哲学意味,它代表着生命的繁衍生息,蕴含着宇宙万物循环往复、生生不已的运动形式。

如图2-98所示,祈年殿立于一座巨大的圆形汉白玉石须弥座之上,大殿平面为圆形,整体建筑为三层圆形攒尖顶,围墙呈方形,蕴含着"天圆地方"的观念。皇穹宇作为祭天大典后存放皇天上帝神牌的天库,其圆形青白石须弥座、圆形平面造型、圆形单檐攒尖屋顶和围绕皇穹宇正殿及东西两配殿的圆形围墙,也都是"天圆"思想的表现。

天坛祭天建筑中突出圆的造型,主体建筑圜丘、皇穹宇、祈年殿都是圆形,在每一建筑中又形成很多同心圆。如祈年殿以圆形宝顶为圆心扩展为三层圆形琉璃檐,再扩大为三层圆形祭坛;圜丘则以天心石为中心,扩展为三层圆形祭坛,每层祭坛坛面铺设的石板也都形成了同心圆,由于石板是扇面形状,形成辐射线,更增强了层层

图2-97　圜丘三层圆形坛面①

图2-98　祈年殿三层圆形琉璃檐和圆形祭坛②

同心圆向外扩展的效果，使建筑中圆的扩展与穹隆形的天空成为一个圆融的整体。这重重的几何形状营造出宽阔敞亮的境界，给人以一种与天相应的艺术效果。

(三)天坛祭天建筑的声音象征意蕴

音的象征是以一定建筑物所发出的美妙音响或运用谐音手段构成的。北京天坛的回音壁、三音石(含一音石、二音石、三音石和四音石)、对话石和天心石四组奇妙的声学景观都发生在圜丘坛建筑群内。其中,除天心石声学现象发生在圜丘台上外,其余都发生在皇穹宇内。

1."亿兆景从石"景观意愿

圜丘台为三层圆形露天祭坛,上层台面铺砌艾叶青石,中心圆形石板直径为94 cm,名"天心石",又称"太极石",寓意"天地万物之本源",象征神秘的"天"的中心。整个台面中心比边缘高0.14 m,台面四周是汉白玉栏杆。人站在天心石上击掌,可以听到从四面八方传来的两个或者三个回声,其时间间隔相等、强度逐渐减弱。如人站在天心石上说话,则会产生很强的共鸣效果,声音响亮浑厚,自我感觉说话声拉长而且洪亮,玄妙万端,恰似人与自然在对话。明嘉靖九年建圜丘时,这种现象可能就已存在,当时读祝官在此诵读给"皇天上帝"的祝词,声音嗡鸣,仿佛与天神交流,进入"天人合一"的境界。天心石又被冠名为"亿兆景从石",以象征皇帝在台上中心向上天表述的意愿,立即得到了亿万民众的同声回应,也表示皇帝发出的旨意就是天意,所有人都必须服从,象征神权与王权的声威。

天心石奇妙的声学现象增加了祭坛的神秘感,封建统治者的附会显然并非科学的解释。其声学原理在前面已进行阐述,在此不再重复。

2.帝王贵族的心愿——"人间私语,天闻若雷"

皇穹宇殿前甬道第三块石板,被称为三音石。当人站在第一块石板上击掌时,可以听到一个回声;站在第二块石板上击掌时,可以听到两个回声;站在第三块石板上

①② 引自杨茵、旅舜《天坛》。

击掌时,可以听到三个回声;站在第四块石板上击掌时,可以听到四个回声;站在第五、六块石板上击掌时,也可以听到回声,但不是五个或六个回声。

过去,皇穹宇三音石声学现象被封建统治者附会为"人间私语,天闻若雷",意思就是人间百姓的一言一行,冥冥中都有"皇天上帝"明察秋毫,象征天帝对尘世凡夫俗子的"对话",或者说是"有求必应"与"谆谆教诲",此之所谓"人间私语,天闻若雷"也。在天帝与皇帝面前,一般人的心曲无法隐瞒,天帝与皇帝"洞察一切",由此要求人们对皇帝忠诚。

当时的帝王贵族这么解释这个奇怪的回声:你在家内屋子里偷偷地批评皇帝、贵族、地主及政府的不对而发出怨气的话,这种以下凌上的行为政府里的官员虽不知道,不能捕捉你治罪,但是你私自小声批评的声音传到上帝面前仿佛打雷的声音一般[1]。这就是古人所说的"人间私语,天闻若雷"。这是统治阶级利用这个科学回声,限制人们的言论,不许人们在家里私自小声地批评和在心里暗骂,害怕人们把反抗封建的思想埋藏在心里,进而动摇封建帝王的统治。此外,他们还解释说:殿前的石板分"天、地、人三才",名叫"三才石",第一块是"天石",第二块是"地石",第三块是"人石","凡人"说话是必须站在"人石"上的[2]。这种解释符合古代天、地、人三才的观念,回音壁和对话石的象征意义与此同理。

皇穹宇内还有著名的回音壁和对话石声学景观,这些回音建筑效果令人称奇。

(四)天坛祭天建筑的色彩象征意蕴

色彩象征是以一定的建筑色彩为符号,根据不同的建筑类型,结合宗法、宗教和伦理观念表现某种色彩观念的一种象征。

建筑是文化的载体。建筑色彩的形成和发展也不可避免地受到当时社会的政治、经济、文化等诸多因素的影响。中华民族在长期的发展、融合过程中,逐渐形成了较为稳定的、带有强烈倾向性的色彩观念。我们的祖先以丰富的想象,赋予色彩不同的含义以寄托各种思想感情。早在西周和春秋时代,我们的祖先就有了喜用红色的习惯。《礼记》中记载:"周人尚赤,大事敛用日出,戎事乘骍(yuán),牲用骍(xīn)。"这里,"日出"为赤,"骍"指赤马,"骍"指赤色的祭牛。在这种尚赤风气影响下,当时的建筑色彩中以红色为最尊贵,周天子宫殿的柱、墙、台基等都涂成红色。这样,红色成了王权的象征,其尊贵地位日益牢固。自汉代起,重要建筑木构部分的色彩都以红色为基调。另外,宫殿、官署、庙宇大都使用红墙,这种制度一直沿用到清代。古代社会崇尚红色的风气使其在建筑色彩中占有重要地位。虽然后来由于色彩崇尚内容发生了变化,红色的最尊贵地位被黄色所代替,但它仍是等级较高的色彩之一。

汉民族自远古起就有阴阳五行之说,认为世间万物皆由金、木、水、火、土五种物

---

[1][2] 参见金梁《天坛公园志略》1953 年 1 月誊写版 34—37 页。

质元素组成,并把色彩、季节、方位等与五行相匹配。其中,金为白色,居西;木为青色,居东;火为红色,居南;水为黑色,居北;土为黄色,居中。封建统治阶级为巩固其至高无上的地位,对五行中"土居中央"的说法颇为重视。东汉《白虎通义》一书在对五行关系的论述中特别突出了土的地位和作用,书中写道:"木非土不生,火非土不荣,金非土不成,水非土不高。土扶微助衰,历成其道,故五行更正,亦须土也,王四季,居中央,不名时。"在这里,原是五行之一的土,被提高为五行之首,成了一切物质元素中的主宰。这样,作为土之象征的黄色在人们心目中的地位便越来越高,社会崇尚黄色的观念便由此产生,经过长期的演变,黄色成了皇家权力和神圣的象征。明清时,尚黄之风达到登峰造极的地步,黄色琉璃瓦仅用于宫殿、陵寝和高级祠庙,成了皇家建筑的重要特征。绿色琉璃瓦顶在故宫是第二等级,为太子居住的房屋所用。天坛采用蓝色琉璃瓦顶象征天空,便于天子祭天时与天交流,等级高于黑色。黑色作屋顶,等级最低,民居普遍采用。

　　中国古建筑在色彩选择上具有明显的倾向性,多喜欢用红、黄、绿等象征吉祥的颜色,而白、黑等色则较少用。中国古建筑在色彩构图与处理上独具匠心,受光处常用暖色,阴影中多用冷色,营造出一种既丰富又不杂乱、既鲜明又有秩序的完美的视觉效果。如宫殿庙宇中用黄色琉璃瓦顶和朱红色屋身作为主色调,檐下阴影里用青绿色略加点金,再衬以白色石台基,各部分轮廓鲜明,对比强烈,过渡和谐,使建筑物显得更加富丽堂皇。然而,在皇权至上、等级森严的宗法社会,受等级制度的严格限制,建筑用色在一定程度上成了尊与卑的标志和权力的象征。如清代建筑用色以黄为最尊贵,其次顺序为红、绿、青、蓝、黑、灰、白。其中,黄色为帝王的象征,成了皇家建筑的专用色。这样,等级较高的颜色就仅用于宫殿、庙宇等重要建筑及达官贵人的府邸,而一般民间住宅则大多用白墙、灰瓦和黑、褐色的梁架、柱,形成秀丽雅淡的格调,与官式建筑鲜艳华丽的风格形成强烈的对比。

　　苍天是蓝色的,大地是黄色的,这已成为中华民族精神上的象征依据。天坛建筑色彩以"青蓝"和"赭红"为主,表现出"天青地黄"这一古人对天地色彩的认识。祈谷坛建筑群和圜丘坛建筑群的主要建筑上都用了蓝色和红色。祈年殿、皇穹宇的三层和单层圆形攒尖式屋顶全部覆盖蓝色琉璃瓦,圜丘四周内圆外方的墙墙顶用的是蓝色琉璃瓦,就连祈年殿和皇穹宇两组建筑的东西配殿与院门的屋顶也都用了蓝色琉璃瓦。这些设计都是以蓝色为顶象征天空,以此加重人们进入天坛后对"天"的感觉与敬重。

　　天坛祈年殿的色彩象征在历史上有所变化,作为皇家建筑兼祭祀性建筑,当以黄、红二色为基调,同时兼顾祭祀的象征意义。祈年殿前身是明永乐初年建成的长方形大祀殿,嘉靖二十四年(1545)改筑为圆形三层,名大享殿。大享殿上檐覆盖以蓝色琉璃瓦,象征天宇、天神;中层黄色,象征大地、地神;下层绿色,象征植物五谷、前代帝王,这里寓意嘉靖的父亲。然而,到清乾隆十七年(1752)改建时,将祈年殿之三层檐均改为蓝色瓦,这样,在其色彩的象征意义与"符号"系统上,就显得更单一、更明确了。祈年之主题在于期待农事之丰收,强调青绿色,在于突出植物生命之象征与丰年之象征这一主题。

斋宫,又称"小皇宫",是皇帝祭天大典前斋戒、休息的地方。作为帝王寝宫,本应以黄色琉璃瓦覆顶,而斋宫却选用故宫中第三等级覆以绿色琉璃瓦,以表示皇帝自称儿臣。处处体现了帝王表达虔然敬天的意识,蕴含着强烈的"受命于天"的含义。

天坛四周的苍绿环境及由白色与蓝色组成的建筑形象,使整个天坛具有一种极肃穆、神圣而崇高的意境。走进天坛,极目远眺,几乎全是青蓝的天空颜色。在这里,你可以真正体会到天的存在。人们敬畏天,祭拜天,希望能够得到庇护与福佑。

从空中俯瞰天坛,建筑物顶部大多覆盖蓝色琉璃瓦,简直就是一片蓝色的海洋,浩渺无垠。白色的汉白玉石栏杆、阶梯恰似汪洋中的一片小岛,红色的围墙与门窗星星点点,给这庄严肃穆的气氛增添了几分活力,让人感到兴奋与欢愉。天坛的色彩虽不能说丰富,但颇有特色,层次分明,配合巧妙。

三、小结

前面介绍了天坛祭天建筑的科技和文化内涵,下面对其做以下几点小结:

天坛,作为中国古代等级最高的礼制建筑的皇家祭坛,是中华民族文化的载体,蕴含了数千年的华夏文明,是一座祭天文化的博物馆。它不仅具有环境美和造型美,而且注重通过各种感性形式和结构布局来暗示某种文化意义。正是因为这种象征美,使得明清北京天坛祭天建筑承载着的丰富的传统建筑文化意蕴,成为解读中国传统古建筑文化的密码之一。

北京天坛祭天建筑群是典型的礼制性建筑,无论是其建筑的选址、设计理念还是其建筑的布局、造型和色彩都反映了中国传统文化中儒家的"礼"制思想观念,其文化象征意义首先表现为崇拜、审美的双重文化属性。因祭祀对象是人们所敬重与崇拜的"天",故文化意蕴浓厚的祭天建筑在空间结构、造型与色彩等方面应能够激起人们对"天"的崇拜感,在建筑的形态特征上形成且大且久的文化属性,进而加强建筑形象的神圣与庄严,激起观者对"天"的宗教般的崇拜,即无论你在天坛圜丘还是在祈年殿观瞻抒情,内心所涌起的崇高、伟大的壮美感,应是对浩茫宇宙、天地壮阔、民族伟大的美感,它的神圣感是与天地山川同辉的壮伟与豪迈。由于崇拜融入审美之中,所以其无疑加深了祭天建筑文化象征意蕴的深度。其次,为了突出祭天建筑形象的神圣、庄严,祭天建筑群的空间造型,无论是平面还是立体,都采用了中轴线对称的表现手法。第三,作为祭祀性礼制建筑的祭天建筑群,通过建筑象征的表达手段,将礼制建筑的"礼"通过一系列建筑制度与祭祀仪式反映出儒家的思想观念,表现出天人之间、君臣之间的等级观念。

天坛是世界级的珍贵文化遗产，其文化主题是赞颂至高无上的"天"，即"崇天"。古人对天的崇拜源于对自然的崇拜，其全部文化象征手段都用来渲染天的肃穆崇高。"在礼制意义上，则既是对天的崇拜，又是对帝王的崇拜。由此可见，天坛'礼'之意义有二：一是帝王对天的崇拜；二是帝王要求普天之下对王权的崇拜。作为普通老百姓，天帝与人王都应当是其顶礼的对象，合二为一。[39]"

天坛还广泛运用象征的手法来隐喻主题。三座主要建筑——圜丘、皇穹宇和祈年殿及一些院墙都使用圆形平面，象征"天圆地方"；又用数字来象征与主题有关的各种文化意蕴，如"天"属阳，圜丘坛所有建筑构件数目均以最大的阳数——"九"作为基数，象征天的至高无上；坛面围绕天心石共铺有九重艾叶青石，每重扇形石板数均为九的倍数。此外，三层坛面的栏板数、台阶的步数、各层坛面的直径，也都是九或九的倍数，以此来象征崇天、亲人之虔诚感情。皇穹宇的名称更包含了"天圆"的文化观念，其圆形围墙即举世闻名的回音壁，被称为"人间私语，天闻若雷"的景观，寓意"向天询问，即刻回应"之意；祈年殿为祈求农业丰收之意，殿内的各种柱子之和又是按照天象建造出来的，分别代表一年四季、一日十二个时辰、一年十二个月，以及二十四节气、二十八星宿和三十六天罡星；斋宫坐西朝东，屋顶覆以绿色琉璃瓦，象征帝王虔诚敬天，对天称臣。

综上所述，天坛祭天建筑充分体现了古人对"天"的崇拜和敬重，以及"天圆地方"的宇宙观和"天命人从""天人合一"的思想观念。

参考文献

[1] 北京市地方志编撰委员会.北京志·世界文化遗产卷·天坛志[M].北京：北京出版社,2006.

[2] 吕厚均.明清北京天坛祭天建筑文化象征意蕴研究[D].哈尔滨：黑龙江大学,2007.

[3] 田时秀.中国古代声学的发展[J].物理,1976(6):347-350.

[4] 吴硕贤,张三明,葛坚.建筑声学设计原理[M].北京：中国建筑工业出版社,2000:18.

[5] 汤定元.天坛中几个建筑物的声学问题[J].科学通报,1953,4(2):50-55.

[6] 周克超,俞文光,贾陇生,等.天坛声学现象的首次测试与综合分析[J].自然科学史研究,1996,15(1):72-79.

[7] 吕厚均,付正心,俞文光,等.天坛皇穹宇声学现象的新发现[J].自然科学史研究,1995,14(4):359-365.

[8] 吕厚均,姚安,张伟平,等.北京天坛声学现象三种机理解释比较研究[J].文物,

2017(4):88-96.

[9] 姚安.祭坛[M].北京:北京出版社,2004:33-38.

[10] 谷健辉.场所的解读——明清北京天坛的文化象征意义[J].华中建筑,2005,23(2):114-115.

[11] 赵克生.明朝嘉靖时期国家祭礼改制[M].北京:社会科学文献出版社,2006:1-11.

[12] 天坛公园管理处.天坛公园志[M].北京:中国林业出版社.2002:83.

[13] 王贵祥.北京天坛[M].北京:清华大学出版社.2009:168-185.

[14] 姚安.天坛——神的家园[J].紫禁城,1999(1):2-6.

[15] 北京市崇文区地方志办公室.天坛广记[M].北京:中华书局.2007:131-140.

[16] 宓正明.汤定元传[M].北京:科学出版社.2011:86-92.

[17] 刘明胜.回音壁回音有说法,对话石对话又添谜——科学家天坛探秘[N].北京青年报,1996-06-04(1).

[18] 丁士章,俞文光,贾陇生,等.莺莺塔的声学原理初探[J].黑龙江大学自然科学学报,1987,4增(2):5-8.

[19] 丁士章,吴寿锽,俞文光,等.普救寺塔蟾声的声学机理[J].自然科学史研究,1988,7(2):142-151.

[20] 丁士章,俞文光,张荫榕,等.普救寺塔蟾声的实验测试[J].黑龙江大学自然科学学报,1988,5(4):34-37.

[21] 俞文光,丁士章,徐俊华,等.普救寺莺莺塔回声分析[J].黑龙江大学自然科学学报,1991,8(3):1-8.

[22] 俞文光,周克超,贾陇生,等.河南蛤蟆塔及其蛙声效应的研究[J].自然科学史研究,1992,11(2):158-161.

[23] 吕厚均,俞慕寒,陈长喜,等.中国四大回音建筑之一——四川石琴的频谱分析[J].自然科学史研究,1999,18(2):128-135.

[24] 俞文光,周克超,陈长喜,等.天坛回音壁声学现象的首次试验测试及初步分析[J].黑龙江大学自然科学学报,1994,11(1):78-81.

[25] 付正心,俞文光,周克超,等.天坛回音壁和对话石声压级的测试及分析[J].黑龙江大学自然科学学报,1996,13(2):78-81.

[26] 周克超,俞文光,陈长喜,等.天坛皇穹宇三音石声学现象的实验测试和初步分析[J].黑龙江大学自然科学学报,1994,11(1):82-85.

[27] 贾陇生,付正心,周克超,等.天坛圜丘坛声学现象的实验测试及初步分析[J].黑龙江大学自然科学学报,1995,12(1):64-68.

[28] YU WENGUANG,LU HOUJUN, et al. A new discovery of the Temple of Heav-

en's Acoustic Phenomena:The Dialogue Stone Phenomenon[J].Science Foundation in China,1997,5(1):40-43.

[29] 俞文光,吕厚均,周克超.天坛声学现象的新发现——对话石声学现象[J].中国科学基金,1996,10(1):57-59.

[30] 黑龙江大学古建筑声学问题研究组,天坛公园管理处.北京皇穹宇"对话石"声学现象成因及其与"回音壁"关系的研究[J].文物,1995(11):86-88.

[31] 俞文光,周克超,吕厚均,等.我国四大回音建筑的声学现象研究[J].黑龙江大学自然科学学报,1999,16(4):70-79.

[32] 王一工.揭开天坛之谜再造冰坛之奇—俞文光教授设想用冰灯艺术再现天坛奇景[N].哈尔滨日报,1995-05-25(5).

[33] 吕厚均,俞慕寒,洪海,等.北京天坛声学现象的模拟试验研究[J].文物,2001(6):90-95.

[34] 俞文光,吕厚均,洪海,等.冰质天坛回音建筑声学现象的测试与初步分析[J].黑龙江大学自然科学学报,1999,16(3):70-74.

[35] 王涤尘.冰砌天坛:回音悠远[N].哈尔滨日报,1997-01-07(5).

[36] 龙霄飞,刘曙光.神灵与苍生的感应场——古代坛庙[M].大连:辽宁师范大学出版社,1996:15-25.

[37] 王振复.中华建筑文化的历程——东方独特的大地文化[M].上海:上海人民出版社.2006:153-168.

[38] 黑格尔.美学(第二卷)[M].北京:商务印书馆,1981.

[39] 王振复.建筑美学笔记[M].天津:百花文艺出版社.2005,198-203.

第三章 山西永济普救寺莺莺塔

山西省永济市普救寺莺莺塔(普救蟾声)是我国著名的四大回音古建筑之一,如图3-1所示。莺莺塔奇妙的蛙声回音,在世界上享有极高的声誉。莺莺塔这种奇特的回音效应和缅甸掸邦的摇头塔、摩洛哥马拉喀什的香塔、匈牙利索尔诺克的音乐塔、法国巴黎的钟塔、意大利的比萨斜塔齐名,堪称世界六大奇塔。

图3-1 山西永济市普救寺莺莺塔

(俞文光 摄)

黑龙江大学的俞文光、周克超从1986年开始,与山西大学丁士章、张荫榕,中国科学院声学研究所徐俊华,西安交通大学吴寿锃,哈尔滨理工大学贾陇生和永济市旅游局仝毅等共同组成研究组,开始对莺莺塔的声学现象进行考察、测试和分析研究。1988年,在黑龙江大学的努力下,"莺莺塔声学问题研究"课题获得国家自然科学基金资助。此后,这项研究工作如虎添翼。我们运用物理学、声学的基本原理和声学研究所的先进测试仪器,在现场多次实地测试、反复实验、分析的基础上,先后历时三年,逐一揭开了莺莺塔的声学现象之谜[1-5]。

1990年7月,该研究课题通过山西省科学技术委员会组织的鉴定。鉴定意见指出:"通过对击石回声和自然蛙声的声脉冲响应图(波形图)和频谱的分析和比较,解开了莺莺塔蛙声之谜。该项工作推动了古建筑声学的研究,对促进科技史与考古学的结合、弘扬祖国古代科学文化有着重要意义,同时对促进旅游事业的发展有积极作用。该项工作在对莺莺塔回声结构的研究上,取得国际先进水平的成果。"1992年,"莺莺塔声学问题研究"成果获得山西省科技进步二等奖(理论)。

我们的研究引起了国内外多家新闻媒体的关注,新华社、《人民日报》、《光明日报》、中国中央电视台(CCTV)、《中国旅游报》等新闻媒体相继做了报道。1989年,在研究组取得初步成果时,中国中央电视台就派出以钟离满先生为首的录制组,一行九人专程赴永济普救寺莺莺塔现场,录制了七分钟的科教专题片《普救蟾声》。1990年,第11届亚运会在中国北京举行,此专题片经中央领导指示放在亚运会的黄金时段播出。

第一节
山西永济普救寺与莺莺塔

一、普救寺

普救寺位于山西省永济市城西方向13 km的峨眉塬头上,西距古蒲州城址和鹳雀楼仅数千米之遥,寺前就是长安经蒲津关通往北京的古驿道。南依巍巍中条山,势若屏障;西临滔滔黄河水,形似襟带。普救寺原是一座佛教十方院①。据唐初释道宣所撰的《续高僧传》二集卷二九《兴福篇》第九《蒲州普救寺释道积传》记载:"先是沙门宝澄,隋初于普救寺创营大像百丈(尺之误)……其寺蒲坂之汤(阳之误),嵩高华博,东临州里,南望河山,像设三层,岩廊四合,上坊下院,赫奕相临,园硙田蔬,周环俯就……[6]"可见普救寺早在隋代就已经存在,由道积把它扩大成为一个佛教圣地的。关于普救寺的外景,董解元《西厢记》卷一中有这样一段描述:"祥云笼经阁,瑞霭罩钟楼。三身殿琉璃吻,高接青虚;舍利塔金相轮,直侵碧汉。出墙有千竿君子竹,远寺长百株大夫松。绿杨映一所山门,上明书金字牌额,簸箕来大,颜柳真书,写'敕赐普救之寺'。"宋元时期普救寺规模宏大,富丽堂皇的建筑保存完好。寺庙坐北向南,地势高敞,视野广阔,风景秀丽。寺内原有的殿堂楼阁等建筑,在日本军国主义侵华战争中被严重毁坏,仅仅留下舍利塔(莺莺塔)、菩萨洞(三间)、石狮和几通碑碣,其中大多是明清两代的遗物,唯一的一尊观音菩萨塑像带有宋元风韵,其余只存遗址。

1960年后,普救寺内建筑物多已不存,由于它与文学名著《西厢记》紧密相连,1965年被列为山西省省级重点文物保护单位予以保存[7]。

随着我国旅游事业的蓬勃发展,普救寺被列为山西省旅游资源开发项目。1979年,山西省政协委员李蓼沅赴运城地区视察后,在山西省政协四届二次会议上提出"请重视修整永济普救寺、莺莺塔等名胜古迹"的建议。在省、地、县领导的关怀下,有关部门从1986年开始对它进行全面修复。通过实地发掘,在寺内首次出土了北朝晚期的三尊大型石雕佛像,同时出土了唐宋寺宇的基址,大量的唐宋砖瓦、碑块、经幢、陶瓷器皿和古钱币等,获得了唐时寺内建筑规模的历史佐证;修复人员翻阅了《高僧传》《法苑珠林》《莺莺传》《董西厢》《王西厢》《蒲州府志》和《永济县志》等相关文献资

①　十方院是专门供游方僧人居住的地方,凡是出家僧尼、居士和信徒到了这里,食宿一律免费,任何人无权逐客。客人启程时如果缺少路费,寺中还得周济盘缠。

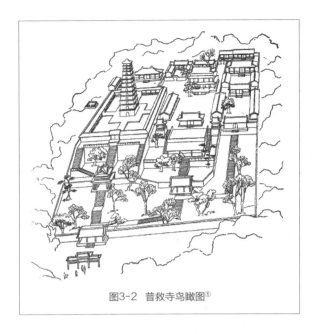

图3-2　普救寺鸟瞰图①

料，为考察、了解寺内建筑的时代和式样找到了史证，从而使修复工作建立在可靠的科学基础上。

新修复的普救寺山门上挂着佛教界名人赵朴初书写的"普救寺"三个大字。园内有寺有园，形制古朴森严的寺庙在前，高低起伏、形式活泼的古典园林在后。寺内建筑分三道轴线，寺院建筑布局为上、中、下三层台，如图3-2所示，东、中、西三轴线（西轴为唐代形制，中轴为宋金两代形制，东轴为明清形制），规模宏大，别具一格。西轴线自前至后有山门、大钟楼、塔院回廊、莺莺塔、大佛殿，除山门为明代形制外，其余均为仿唐建筑；中轴线自前至后有天王殿、菩萨洞、弥陀殿、罗汉堂、十王堂、藏经阁，均为仿宋金两代建筑；东轴线自前至后有前门、僧舍、枯木堂、正法堂、斋堂、香积厨等，均为仿明清建筑。与《西厢记》关联的建筑，如张生借厢的"西轩"、老夫人和莺莺居住的"梨花深院"、"白马解围"之后张生移居的"书斋院"穿插其间。整个寺院的建筑布局紧凑而错落有致，殿宇巍峨而雄宏古朴，给人一种庄严、神奇的感觉。

梨花深院位于大佛殿与藏经阁之间北隅，是一座具有北方古建筑风格的三合小院，如图3-3所示。院内按照《西厢记》中的描述布置，如北房三间为老夫人的居室，西厢房三间为莺莺和红娘的居室，东厢房三间为欢郎的居室。故事中的"惊艳""请宴"

图3-3　梨花深院（俞文光　摄）

①　引自丁士章等著的《世界奇塔莺莺塔之谜》。

"赖婚""逾垣""赖简""拷红"等都仿佛真的发生在这里。修复工作给这座千年古刹带来了新的生命,使它成为广泛吸引中外游客的最佳旅游点之一。

二、普救寺周边的景观

1. 鹳雀楼

与普救寺近在咫尺的鹳雀楼,始建于北周,因常有鹳雀栖其上而得名,历经隋、唐、五代、宋、金,700余年后,至元初毁于战火,明初时其故基犹存,后因黄河泛滥,故址淹没,致使楼毁景失。

每一座名楼都是古代文人的"赛诗楼"。位于湖北武昌长江之滨的黄鹤楼,以崔颢的题诗《黄鹤楼》而闻名;位于湖南岳阳洞庭湖畔的岳阳楼,因范仲淹的《岳阳楼记》而闻名;屹立在江西南昌赣江之滨的滕王阁,以王勃的《秋日登洪府滕王阁饯别序》而闻名;鹳雀楼高耸于山西永济黄河岸边,因王之涣的《登鹳雀楼》而闻名。尤其是《登鹳雀楼》一诗,因其寓意深远、朗朗上口,故成为千古绝唱。1992年,《登鹳雀楼》被香港选为"十大最受欢迎的唐诗"之一。沈括在《梦溪笔谈》中给了鹳雀楼八个字:"前瞻中条,下瞰大河。"千余年间,它对激励、振兴中华民族之志产生了深远影响。用现代的语言:王之涣的这首诗传递的是正能量!

1992年9月,全国第六届旅游地学学术研讨会在山西运城召开。来自全国的知名教授、专家和与会代表86人来永济考察时联名倡议,重建全国四大历史名楼中现在依然空缺的鹳雀楼。大家认为:"而今国运昌,百业兴,改革开放,旅游事业发展迅猛,当以挖掘开发全国文化价值极高的旅游资源为当务之急。近年来,黄鹤楼、岳阳楼、滕王阁相继修复,而唯独居于四大名楼之首的鹳雀楼仍是梦中画图。无论从发展地方经济,还是从弘扬传统文化的角度,重建鹳雀楼势在必行。"

为弘扬中华民族文化,永济地方政府和有关人士积极努力,多方筹划,鹳雀楼复建工程终于在 1997年12月30日破土动工。2001年8月21日,时任国家主席江泽民为鹳雀楼题写楼名匾额。2002年9月26日,一座总高73.9 m的鹳雀楼屹立于黄河之滨,与莺莺塔遥遥相对,如图3-4所示。鹳雀楼景区总占地面积0.98 km²,楼院占地72 000 m²,主楼建筑面积为8 362 m²,楼体为仿唐形制。站在高高的鹳雀楼上,俯瞰大

图3-4 鹳雀楼①

---

① 引自搜狐·深圳晚报。

河,重新体味古人的登临灵感,"盛名难却,佳气犹存,诗情冠世,气吞山河",一股浩气不禁油然而生。在复建的鹳雀楼主楼一层,迎面陈列着毛泽东的《登鹳雀楼》书法作品。毛泽东对《登鹳雀楼》一诗十分偏爱,曾多次书写过《登鹳雀楼》,现存的手稿就有六幅,他以一种博大豪迈的气势将这首唐诗广阔的意境浑然交融于笔墨之中。

2.开元铁牛

开元铁牛亦称唐代铁牛,位于永济市城西15 km,古蒲州城西的黄河古道两岸,各四尊,铸于唐开元十二年(724),为稳固蒲津浮桥,维系秦、晋交通而铸。元末桥毁,久置不用,因黄河变迁,逐渐为泥沙埋没。1988年5月,在永济县博物馆文物工作者的建议下,当地政府决定寻找挖掘唐代铁牛。他们经过一年多的艰辛考察、勘测、走访、调查,确定了铁牛在地下埋没的位置,并于1989年3月8日破土动工,在当年7月31日挖出了第一尊铁牛,如图3-5所示,到当年8月7日四尊铁牛全部出土。至此,这一稀世国宝终于重现于世,再展当年雄姿。铁牛距蒲州城西墙51 m,距西城门110 m。铁牛头西尾东,面河横向两排伏卧,高1.5 m,长3.3 m,两眼圆睁,呈负重状,形象逼真,栩栩如生,与现实真牛相似。牛尾后均有横铁轴一根,长2.33 m,用于拴连桥索。每尊铁牛外侧各有一尊铁人作牵引状,如图3-6所示,四尊铁人分别象征民族大团结的蒙古族、藏族、维吾尔族、汉族四个民族,附近还有七星柱等。四牛、四人形态各异,大小基本相同。据测算,铁牛各重约30 t,下有底盘和铁柱,各重约40 t,两排之间有铁山。唐开元四尊大铁牛,是国家稀有的珍贵文物,距今已有1 200多年的历史。据《唐书》和有关史料记载:唐初,古蒲州是京都长安与河东府地区联系的枢纽,当时被称为"六大雄城"之一。此后,秦、晋交往频繁。为防黄河水患,加固黄河两岸的蒲津桥,于是唐玄宗效仿古人

a.刚出土的开元铁牛(俞文光 摄)   b.修复后的开元铁牛①

图3-5 开元铁牛

---

① 引自搜狗百科·开元铁牛与蒲津渡遗址。

a.锈蚀的铁牛和铁铸人（俞文光　摄）　　　　　b.修复后的铁牛和铁铸人①

图3-6　铁牛和铁铸人

先例,以维护浮桥堤坝,铸造镇河大铁牛,借助神灵,以镇黄河水患。《蒲州府志》载:
"开元十二年(724)唐明皇下诏,改建蒲津浮桥,铸造镇河铁牛。"因造牛为唐玄宗的
决策,故称为"唐代开元铁牛",当地人又叫它"镇河牛"。当时,全国年产铁266 t,而铸
造镇河铁牛竟用去85 t,约占当时铁年产量的32%。新出土的四大铁牛,与历史记载完
全相符,如图3-7所示,四牛为蹲伏状,卧于铁山,面朝大河。《开元铁牛铭》载:"牛元壮
硕,厥状雄特。所谓元大武此实称之,观其矫,昂首体蹲……其处有度,其优甚固。三朝
三暮而见黄牛穴如故。且其肤泽晶莹,若灿金彩烂。初阳之照,旭汤乎! 自牛之外,有
柱有山并铁;为之。牛各有牧,或作先牵,或作回叱,其面目意色各宛然。""八牛铸成
后,安放在浮桥上游不远处,两岸各置四蹲,夹岸以维浮梁。"

　　由于黄河的变迁,铁牛已埋于河滩泥沙之中。但铁牛的故事在沿河一带群众中家
喻户晓,妇孺皆知。当地有句民谣说:"站在城墙往下看,四个铁牛镇河湾。"多少年来,

图3-7　开元铁牛全景图②

① 引自搜狗百科·开元铁牛与蒲津渡遗址。
② 引自华夏经纬网。

人们谈及此事,仍津津乐道,由于不知铁牛去向,于是便产生了许许多多的民间传说。

铁牛、铁铸人、铁山、铁柱,伫立于古代蒲津的渡口边,形成了一道独特的风景。作为浮桥地锚的铁牛,河东有四尊,就是现在看到的,河西也会有四尊。如此说来,另外四尊铁牛应该就在黄河河滩,距现铁牛西面360 m左右的地方。

3.蒲津渡

蒲津渡是古代黄河的一大渡口,位于永济市古蒲州城西门外的黄河东岸。蒲津渡自古以来就是秦晋之交通要冲,历史上有很多朝代在这儿修造过浮桥。据《春秋左传》记载,昭公元年,秦公子咸奔晋,造舟于河。《初学记》载:"公子咸造舟处在蒲板夏阳津,今蒲津浮桥是也。"《史记·秦本纪》又载:"秦昭襄王五十年(前257),初作河桥。"张守节《史记正义》谓:"此桥在同州临晋县东,渡河至蒲州,今蒲津桥也。"此后,东魏齐献武王高欢、西魏丞相宇文泰、隋文帝都在这儿建造过浮桥。唐初,河东为京畿,蒲州是长安与河东联系的枢纽。开元六年(718),蒲州被置为中都,与西京长安、东都洛阳齐名。开元十二年(724),为了加强对唐王朝的大后方河东地区及整个北方地区的统治,唐玄宗任命兵部尚书张说主其事,改木桩为铁牛,易筏索为铁链,疏其船间,倾国力对蒲津桥进行了大规模的改建,《通典》《唐会要》《蒲州府志》均记载了此事。据记载,当时冶铁结链为揽,熔铁铸牛做墩。宋代,蒲津渡仍是黄河的重要渡口之一。宋朝黄河水泛滥成灾,将浮桥冲断,八只铁牛被冲到下游的泥沙中。有一个叫怀丙的和尚利用阿基米德原理,在两艘大船上装满泥沙,然后将船开到铁牛沉没的地方,让熟悉水性的人带了很结实的绳子,潜入水底,将绳子一端绑到铁牛上,另一端拴在船上。怀丙和尚指挥众人把船上的泥沙铲入河中,水底下的铁牛依靠大船的浮力,逐渐离开河底。人们奋力划船回到浮桥处,将铁牛拖回原处,将两岸的浮桥重新连接起来。金元之际,浮桥始毁于战火,只剩下两岸的铁牛。1960年后,因三门峡水库蓄洪而使河床淤积,河水西移,铁牛被埋入河滩。

今蒲津渡遗址,西距黄河堤岸约4 km,隔河遥望陕西省朝邑县,东近古蒲州城西墙,南距古蒲州城西门(即蒲津门)百米。1988年、1991年对蒲津渡进行了全面的调查、勘探和科学发掘。根据发掘结果,唐蒲津渡遗址最深处距今地表6.5 m。在靠当时的河岸有一道曲拱梯形石堤,堤基下有密密成排竖钉的柏木桩,垒砌石条间灌注有铁锭,又以米浆白灰泥黏合缝隙,十分牢固。

蒲津渡遗址是一处具有丰富遗存的大型遗址,也是我国第一次发掘的大型渡口遗址,它展现了我国古代桥梁交通、黄河治理、冶铸技术等各方面的科技成就,直观地揭示出黄河泥沙淤积、河水升高、河岸后退的变迁过程,从而为历史地理、水文地质、环境考古及黄河治理提供了许多有用资料。

4.其他

永济古称蒲坂,夏、商、周以前,尧帝和舜帝都在这里建都。这里的文明史源远流长,距莺莺塔约20 km的西侯度古人类文化遗址,是我国早期猿人阶段文化遗存的典型代表之一,位于芮城县西侯度村。180万年前,西侯度人在此采集、渔猎,他们打制的刮削器、砍砸器等已具备了人类制造石器的特征。遗址中带切痕的鹿角和动物烧骨的发现,昭示他们已将"火神"征服于脚下,显露出"万灵之灵"的神韵。传说中华夏民族的先祖伏羲、女娲、黄帝,都在这一带留下了历史痕迹。

这里有中条第一禅林万固寺、国家级风景名胜区五老峰、舜帝故里、柳宗元故里、杨贵妃故居,相距不远处还有武庙之冠的解(音hài)州关帝庙、我国绘画艺术殿堂芮城永乐宫、司马光祖墓。历史上这里还出过众多的名人,仅从一本《唐诗选》里,就能列出张巡、王维、卢纶、吕温、柳宗元、聂夷中、柳中庸、司空图等八位永济人的名字。

三、莺莺塔

1.《西厢记》与莺莺塔

普救寺名扬天下,主要是由于它和古典戏曲名著《西厢记》联系在一起。《西厢记》故事的最早依据是唐代著名诗人元稹所写的传奇小说《莺莺传》,又名《会真记》。元稹字微之,生于779年,卒于831年,和白居易大致同时,这篇小说写于唐德宗贞元年间(802—804)。据北宋末年学者王性之的考证,《莺莺传》写的是元稹自己婚前的恋爱生活,小说中是以张生遗弃了莺莺的悲剧为结局[8]11-13。

《西厢记》中通过店小二的话"俺这里有一座寺,名曰普救寺,是则天皇后香火院,盖造非俗:琉璃殿相近青霄,舍利塔直侵云汉。南来北往,三教九流,过者无不瞻仰"点出了普救寺,而整个故事就随着张生到达普救寺而展开。这样,普救寺也就成了千千万万的《西厢记》爱好者所向往的地方。普救寺舍利塔也因为莺莺之名被世人称为莺莺塔而流传下来。尽管在1960年后,普救寺内建筑物多已不存,但由于它与文学名著《西厢记》紧密相连,1965年被列为山西省级重点文物保护单位予以保存。

1987年5月13日,普救寺修复工程在清理大钟楼基址(西轴线17 m处)时,出土了金代诗碣一块,名曰《普救寺莺莺故居》,如图3-8所示。诗碣呈方形,青石制作,通高39 cm,宽39 cm,厚6.5 cm。正面的2/3镌刻《普救寺莺莺故居》七言律诗一首,共6行。诗题、作者姓名为一行,共10个字,诗文5行,计56个字,字体为行草,字迹清秀,丰润圆滑,遒劲有力,舒展

图3-8 《普救寺莺莺故居》——王仲通诗碣①

---

① 引自全毅《普救寺》。

流畅;1/3为跋文,共8行,计144个字,字体为楷行混体,字迹清晰工整。碣面的诗与跋文,布局合理,疏密适中,雕刻精细,边无饰纹。

从该诗碣出土现场分析,诗碣原为镶嵌在寺内建筑物壁间,后因地震或火灾致使建筑物倒塌时被埋藏于地下的。诗碣系寺内迄今首次出土的年代久远的与《西厢记》故事有关的不可多得的珍贵实物[8]41-49。

碣上诗与跋文如下:

普救寺莺莺故居

王仲通

东风门巷日悠哉,

翠袂云裾挽不回。

无据塞鸿沉信息,

为谁江燕自归来。

花飞小院愁红雨,

春老西厢锁绿苔。

我恐返魂窥宋玉,

墙头乱眼窃怜才。

美色动人者甚多,然身后为名流追咏者鲜矣,昔苏(轼)徐州登燕子楼作词以歌盼盼;大定间,蒲(倅)王公游西厢赋诗以吊莺莺,则莺盼之名因文而益彰,苏、王之风流才翰,有以相继。惜乎!王公真迹,为好事者所秘今三十余载,仆访而得之,又痛其字欲漫灭,故命工刻石,庶永其传,是亦物有时而显者也。

泰和甲子冬至前三日,河东令王文蔚谨跋。

院主僧 兴德 立石,吴光远刊。

从诗碣跋文来分析,这首诗是作者复官出任蒲州副使后,于春夏之交来普救寺访古寻幽时所作的,其写作时间应是金大定十年(1170)前后。之后30余年,即金泰和甲子年(1204),河东县令王文蔚才将其墨迹刻石的。

这一诗碣的出土对研究《西厢记》的形成和发展有着重要的历史价值。它说明在金代说唱家董解元创作的《董西厢》问世之前,《莺莺传》的流传就已十分广泛。现在游人来到这里,观赏以张生和莺莺幽会故事为题材的西厢小院,再抬头看看那越墙的杏枝,"待月西厢下,迎风户半开。拂墙花影动,疑是玉人来"。这一千古绝唱的寄情诗,便会脱口而出。

2.莺莺塔

莺莺塔更早的名称是河东蒲坂舍利塔或普救寺舍利塔。这就是说,莺莺塔下面是埋有舍利子的。在"山西古塔系列"中,莺莺塔是第一座被佛教界认可的佛祖真身舍利塔,仅此一点,就足以看出莺莺塔备受尊崇的地位。

舍利子又叫设利罗,是古印度语,译成中文叫灵骨、身骨、遗身,它是高僧的遗体火化后所留下的结晶体。舍利子的形状各异,颜色也不尽相同。通常认为,白色舍利子是属于骨骼的,黑色舍利子是属于头发的,红色舍利子是属于肌肉的,绿色或五色斑斓的舍利子,则可能属于内脏。它的形状千变万化,有圆形、椭圆形,有的成莲花形,有的成佛或菩萨状;舍利子有的像珍珠,有的像玛瑙、水晶;有的透明,有的光亮照人,就像钻石一般。据传,2 500年前释迦牟尼涅槃,弟子们在火化他的遗体时从灰烬中得到了一块头顶骨、两块肩胛骨、四颗牙齿、一节中指指骨舍利和84 000颗珠状真身舍利子。佛祖的这些遗留物被信众视为圣物,争相供奉。在历史烟云的变幻中,绝大多数舍利子已散失、湮没、毁坏。1987年,在法门寺的地宫中发现了许多唐代古物,这颗世界上唯一的佛指舍利即在其中。出土时,佛指舍利用五重宝函包装着,高40.3 mm,重16.2 g,其色略黄,稍有裂纹和斑点。据史料记载,唐时,该舍利"长一寸二分,上齐下折,高下不等,三面俱平,一面稍高,中有隐痕,色白如雨稍青,细密而泽,髓穴方大,上下俱通"。所记与实物吻合,只是颜色因受地宫液体浸泡千年变得微黄了。在上述几种舍利子中,珠状舍利子的生成至今是个谜。这种舍利子并非虚无缥缈的传说之物,因为在现代修行的佛教人士当中,其圆寂火化后,也曾有此现象产生。《今晚报》1994年7月20日摘自《江南晚报》的一则报道:苏州灵岩山寺82岁的法因法师圆寂火化后,获五色舍利子无数,晶莹琉璃一块,且牙齿不坏。尤为奇特的是,火化后其舌根依然完整无损,色呈铜金色,坚硬如铁,敲击之,其声如钟,清脆悦耳,稀世罕见。佛经上说,舍利子是修戒定慧之功德结晶而成,只有虔诚信佛、悟道得法的人才会自然结晶舍利子,非平常人可得。中国的六祖惠能、近代的弘一大师等,他们身后都留下相当数量的舍利子。佛教的创始人释迦牟尼涅槃后,得舍利子有一石六斗之多,当时古印度的8个国王每人各得一份,他们将佛的舍利子带回各建宝塔。

印度孔雀王朝时期,有一位阿育王,他开启了佛祖8个舍利塔中的7个,取出佛陀舍利共达84 000颗,在天下遍筑舍利塔。据《菩萨处胎经》所述,阿育王散发舍利子建塔时,"今华夏天下,分得一十九所"。佛书《法苑珠林》具体列出了阿育王在中国为供奉佛祖舍利子所建的19座塔名和立塔地点,其中河东蒲坂塔也就是莺莺塔为第四座。

3.世界奇塔

回音古建筑,在我国建筑文化遗产中,堪称绝艺。现在,这种古代的绝艺,全国保留下来的最著名的就是我国的四大回音古建筑。莺莺塔之所以成为我国四大回音古建筑之一,是由于它设计独特,工艺精湛,具有特殊的声学效应——"蛙鸣声"。有学者把莺莺塔这种奇特的回声效应与缅甸掸邦的摇头塔、匈牙利索尔诺克的音乐塔、摩洛哥马拉喀什的香塔、法国巴黎的钟塔和意大利的比萨斜塔等并称为世界六大奇塔[9]1-3。

缅甸掸邦的摇头塔屹立于一块完整的巨石上,若有人按压那块巨石,高大的塔身就会摇摆,但又不会倒塌;匈牙利索尔诺克的音乐塔在塔顶安装和制作了各种各样的管乐器,当风吹向塔身时,这些乐器会发出动听悦耳的乐声,宛如一支管乐队在演奏;摩洛哥马拉喀什的清真寺香塔建于1195年,高67 m,因在建塔砌石块用的黏合剂中掺入了9 600多袋名贵香料,以致时至今日,此塔仍然像当年一样散发着阵阵芳香;法国巴黎的钟塔挂着近百个大小不等的时钟,殊为壮观;意大利的比萨斜塔建于1174年,塔高54.5 m,以斜而不倒至今已有700余年的独特风格,受到学者们的瞩目和游客们的青睐,并因大科学家伽利略于1591年在塔上做过自由落体实验而名扬天下。

而莺莺塔的"奇"在于具有独特的"蛙声"回音效应。回声到处都有,游人只要在莺莺塔前10~40 m的范围内击掌或击石,在一定位置便可听到悦耳的"咯哇! 咯哇!"似青蛙鸣叫的回声,地方志①称此为"普救蟾声"。

几百年来,这一奇异的效应成为普救寺的一大奇观,吸引着成千上万的中外游客来此观光并为之赞叹称绝。莺莺塔回廊西侧外有一个蛙声石,这是击石的最佳位置;击蛙石下不远的山坡上有一座小亭,名叫蛙鸣亭,这里是听类似青蛙鸣叫回音的最佳位置。

普救寺莺莺塔的变迁与建筑结构

一、莺莺塔的变迁

关于莺莺塔的历史,根据普救寺内现存的明嘉靖甲子秋张佳胤立的《再建普救寺浮图诗》石碑中记载:

"蒲东旧有普救寺浮图,创自隋唐,工制壮丽。嘉靖乙卯冬,地大震,摧折无遗。越八年,余来典郡,郡又数苦河决。问所学士长老,言寺当郡治东北,据堪舆家谓,宜塔乃利于郡。余素闻中条山有老僧明晓,不知何许人,有诚行之郡斋,与计塔事,唯财力是忧。余捐俸倡之,自是檀越来济者日重,造及大半,余复迁颍上兵,备行,大石王子觞余寺中,酒酣共登大石深有物。数兴之感,余遂作诗,贻晓。胜地曾为瓦砾场,浮图今放海珠光。望分条华东南伏,影接星河上下长。莫向空门悲物理,从来吾世有沧桑。酣歌且卧芙蓉级,明日相携照十方。甲子秋铜梁张佳胤。"

可见该塔初建于隋唐,但嘉靖三十四年十二月十二日午夜(1556年1月23日),

---

① 蒲州府志(清乾隆乙亥),永济县志(清光绪十二年)。

永济(古蒲州)发生了一次大地震,震级8级,塔毁于此次地震①。现存之塔是嘉靖四十三年(1564)由蒲州知州张佳胤倡导,中条山老僧明晓监修,在原塔的基础上重修的。根据考察结果表明,1556年的地震使塔身损坏很严重,但重修时并没有全部推倒,而是利用了原来的残坏塔身进行重修的。根据是:

(1)重修后的莺莺塔保存了唐塔的重要特点。该塔是四方形空筒式的砖塔,塔身外叠涩砖檐,塔檐呈内凹的曲线形状,这是一般唐塔的做法。

例如,现存的正定开元寺塔,始建于东魏兴和二年(540),唐乾宁五年(898)重修,重修后的塔是一座四方形空筒式的十三层密檐式砖塔,檐呈内凹的曲线形状。陕西西安的小雁塔,位于唐长安城安仁坊荐福寺内,修建于唐中宗景龙年间(707—710),是一座四方形十五层檐的砖结构密檐式塔,现存十三层,高43.40 m,所出密檐均以叠涩方法挑出,塔檐是向内凹的曲线形状,具有唐代密檐塔的典型特点。塔内部为空筒式结构。云南大理崇圣寺千寻塔,建于唐开成年间(836—840),也是一座四方形,内部为空筒式的十六层密檐式砖塔,高69.13 m,叠出的塔檐是一内凹的曲线形状[10]。

大理弘圣寺塔高43.87 m,十六级,是平面呈正方形的叠涩密檐式空心砖塔,塔檐是一内凹的曲线形状。全塔分为基座、塔身、塔刹三部分。基座三层由块石砌成,均为正方形,各层有石阶相通,第一、二层石阶分别在南面和东面,第三层石阶在西面,直对塔门。塔心中空,第一层高大的塔身有塔门,在门框上方镶浮雕菩萨像5尊,进塔门可盘旋登至塔顶。塔身第一至第八层直砌,第九层开始收缩。大理佛图寺蛇骨塔,位于云南大理寺下关北3 km的羊皮村,该塔也是一座四方形十三层密檐式砖塔,塔檐用叠涩挑出,塔檐呈内凹的曲线形状,是一座具有地方特色的唐代密檐式砖塔。由此看来,莺莺塔具有典型的唐塔特点。

(2)从现存莺莺塔的结构看,明代重新包了砖。第一层塔室的顶部呈八角形,是明代加砌的,与不远处万固寺的多宝佛塔很相似。多宝佛塔建于北魏,1556年1月23日被地震损坏,明万历十四年(1586)重建。重建时把原塔的砖一块一块取下后重新建造,重建后的塔是八面十三层砖塔,整个结构具有明显的明塔特点。

(3)莺莺塔原为七层砖塔,而现存塔是十三层砖塔,七层以上的塔身明显收缩。实测结果表明,六至七层的收缩为0.2 m,七至八层和八至九层收缩分别为0.4 m和0.6 m,说明以上六层是明代重修时增加的。

(4)二至九层的塔内部转角阶梯的磨损情况与结构特点,表明一至六层的阶梯是原塔留下来的。测量结果表明：

二至九层的塔内阶梯、过道的宽度及高度没有一定的规律,角度也不是按一定比例缩小的。第一层塔内方室的东西与南北的尺寸不同,门的位置也不居中,这些都说明修复时是按唐塔包砌的,即随原来残坏情况而砌。

二至六层的阶梯台阶砖的磨损严重,特别是第二层和第三层,台阶的两层平砖和五层平砖都因人们长期登塔踩踏而全部磨平,光滑难登。而七至九层的台阶,只是表面一层砖的棱角被磨损,与不远处的多宝佛塔内的台阶磨损情况差不多,说明它是明代重修的,二至六层台阶是原塔保留下来的。

第六层的阶梯结构与其他各层的结构不一样,即从六层向上登塔时,必须先下至五层而后又登上六层的另一侧才能再上至第七层,而其他各层都是一直向上的。说明原塔的阶梯只有六层,上至六层则可在东西两个实拱门眺望,其他各层只能靠近一个实拱门眺望。

清代的普救寺已逐渐衰败,碑文、方志均未见大兴土木之举。清康熙四十九年(1710)《重修普救寺碑记》中,施工范围仅"竖殿廊五楹"一项,别无其他修筑。

民国年间,寺宇处于荒凉境地,僧侣四散,杂芜遍地。当地老者回忆,1930年前后,部分殿堂塌毁,到抗日战争初期,塔遭到日寇破坏,除舍利塔和三间菩萨洞外,几乎全部变成瓦砾了。

新中国成立以后,普救寺得到了保护,栽培树木,修筑围墙,被列为山西省重点文物保护单位。1961年以后,全国人大和山西省人大提案,山西省委、省人民政府等领导机关和学术界人士,曾几度提议恢复普救寺。由于当时经济、技术条件不够成熟,而未能付诸实施。1985年,在搜集资料、研究论证的基础上,有关部门进行发掘基址、修复设计和施工。1990年,唐宋时期的普救寺重新展现在人们面前,供国内外各界人士观赏。

二、莺莺塔的结构与地理位置

重修后的莺莺塔坐北朝南,平面呈四方形砖塔,塔身内部为方形空筒,塔基呈正方形,北偏西10度。基座边长16.4 m,塔下基边长8.35 m,塔高36.76 m(不计塔刹)。全塔外壁以砖叠涩出檐共十三层,每层塔的四面有砖券拱门,两虚两实,第二、四、六、八层的实拱门朝东西方向;第三、五、七、九层的实拱门朝南北方向。第五层的南边和北边都有转角阶梯。第九至第十三层,塔身内仍为方形空筒,但没有转角阶梯,铺以隔板可以爬上去。第十至第十三层塔的四壁无实拱门口。表3-1是该塔的有关几何尺寸。

莺莺塔建在峨眉塬头的一座土丘上,源头的西南边缘是稷山延伸出来的高原的末端,与中条山、黄河对峙。土丘的南、西、北三面临坡,以塔基面为水准点,坡深在31~36 m之间,塔东是空旷地带,坡下是西厢村,塔东北隅是普救寺,塔周围几千米范围内没有高层建筑物。图3-9是莺莺塔的地理位置示意图。

表3-1 莺莺塔的有关几何尺寸(m)

塔级	外边长	层高	出檐	中央尺寸		洞口	
				东西	南北	宽	高
9	4.31	1.61	8层	1.39	1.38	0.57	0.63
8	4.79	1.78	8层	1.61	1.59	0.60	0.59
7	5.36	2.06	9层	1.79	1.76	0.65	0.70
6	5.46	2.27	10层	1.96	1.99	0.70	0.86
5	6.06	2.60	10层	2.19	2.21	0.71	1.06
4	6.74	3.00	11层	2.44	2.43	0.84	1.45
3	7.10	3.85	13层	2.65	2.77	0.96	1.63
2	7.49	5.06	15层	2.76	2.77	0.97	1.58
1	8.35	6.33	18层	3.16	3.19	0.97	1.29

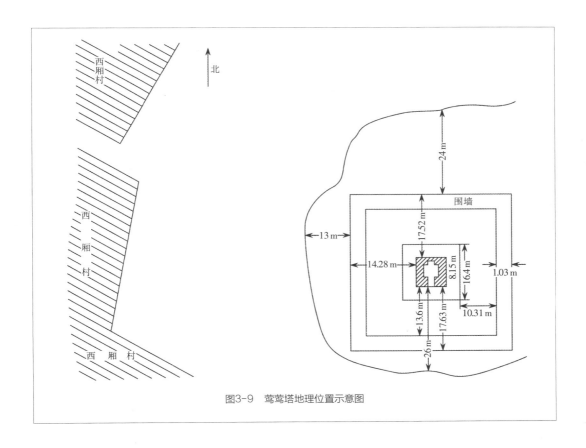

图3-9 莺莺塔地理位置示意图

第三节
莺莺塔奇特的声学效应——"普救蟾声"

一、"普救蟾声"

原来的普救寺舍利塔有无蛙声这样的回声效应？因无确切的记载，我们不得而知。据地方志载，只有清乾隆十九年(1754)重镌的《蒲州府志》卷三《古迹》"普救寺"条目下有这样的记载："……寺有卒堵坡(塔)，合砖成之，于地击石，有声若吠蛤，盖空谷应响类矣。"这是莺莺塔蛙声效应现存最早的文字记载。清光绪十二年(1886)版《永济县志》中的记载与此相同，并且把这种现象称为"普救蟾声"，与"南风琴韵""溪寺竹影""诸冯陶器""栖岩虎泉""风陵晚渡""坡道夜雪""首阳瀑布"等景观并列为"永济清八景"。可见，莺莺塔蛙声效应的发现，距今已在260年以上。20世纪30年代，傅惜华先生在1932年8月21日出版的《国剧画报》上发表的《西厢记中之普救寺》一文中，对该塔的蛙声回音现象也做了记述："塔前丈余地有微凹，塔后亦然，盖瓦石击久所致。试以石击凹处，有声出塔中如巨蛙，土人不知空谷之应响也，遂以为塔中有大蛤蟆精矣。然击前地，则声在塔底，击后地，则声在塔顶，前后上下，所应不同，理未可解。"由此可知"普救蟾声"流传已久，而1989年柴泽俊先生在《文物季刊》第一期上发表的名为《普救寺原状考》的论文中对"普救蟾声"之谜的解释还停留在一些猜测上，"普救蟾声"之谜直到20世纪80年代末还尚未解开[7]。为了弄清"普救蟾声"之谜，我们研究组成员曾多次对莺莺塔进行考察，通过实验测试和科学分析，总结出莺莺塔的几种声学现象，终于揭开了"普救蟾声"之谜。

二、莺莺塔八大声学现象

1986年普救寺修复工程开工后，在莺莺塔周围，人们不断发现一些前人未知的声学现象。建设者们及研究组丁士章、仝毅等通过在莺莺塔周围不断考察发现，在特定的条件下，莺莺塔竟然成了"收音机""扩音器""窃听器"。这些前人未知的新的声学效应，现归纳为莺莺塔塔外的八种奇妙的声学效应[9]35-45。

1.近塔探奇觅蟾声，金蛙深藏何处寻？

久闻"普救蟾声"的盛名，人们远途前来求索这一世界奇观，可是在塔前面12 m之内拍手或击石，在敲击处只能听到"咯，咯"的拍手声或击石声，而听不到蛙鸣声；但人们在距塔面12 m之外，就能听到短促的"咯哇，咯哇"的蛙鸣声。

2.漫步离塔再击石，金蛙塔底传佳音

当人们在离塔面15—18 m处拍手或击石，在敲击处就能听到从塔底传来的清脆悦耳的"咯哇，咯哇"的蛙鸣声，好像有只金蛙在塔底鸣叫。

3.游客有心探神奇,金蛙无意登塔顶

当人们在塔的中垂线四周距塔面20 m之外拍手或击石,这时听到的蛙声不再从塔底传来,而是从塔的上空传来,就好像青蛙跳到塔的顶部鸣叫。而且,不仅在拍手或击石处附近能够听到悦耳的蛙鸣声回音,在塔的中垂线四周的一定范围内都可以听到。

4.对角线上击石,对称位置听蛙声

当人们在塔面中垂线一侧击石,击石者本人听不到蛙鸣声,而另一个人在中垂线另一端对称位置上,才能听到响亮悦耳的蛙鸣声。

5.一声击石破寂静,三只蛤蟆竞相应

每当夜深人静,在离塔西面24 m处击石一声,可以听到接连的三声蛙鸣。三声蛙鸣来自不同方向,好像三只蛤蟆在不同地方竞相鸣叫。

6.莺莺塔似收音机,坐在塔下能听戏

莺莺塔南2.5 km处是蒲州镇文化站的露天剧场,戏台台口正好与莺莺塔相对,晚上台上唱戏,一般距离这么远是听不到的,但在莺莺塔下人们却能听到清晰的演唱声,如同在塔里唱戏似的。1987年9月15日晚9点20分,文化站正在演戏,研究组成员站在塔南离塔面约12 m处,听到了塔内传出的敲锣打鼓声,而离开塔面附近就听不见了。

7.普救寺里多神奇,佛塔竟成"窃听器"

漫步在莺莺塔下,人们可听到距塔几百米之外的声音,就连周围农家里一般的说话声也能听见,而这些声音又好似从塔里面传出来的。晚上,人们坐在三佛洞两侧的台阶上,能听到塔南坡下西边西厢村农民家的喝酒猜拳、说话吵闹等各种杂声,好像将村子搬到塔里似的。如离普救寺山门62 m处的一户西厢村农民家,与三佛洞处于对称位置(图3-10)。该户厨房窗口朝北,与莺莺塔相对,平时主人在厨房里说话,甚至有一次办喜事时主人轻声说:"快点!客人来啦!"站在三佛洞台阶上的人也能听得很清楚。

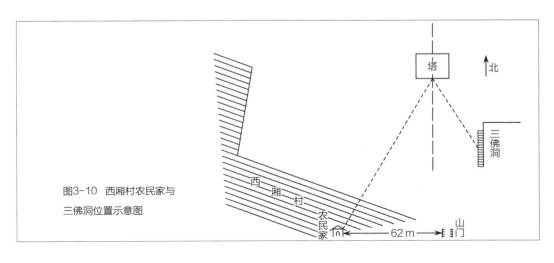

图3-10 西厢村农民家与
三佛洞位置示意图

8.奇塔魔力人人夸,不用通电能扩大

如果声源来自莺莺塔下附近,"窃听器"就"退位"而变成了"扩音器"。塔下的声音经过塔面扩大,又能够传到较远的地方。

平时在塔南和塔北的东侧,能听到塔西坡下西厢村街上汽车和拖拉机驶过的声音,好像就在塔里行驶,声音很清楚。所以,当地人们把莺莺塔比作收音机、扩音器、窃听器。

第四节

莺莺塔声学效应的实验研究

一、回声定位法

莺莺塔声学现象的研究,是研究组首次对古建筑声学现象进行的一项研究工作。在这之前,还没有人通过实验、分析做过古建筑声学这方面的研究工作。如何开展这项研究工作,是没有先例可以借鉴的。丁士章、俞文光等人经过深入思考,确定用物理学中的回声定位法来揭开其中的奥秘[1-5]。

首先,我们要明确两个物理学的基本原理:第一,声音在空气中的传播可以认为是匀速的,即我们利用简单的"距离=速度×时间"公式,就可以由声音经历的时间,求得它经过的距离,即声程;第二,声音在空气中是直线传播的,在遇到界面时产生反射,且遵循反射定律。

简言之,回声定位法是利用声音做载体,以确定反射物体的确切位置。它和雷达定位原理有一点类似,即它们都是利用回波经历的时间,来确定反射物体的位置。它与雷达也有不同之处:雷达因为其传播方向性强,由雷达天线的指向即可确定反射物体的方位,仅根据雷达回波时间来确定反射物体的距离。利用回声定位法研究回音古建筑所用的声波却不同,我们只能根据回声时间来确定声波经历了多长的距离,也就是确定声程。到底是哪个方向的物体反射的,还需要与具体物体测量值比对后才能确定。所以回声定位法,一是要找到回声经历的时间,即声程;二是需要测量周围可能反射物体的距离,即找到反射界面,确定反射物体。具备以上两个条件才能找到反射物体在哪里。具体的方法是测定声音发出后经过多长时间到达接收点,再根据当时声音在空气中的传播速度,计算出声音从声源发出到达接收点的声程,我们把它称为计算值。然后,在现场测量声源到各个可能反射物体的距离,加上反射物体到接收点的距离,我们称之为测量值。把这两组数据进行比较,如果发现某反射物体的测量值与计算值一致,我们就能够确定它是反射物体。这就是回声定位法的基本原理,由此我们就完全能够确切地找到反射物体,确定反射面。

通过多次测试,我们发现莺莺塔的蛙声回音现象主要是由于击石声波被结构特殊的各层塔檐反射造成的[2]。

自1987年6月起,我们曾多次使用仪器对莺莺塔的蛙声回音进行了回声定位法的实验测试和分析。下面仅举一次实验测试情况加以说明。

二、实验测试方法

莺莺塔现场测试布置情况参看图3-11,我们选择在蛙声回音最强的莺莺塔西侧进行,以击石声作声源,在土坡上、下各选取一点作为接收回声点。图中击石点O距离地面0.3 m,坡上测试点A距声源点O1.6 m,在A点以丹麦2215型精密声级计为接收机。测试点B选在坡下8 m处,在B点接收击石回声。这种设置可以阻挡击石点O发来的直达声波对击石回波声脉冲的干扰。在B点放置一台丹麦产2230型精密声级计为接收机。把在A、B点接收的信号输送至丹麦B&K公司

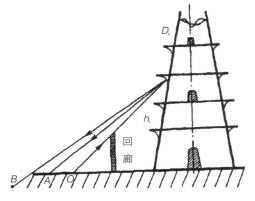

图3-11 莺莺塔现场测试布局图

生产的7005型四通道磁带机进行记录,然后经CF920多功能信号分析仪完成对回声信号的时域和频域分析,得到莺莺塔击石回声的声脉冲响应图和频谱图。声源除采用传统的击石声源外,我们还采用鞭炮爆炸声作声源。因为鞭炮爆炸声脉冲较窄,这样可以提高声脉冲响应图的测量精度,即可以较精确地确定回波反射物体即反射界面的位置。在天坛内为了保护文物古迹,我们未使用鞭炮爆炸声作声源。

注意:①我们选择的测试点B,是在O、A这两点所处水平面的下面。这时由于土坡的阻挡,在O点击石产生的直达声波无法到达坡下的B处,这样我们在B处接收回波时,可以大大减少干扰。②由于莺莺塔四周存在一座回廊,它正好阻挡了一部分声波,所以莺莺塔的第一层和第二层塔檐没有回波。显然,如果没有回廊,那么由第一层和第二层塔檐产生的回波应该存在,而且会更强。

三、莺莺塔声脉冲响应图和频谱图

按照图3-11所示的现场测试布局,我们进行了现场实验测试,图3-12至图3-20给出了莺莺塔击石声和鞭炮爆炸声两种声源的直达声及莺莺塔回波声脉冲响应图和频谱图。

通过对获得的击石声和鞭炮爆炸声两种声源回波声脉冲响应图的分析,我们可以得到莺莺塔各层塔檐回声的时延。

表3-2列出了根据回声时延确定塔檐到接收点距离(我们称为计算值AD_i或BD_i)与实际

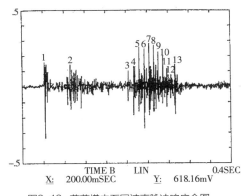

图3-12 莺莺塔击石回波声脉冲响应全图

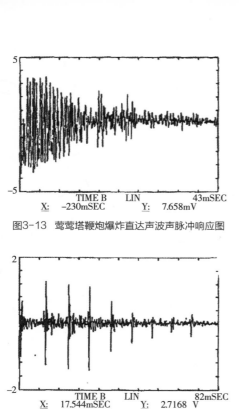

图3-13 莺莺塔鞭炮爆炸直达声波声脉冲响应图

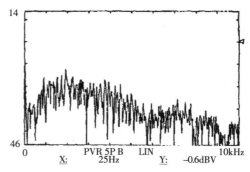

图3-14 莺莺塔鞭炮爆炸直达声波频谱图

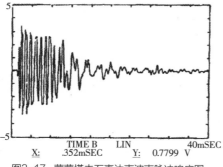

图3-15 莺莺塔鞭炮爆炸回波声脉冲响应图

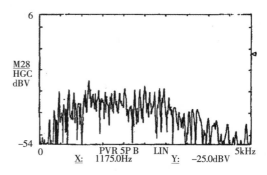

图3-16 莺莺塔鞭炮爆炸回波频谱图

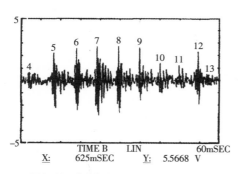

图3-17 莺莺塔击石直达声波声脉冲响应图

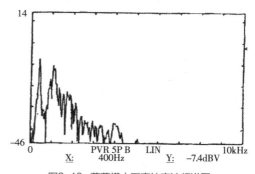

图3-18 莺莺塔击石直达声波频谱图

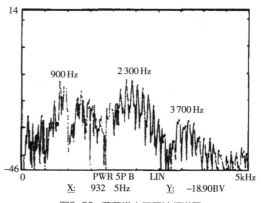

图3-19 莺莺塔击石回波声脉冲响应图

图3-20 莺莺塔击石回波频谱图

测量值AD_i或BD_i进行比较。测量时的气温为26 ℃，相应的声速取347 m/s，$\delta\%$为相对误差。图3-12中给出了第三层至第十三层塔檐的反射回波。表3-2我们仅列出第三层至第九层塔檐的计算值AD_i或BD_i与实际测量值AD_i或BD_i的值，因为到第十层及以上层塔檐时，实测值AD_i或BD_i的测量就比较困难了，我们当时没有进行现场测量。

表3-2　根据回声时延确定塔檐到接收点距离与实际测量值的比较

i塔层	AD_i计算值(m)	AD_i测量值(m)	$\delta\%$	BD_i计算值(m)	BD_i测量值(m)	$\delta\%$
9	38.5	39.9	3.5	52.8	54.7	3.5
8	37.1	38.3	3.1	51.5	53.2	3.2
7	35.6	36.9	3.5	50.1	51.7	3.1
6	34.1	35.2	3.1	48.7	50.1	2.8
5	32.3	33.6	3.9	47.0	48.4	2.9
4	30.4	31.8	4.4	45.2	46.9	3.6
3	28.6	30.0	4.7	43.5	45.1	3.5

从表3-2中我们清楚地看到:利用回声定位法可以确定,图3-15和图3-19中的数个声脉冲是莺莺塔各层塔檐的反射回波,实际的测量值和回声定位法得到的计算值误差$\delta\%$仅为3%。为什么会有这些误差呢? 我们的回答是:我们对塔檐D_i到测试点A和B的实际测量值产生了误差。因为,我们无法确定塔檐的哪个地方的反射波会到达测试点A或B。上面是我们在20世纪90年代取得的测量值,现在用现代化的激光测距仪,要测量声源到各层塔檐的距离D_i、塔檐到接收点的距离,那就是一件十分容易的事情了。不过即使使用了现代激光测距仪,精度会大大提高,测量值与计算值之间的误差会更小,我们仍旧无法精确定位到达接收点A或B是塔檐的哪个部位产生的反射,所以误差还是不可避免。但是我们可以肯定接收点接收到的回波确实是被各层塔檐反射回来的声波,这一事实是科学的、可靠的。因为,在这个距离范围内,除去塔檐就没有其他反射物体存在,所以,不会是其他反射物体产生的反射。

通过对获得的莺莺塔击石回波声脉冲响应图(图3-12)的分析,可知标号为2的声波是回廊产生的声波,我们可以得到以下几点结论:

(1)标号为1的声波是在接收点A接收到的击石声的直达声波。

(2)紧跟在直达声波后,标号为2且延迟43.36 ms的声波是由回廊产生的回波。实测击石点O至回廊的距离为7.5 m,这与时延的计算结果一致。

(3)接收点B的直达声波和回廊回波声脉冲远低于接收点A接收到的,这是因为土坡对声波的阻挡作用。B点回波的蛙声效应最为显著。

(4)莺莺塔击石回波是一个由11个清晰的声脉冲组成的声脉冲串,即标号为3—13号的声波。测量和计算都表明,它们分别是塔的第三到第十三层塔檐的反射回波。由于回廊的阻挡,直达声波不能到达第一、第二层塔檐,因而图中没有这两层塔檐的回波。在1986年6月以前,尚未修建回廊,现场实验测试时有这两层塔檐产生的回波。

四、莺莺塔塔檐的回声机理

我们通过前面的现场测试和分析，证实莺莺塔的回声是由各层塔檐呈内凹的曲线形状的内凹表面反射产生的。每层塔檐是由十多层厚度为6.5~8.0 cm的青砖逐层向外延伸2~14 cm建成的，这使得塔檐内表面形成了一定内凹形的粗糙表面(参见图3-21)。这样对入射声波而言，它具有下列性质：

(1)由于塔檐青砖的特性，它的声阻抗比空气大33 000倍，故可把塔檐看成绝对硬反射体。

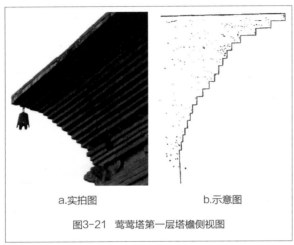

a.实拍图　　　　b.示意图

图3-21　莺莺塔第一层塔檐侧视图

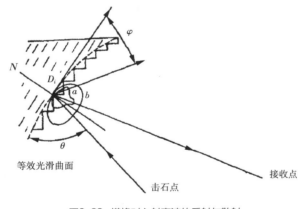

等效光滑曲面

击石点　　　　接收点

图3-22　塔檐对入射声波的反射与散射

(2)塔檐粗糙表面上的每个尖角都是入射声波的散射体，这样回波可看成这些散射波迭加的结果。

(3)塔檐内表面的光滑程度可以用入射波波长λ与平均粗糙度h的比值表示。h等于粗糙表面上所有峰谷距离的平均值。例如，第一层塔檐的平均粗糙度h=6.4 cm。

实践表明，当λ/h>2时，即频率f<2.7 kHz时，塔檐内表面可以认为是光滑的，这时的回波以镜面反射为主，并可以用图3-22中的虚线代替，这时塔檐呈内凹的曲线形状，还具有一定的声能聚焦作用，使声音加强。

若λ/h<1.5，即f>3.6 kHz时，入射波波长λ与平均粗糙度h接近，这时可以认为塔檐内表面相当粗糙，回波将向各方向漫反射。

(4)塔檐内表面对入射声波的反射和散射可以用Lambert散射定律来分析。一般情况下，回波能量的空间分布以散射系数S来表示。

$$S=10\lg I_s/I_i=10\lg\mu\sin\theta\sin\varphi$$

式中I_i，I_s为入射声强和散射声强，μ是比例常数，θ是入射角，φ是散射角。图3-22中的曲线a近似"凸"字形，为频率在500 Hz~2.7 kHz的中频波段以镜面反射为主的回波声强I_s的空间分布。它比镜面反射要小一点，这是因为在其他方向上仍有一定的声能分布。曲线b近似椭圆，表示高频段，即f>3.6 kHz的回波散射声强I_s的空间分布。对于高频声波，这时已看不出镜面反射的迹象。

(5)塔檐的纵向长度只有1 m左右,当声音频率$f<300$ Hz时,考虑塔檐对声音的绕射作用,它将削弱回波中的低频成分。回波中的高频成分也会因为散射和空气吸收作用而降低。其中,空气对声音的吸收系数α与声音频率f的平方成正比,即$\alpha\propto f^2$。

(6)塔檐内表面具有内凹形曲面,这对反射声波具有一定的会聚作用(这和回音壁内三音石的第二、第三个回音原理相似,回声增强了)。同时,由于各处曲面的曲率半径不尽相同又科学配合。这样从击石点至各层塔檐的入射波在曲面上可以找到适当的镜面反射点D_i(参见图3-22),故在接收点A或B都能接收到各层塔檐的回波。

从图3-15、图3-19及上面关于塔檐对击石声、鞭炮爆炸声经过各层塔檐的反射、散射后回到接收点A和B的声程各不相同,到达接收点的时间有先有后,于是在接收点A和B就形成了一个声脉冲串。由于脉冲间隔时间较短(通常在10 ms内),人的耳朵无法区分,只能听到一个持续时间较长的回声(约为100 ms)。这些只能说明击石回声持续时间变长,还不能说明击石回声是蛙声。为此,我们还必须解释为什么击石回声变成了蛙声。

第五节
莺莺塔"普救蟾声"的形成机理

为了解释在莺莺塔下击石,人们听到的回声似蛙声而不是猫叫、狗叫等其他声音,研究组颇费了一番心思。首先,我们知道,一个人模仿鸡叫、猫叫,不可能和它们的频谱完全相同。只要模仿人发出的声音与鸡、猫叫声的音色基本相同,那就算模仿成功。既然莺莺塔的"普救蟾声"酷似蛙鸣声,那么青蛙的音色是什么样的?为此,我们应该先找到一只青蛙,看看它的声脉冲响应图、频谱图(音色图)是什么样子。

一、莺莺塔蛙声脉冲响应图和频谱图

我们捉来一只青蛙,进行了相关的实验测试,测得了青蛙鸣叫声的声脉冲响应图和蛙声频谱图,如图3-23和图3-24所示。

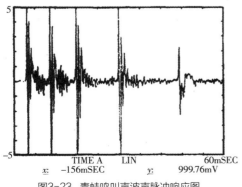

图3-23 青蛙鸣叫声波声脉冲响应图

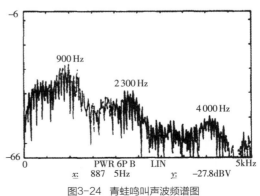

图3-24 青蛙鸣叫声波频谱图

从图3-23和图3-24中我们可以看到，蛙声声脉冲响应图也是一个声脉冲串；蛙声频谱图也是在三个频率上有功率的峰值，即在频率为900 Hz、2 300 Hz、4 000 Hz时回声的功率最大。

二、莺莺塔击石回声、鞭炮爆炸回声和蛙鸣声的比较

我们通过比较莺莺塔击石回声、鞭炮爆炸回声和青蛙鸣叫声三种不同声源的声脉冲响应图、频谱图，即图3-19、图3-20、图3-15、图3-16、图3-23和图3-24，可以看出：①三个不同声源的声脉冲宽度基本一样；②声脉冲间隔基本一样；③击石声和蛙鸣声频谱特性基本一致，它们的频谱均有三个峰值，其中900 Hz与2 300 Hz两个峰值相同，只是在高频峰值上稍有差别，3 700 Hz与4 000 Hz频谱的变化趋势基本一样；④爆炸回声频谱没有这个特性。我们从表3-3中可以明显地看出它们的区别。

表3-3　击石回声、爆炸回声与蛙鸣声的比较

类 别	脉冲宽度(ms)	脉冲间隔(ms)	频谱特性	脉冲峰值(Hz)
爆炸回声	小于1	7~11	无峰值	无
击石回声	2~6	7~11	三个峰值	900,2 300,3 700
青蛙叫声	2~6	8~11	三个峰值	900;2 300,4 000

比较这些频谱图和我们总结出的表3-3，可见击石声波被莺莺塔各层塔檐反射后形成的回波，在脉冲宽度、脉冲间隔时间、频谱图峰值位置及频谱峰值的变化趋势（音色）等方面都和自然界的青蛙鸣叫声十分相似。这样在莺莺塔前击石的声音和被塔檐反射后的回声，在人耳听起来与自然界青蛙鸣叫声十分类似。细心的游人可能会听出击石回声比较低沉一些，而爆炸的回声听起来就不像蛙声。我们还用其他声源做了测试，发现还有击掌声的回音与蛙声相似，但是它没有击石声音响亮；其他如枪声，它们的回声不像蛙鸣声。

中国科学院声学研究所陈通先生1988年11月发表在《声学学报》上的《普救寺莺莺塔回声现象分析》[11]一文得到了与我们相似的击石回波声脉冲响应图，从而印证了击石回声是由各层塔檐反射的。但是，陈通先生文中并未说明塔檐反射回波为什么就是人们听到的蛙声回音。

三、莺莺塔蛙声声学效应的机理

总结前面的分析，我们可以得出"普救蟾声"形成的条件：塔的位置要在一个宽广平坦的地方；塔檐必须是内凹形状，并且配合合理，这有利于对声波的反射和会聚；塔的材料表面光滑，对声音具有较强的反射作用。除此之外，要有一个合适的声源，例如击石声源、击掌声源。具备上述基本条件，我们就可以在距塔正面约20 m处击石或击掌，在正面20~40 m范围可以听到蛙声。于是"普救蟾声"的形成机理可描述如下：

在距莺莺塔四周20 m以外，正对塔面的地方击石或击掌，声波传到各层呈内凹的曲线形状塔檐后，被塔檐反射返回地面。由于各层塔檐的高度不同，返回地面时经

过的声程各不相同，击石或击掌声波经各层塔檐反射返回地面的时间也就有先有后。它们形成持续时长约100 ms、每个脉冲间隔约10 ms的一串声脉冲。人耳无法区分这一个一个的声脉冲，只能听到一个拉长的声音。这串拉长的击石或击掌回声的频谱正好与蛙鸣声的频谱基本相似，因此人们听到的回声就变得酷似蛙鸣声。这就是人们在莺莺塔下击石或击掌听到的"普救蟾声"的简单机理[5]。

有两点需要说明：①把空气看成均匀媒体，声音在空气中以直线向外传播，声音在空气中的传播速度只和空气温度有关；②把塔檐看成镜面，可以认为声音在塔檐的反射遵循反射定律，即入射角等于反射角。

那么，为何有时蛙声似从塔底传出，有时又似从塔顶传出呢？

本章第三节中提到的莺莺塔外八种奇妙的声学现象中的第二个声学现象——"漫步离塔再击石，金蛙塔底传佳音"，其科学原理是这样的：

当人们站在离塔面15 m左右的A'处击石或击掌时，如图3-25所示，击石或击掌声经过各层塔檐的前部反射后，反射波会聚在击石点A'的前方F'处，再经地面反射后才传到人耳中，虚声源在塔底下，使人们听到的蛙声似从塔底传出，因此就出现了"击前地，则声在塔底"。

而莺莺塔外八种奇妙的声学现象中的第三个声学现象——"游客有心探神奇，金蛙无意登塔顶"，其科学原理又是这样的：

当击石或击掌点距塔面更远些，如图3-26所示，即在离塔面24 m的A处击石或击掌，击石或击掌的部分声波经过各层塔檐的中部和后部边缘反射后，反射波会聚在击石点A的后方F处，即传到人耳，还有一部分声波经塔壁反射到塔檐，再经过二次反射传至F处，即传到人耳。由于塔檐各部分曲率不同，这些回波主要会聚在击石点的后方F处。这一现象就好像"金蛤蟆登上了塔顶"。

在青蛙声信号分析中，我们还首次发现一个十分有趣的现象：当把塔回波看作是脉冲编码调制全1信号，即1111111111（有时因塔的第十二层反射波幅度较小而变为111111101），而青蛙声的信号（图3-23）是11101001。在我们录制的青蛙鸣叫声中还有11000101、11111001等编码。这些变化多端的编码信号是否就是青蛙的语言呢？这是值得进一步研究的课题。总之，自然界青蛙鸣叫声的声脉冲响应图（时间波形）和频谱特性与莺莺塔击石回波声极其相似，这实在是自然界的一大奇观。

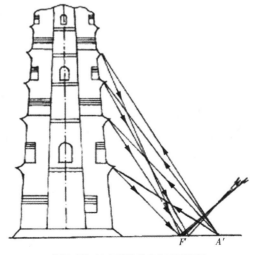

图3-25　蛙声似从塔底传出原理图

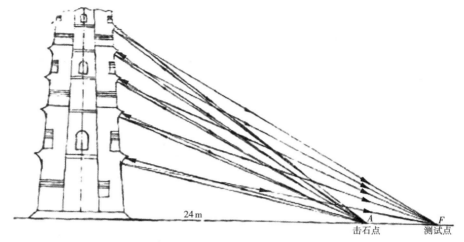

24 m

击石点　　测试点

A　　　　F

图3-26　声波通过各层塔檐反射原理图

　　20世纪90年代普救寺经过修复,以新的面貌展现在世人面前。如果单纯从声学原理来考虑,莺莺塔四周以不修建回廊为好。这样不会把第一、二层塔檐挡住,就会有第一、二层塔檐的反射回波。因为,第一、二层塔檐的距离最近,面积最大,所产生的反射回波是很强的,莺莺塔的蛙声回音效果会更好。但考虑到诸多历史的原因,专家还是修建了回廊,使得蛙声回音有所下降。为此,《人民日报》曾经做了报道[12]。庆幸的是,莺莺塔的建设者巧妙地在适当位置放上一块大的石头作声源,名曰"击蛙石";又把接收地点放到土坡下面,并修建了一座"蛙鸣亭"。这样做有两个好处,一是加大了声源的强度,二是避免了直达声对回声的干扰,从而使莺莺塔的"普救蟾声"蛙声效果得以保留。

参 考 文 献

[1] 丁士章,俞文光,贾陇生,等.莺莺塔的声学原理初探[J].黑龙江大学自然科学学报,1987,4(增2):5-8.

[2] 高策,田瑞生,丁士章,等.莺莺塔——我国古代杰出的声学建筑[J].科学、技术与辩证法,1987(4):56-62.

[3] 丁士章,俞文光,张荫榕,等.普救寺塔蟾声的声学机制[J].自然科学史研究,1988,7(2):142-151.

[4] 丁士章,俞文光,张荫榕,等.普救寺塔蟾声的实验测试[J].黑龙江大学自然科学学报,1988,5(4):34-37.

[5] 俞文光,丁士章,徐俊华,等.普救寺莺莺塔回声分析[J].黑龙江大学自然科学学报,1991,8(3):1-8.

[6]   仝毅.普救寺与西厢记[M].香港:中国文献出版社,2012:24-25.

[7]   柴泽俊.普救寺原状考[J].文物季刊,1989(1):44-63.

[8]   仝毅.普救寺[M].太原:山西经济出版社,1999.

[9]   丁士章,张荫榕,吴寿锽,等.世界奇塔莺莺塔之谜[M].西安:西安交通大学出版
      社,1989.

[10] 俞文光,吕厚均,俞慕寒,等.大理千寻塔蛙声回声研究[J].文物,1998(6):42-
      46.

[11] 陈通,蔡秀兰.普救寺莺莺塔回声现象分析 [J].声学学报,1988,13(6):462-
      466.

[12] 崔济哲,张可兴.山西翻修文物古迹弄巧成拙[N].人民日报,1988-02-09(3).

第四章 重庆潼南大佛寺『石琴』

重庆潼南大佛寺"石磴琴声",简称为潼南"石琴",坐落在重庆市潼南区(原四川省潼南县)大佛寺景区内。该景区始于隋,盛于唐、宋,承于元、明、清,迄于民国,延续了1400多年的极为珍贵的历史文化,具有很高的历史、文物、艺术、科学和旅游价值,为研究我国古代的政治、经济、科技、文化、宗教等提供了重要的实例资料[1]。大佛寺景区保存有我国古代宗教造像史上罕见的佛道合璧的造像珍品——摩崖饰金大佛(潼南大佛)、中国四大回音古建筑之一的"石磴琴声"、中国建筑史上最早使用全琉璃顶的古建筑——七檐佛阁、罕见的天然回音壁"海潮音"和全国最大的摩崖石刻书法顶天"佛"字等名胜古迹,并保存有众多从隋朝开皇年间到民国时期的佛道摩崖石刻造像,两侧陡峭岩壁上历代达官显贵、历史名士和墨客题咏、碑刻和楹联林立,还有集中标刻从明代至当代七个年号的洪水标记线及题记。大佛寺"石琴",是从陡峭崖壁上凿成的一条由下至上的凹形登山石洞,凿于明代,距今已有580余年的历史,比天坛回音建筑还要早一个世纪[2]。

第一节
潼南大佛寺与"石磴琴声"

图4-1 潼南大佛寺摩崖饰金大佛[1]

潼南大佛寺是全国重点文物保护单位,拥有深厚的文化底蕴和丰富的旅游资源。

大佛殿内的巨型摩崖饰金大佛和潼南"石磴琴声"是两处具有重大影响力的珍贵历史文化遗产。大佛寺始建于唐咸通年间(860—873),迄今已有1100余年的历史。潼南大佛为佛、道两家共同凿造的一尊大型摩崖饰金大佛,如图4-1所示,雕刻精湛,比例匀称。大佛于唐代凿首,宋代凿身,经南宋、清代、民国和当代五次装饰金身,至今依然光辉夺目,光彩照人。它是我国石刻造像中罕见的珍品,属"蜀中四大佛"之一,被中外文物专家誉为"世界室内第一金佛"而居"金佛之冠"[3],素有"看高大到乐山,看精美到潼南"之美誉①。

---

① 参见腾讯大渝网《潼南大佛寺景区景点简介》一文(http://cq.qq.com/a/20121103/000060.htm)。

潼南大佛寺"石磴琴声"位于大像阁右侧25 m处,凿就于明代宣德年间(1426—1435),是一个凿自江岸完整无缝之崖壁的24级凹形登山石洞。其中16级台阶凡步履所触,便会发出悠扬婉转、音色极似古琴的声音,在洞内久久回荡。在这16级台阶中,最下面的7级台阶发音特别洪亮,又称之为"七步弹琴"[2],今称之为"七情台",属我国四大回音古建筑之一。它以声音洪亮、音色优美、历史悠久、题刻繁多等特点,吸引了众多古代文人墨客和现代广大的中外观光游客。同时,也引起了有关专家学者的极大兴趣与高度关注[2,4,5]。

一、大佛寺的形成与现状

潼南大佛寺位于重庆市潼南县(原四川省潼南县,现重庆市潼南区)县城西北涪江南岸的定明山下,距县城1.5 km。其选址遵循"尊重环境,融人工环境与自然环境为一体[6]"的中国古代建筑选址的基本原则,选定在旧遂州城附近的独云峰,形成了大佛寺总体布局的一大特色,如图4-2所示。独云峰地处涪江南岸,是高超过20 m的丘陵台地,且沿江岸形成了长数百米的天然陡峭崖壁。婉转东流而来的涪江在此形成沱湾,江面视野开阔。奔腾的涪江与陡峭险峻的独云峰及连绵起伏的山丘,构成了气势磅礴的自然景观。始建于唐咸通三年(862)[7]的大佛寺,初名南禅寺,又称为定名院。因寺内有一尊唐宋时期依山凿造的摩崖饰金大佛——潼南大佛而得名。大佛寺绵延千年,是佛道合璧的一组古建筑群,山上原有寺庙三层,现已不复存在。山下现存从山脚直达山顶依崖壁叠建在大佛之上的七重飞檐大殿,谓之大佛殿,其左右还存有观音殿、玉皇殿、鉴亭等木结构古建筑群,如图4-3所示,统称为大佛寺。其总体布局顺应独云峰天然崖壁的自然走势,鉴亭、大佛殿、观音殿和玉皇殿四座建筑,沿涪江崖壁一

a.示意图①   b.实拍图[7]

图4-2 大佛殿侧立面图

---

① 引自张兴国《四川建筑》。

图4-3 潼南大佛寺
古建筑群全景①

字型由东向西横向展开。"从江面远眺大佛寺,建筑群严整有序,高低错落,天际轮廓线丰富,构成舒展开朗的建筑景观。[6]"寺内古建林立,古树参天,使人心生景仰。

大佛寺的建造"根据自然环境的特点,进行适当的人工处理,赋予新的建筑环境意境[6]",被学者誉为其总体布局的一大创举,这在大佛寺入口处的环境格局中表现得尤为突出。从独云峰台地进入大佛寺石拱券式山门,可见明代宣德年间凿就于完整崖壁的数十级石阶,石阶梯道两侧岩体直立,恰似刀斧所劈。低头俯视,玲珑秀丽的鉴亭、连绵的山峦、奔流的涪江尽收眼底,豁然开朗,虽未见大佛,却已感觉大佛寺之宏伟。更为奇妙的是,当游人脚踏石阶梯时,即有婉转悠扬、悦耳动听的古琴声相随,如潼南县志所载:"拾级而登者,步履所触,响随应之,其声清越,仿佛弹绿绮而奏云和。"这一声学景观,古人以摩崖石刻"石磴琴声"称之,也就是中国四大回音古建筑之一的潼南"石琴"。

大佛殿为覆护大佛造像的木结构古建筑,宋代称大像阁,也称为七檐佛阁,是潼南大佛寺的核心建筑。这座七檐歇山式双重殿宇,如图4-4所示,坐南朝北,殿高33 m,依岩面江而建,依附崖壁层叠而上,下四层即与山平,上三层叠建山顶,冲出独云峰

图4-4 大佛寺七檐佛阁②

---

① 引自视界网。
② 引自百度百科"潼南大佛寺图册"。

顶10 m有余。远远望去,飞檐翘角,黄瓦朱墙,雕梁画栋,结构独特,气势宏伟,巍峨壮观。大佛殿始建于南宋建炎元年(1127),时为五重檐,皆用琉璃瓦覆盖,以蔽风雨,使佛像从露天转为室内,称为大像阁。这是我国最早使用全琉璃顶的古建筑,将我国史志记载使用全琉璃顶的年代向前推进了200余年[1]8-18。后经历代维修,直到清雍正六年(1728)才改建为七重檐。这座七重飞檐大佛殿是在陡峻岩壁上凿孔置枋,以巨大的圆木为柱,柱上置枋,枋上叠柱,如此层层搁架,所有房梁、木架不用一钉一栓,全凭巧妙的搁架叠成。它虽经历近千年的风雨侵蚀和涪江洪水的多次冲击,依然耸立云天,成为我国建筑史上的一个光辉典范。

潼南大佛是大佛寺内最重要的历史文化遗产。大佛殿内唐宋时期依崖凿就的释迦牟尼大佛端坐在石壁之间,足踏山底,头与山齐,远看是一座金山,近看是一尊绝美的金佛。宋碑载其高八丈,号金仙,故称"八丈金仙",俗称"金大佛",如图4-1所示。大佛通高18.43 m,头长4.3 m,耳长2.73 m,肩宽8.35 m,体量巨大,神态自如,庄严肃穆,全身饰金,栩栩如生。大佛始凿于唐朝,先凿佛首。据碑刻所载,佛首开凿于唐咸通年间(860—873),大佛于2012年第五次维修保护工程中的新发现又将佛首开凿时间追溯到唐长庆四年(824)之前[1]7-11。大佛头饰螺发,两耳垂肩,两眼炯炯,脸颊丰满,面带微笑,神态慈祥和蔼。佛身始凿于北宋靖康元年(1126),历时26年,由佛、道两家通力协作,于南宋绍兴二十一年(1151)完成了佛像全身的修凿,是佛、道密切合作的结晶。大佛身着金色袈裟,结跏趺坐,袒胸,着双领下垂外衣,左手放膝前,右手手心向上展于腹前,泰然自若,既惟妙惟肖地展示出了佛的至上至尊的神态,又淋漓尽致地表现出了佛的慈悲为怀、普度众生的和善神情。

南宋绍兴二十二年(1152)二月,潼南大佛首次妆銮饰金完成。此后,又在清嘉庆七年(1802)、清同治九年(1870)和民国十年(1921)为大佛先后三次重装金身。2012年中国文化遗产研究院实施的大佛维修保护工程,被称为第五次穿金①。大佛至今保存完好,光灿夺目。潼南大佛作为我国古代宗教造像史上罕见的佛道合璧的造像珍品,是我国迄今保存最为完好的第一大摩崖饰金大佛,造像高大,琢工精细,打磨细腻,神态慈祥,雕刻精美,在我国和世界的大佛造像家族中都堪称佼佼者②,被中外文物专家誉为"金佛之冠",是世界室内第一摩崖饰金大佛。

值得一提的是,这尊潼南大佛不仅佛身硕大,为世界室内饰金大佛之最;同时,其前后历时320余年,跨唐、宋两朝修凿,整个佛像凿建工程虽分首、身两个阶段,且由佛道合璧完成的佛像居然风格统一,浑然一体,比例协调,衣纹流畅,形体逼真,毫无

---

① 引自新浪网《重庆潼南大佛寺:风雨剥蚀后的历史文化遗产》一文(http://news.sina.com.cn/o/2015-08-21/122932229598.shtml).

② 引自凤凰网重庆站《潼南大佛寺特色》一文(http://cq.ifeng.com/zhuanti/tongnandafo/ziliao/detail_2014_07/22/2635142_0.shtml).

拼凑之感。

大佛殿左侧为观音殿,始建于宋代,时谓净戒院,依岩重阁,通为三层。因明代晚期,新凿龛刻"渡海观音",遂改称"观音殿"。民国三十四年(1945)毁于一场大火,民国三十六年(1947)重建,通高11.6 m,面阔、进深皆为三间,为双重檐歇山式建筑。观音殿左侧则为玉皇殿,始建于民国十一年(1922),是百姓为求雨祭天所建,面阔五间、进深三间,为单檐歇山式建筑。大佛寺内,道教神祇玉皇大帝与佛祖释迦牟尼并尊,是佛道互融互助的有力证明。大佛殿右前侧江岸,有巨石如磐,石上巍然挺立一座正方形阁楼式古亭,称之为鉴亭。相传其为南宋著名学者魏了翁读书处,因缘起魏了翁题字,也称"了翁亭"。该亭始建年代不详,据县志可印证其应该早于南宋嘉定年间(1208—1224)[①],底部边长6.3 m,通高15.3 m,覆楼两层,琉璃金鼎,秀丽壮观,灿烂辉煌,为十二柱三檐、四角攒尖顶木结构古建筑。鉴亭、大佛殿及"石琴"构成"品"字形,登亭赏景,甚为美观。

以大佛殿为中心,在东西沿涪江岩壁上,历代名人墨客书镌于岩壁上的碑刻题记83则,诗赋题咏百余首,楹联20则,记录历代的水文题刻7则,以及以唐代为主的石窟群104龛、700余躯。这些摩崖石雕中以佛像为主体,另有道家造像10龛,儒家造像2

图4-5 新发现佛首开凿时间题刻拓片[1]

龛。这众多的实物为进一步研究我国当时西南的文化、宗教、艺术、水文等提供了宝贵的资料。加上我国四大回音古建筑之一"石磴琴声"的"石琴"、罕见的天然回音壁"海潮音"、高入云霄刻于陡峭笔立岩壁上的顶天"佛"字、别具一格的鉴亭等,构成了距重庆不远的一个以"潼南大佛"和"石琴"为核心的人文旅游景点。

二、潼南大佛凿造历史源流

潼南大佛作为佛道合作共同完成的一尊摩崖饰金大佛,是大佛寺内最重要的历史文化遗产。据县志、碑刻题记和有关历史资料记载,这尊大佛始凿于唐咸通年间(860—873),当时寺僧仅凿出了自大佛头顶至鼻端的一小部分,便放弃了凿造大佛的宏伟工程。而大佛第五次维修保护工程中在大佛头部悬崖边上新发现的一处唐宋摩崖题刻,如图4-5所示,将佛首的开凿时间又追溯到唐长庆四年(824)之前。佛身开凿始于北宋靖康元年(1126),道者王了知从中江县来到潼南化缘,见仅有未凿成的佛头,而无佛身,便与寺僧德修通力合作,一边广

---

① 引自《潼南文史资料(第三辑)》65-70 页。

泛募化，一边安排工匠按照石佛之首的比例续凿佛身。南宋绍兴五年(1135)，王了知仙逝，寺僧德修住持又与道者蒲智合作，经过艰辛努力，于南宋绍兴二十一年(1151)完成了佛像全身的修凿。大佛凿就后，南宋绍兴二十二年(1152)，为了给佛像饰金，工匠又进一步对佛像加工细磨，寺僧德修住持还远赴泸州，告知时任泸州安抚使的遂宁小溪人冯楫"佛已成，阁已就，惟缺严饰"，向其化缘为大佛装銮。冯楫是一位虔诚的信佛居士，慷慨以俸金用作金饰，还亲自撰文刻碑记事。绍兴二十二年(1152)二月，大佛妆銮饰金完成，至此大佛通身贴金。

首先，潼南大佛开凿的起始年代为唐咸通年间(860—873)，其依据的碑刻题记为大佛寺前殿中所刻的《新修大佛寺外殿落成记》，其中有这样的记载：

"唐咸通中道士王了知旁巉岩凿大佛石像，庄严璀璨，疑出鬼斧神工。"

在这一段字句中，首次提出了唐咸通年间在悬崖峭壁旁开凿大佛，开凿者为王了知的观点。虽然将南宋王了知误传为唐代人，如碑刻题记中所载的年代属实，则大佛开凿年代即可确定在公元860—873年。这一观点在《潼南县志》中也得到了印证。

《潼南县志》(民国四年编撰)卷之一《舆地志》六《祠寺》中有关"大佛寺"有以下这段记载："县西三里，一名大像阁，在壁山下山上有定明寺，一名南禅院，唐咸通年间建，旧有石佛首，宋靖康丙午年(1126)道者王了知命工匠塑造身像，高八十尺。建炎元年(1127)，僧德修为阁五檐覆之，山上有庙三层，宋赐名定明院，一名南禅寺，今俗统称大佛寺。清同治年里(1862—1875)，重装大像金饰，至今光彩灿然。"

《潼南县志》中的这段记载说明在唐咸通年间(860—873)建造大佛寺时，大佛首就已存在，这就间接印证了对大佛寺前殿所刻的《新修大佛寺外殿落成记》所记载相关内容的考证观点及分析，即唐咸通年间依悬崖峭壁开凿大佛首的观点是正确的，碑刻题记记载的年代是属实的。

第二，潼南大佛第五次维修保护工程新发现的唐宋摩崖题刻将佛首的开凿时间追溯到唐长庆四年(824)之前。2010年5月至2012年4月，受潼南县委托，中国文化遗产研究院实施了潼南大佛第五次维修保护工程。在中国文化遗产研究院编写的《潼南大佛保护修复工程报告》有这样的记载："在大佛头部前端的悬崖边上，新发现了一处唐宋摩崖题刻(见图4-5)。题刻高1.6 m，宽0.7 m，共两则，上面一则刻'七月廿一日两人/长庆四年/十壹月十七下手三人/至十二月廿日'，字径3.5~18 cm；另一则位于其下方'丙午年三月三十日下半身/中江县……/四月十五日/'，字径5~9.5 cm。[1]9-11"

中国文化遗产研究院研究人员对新发现的唐宋摩崖题刻进行了考证分析，认为："这则题刻明显为唐代大佛凿刻的用工记录，为大佛开凿历史的考证提供了宝贵的依据，证明了唐长庆四年(824)时，大佛头部的开凿工程已在进行。故此亦可推断，大佛的开凿应始于唐代，且不晚于824年。[1]9-11"

从这两段记载即潼南大佛第五次维修保护工程中所发现的唐代大佛凿刻用工记录和中国文化遗产研究院研究人员的考证分析,足以说明大佛开凿年代可从唐咸通年间追溯到唐长庆四年,且大佛开凿起始时间不晚于唐长庆四年(824)。

第三,佛身开凿始于北宋靖康元年(1126),其在潼南县志、碑刻题记和有关历史资料中记载依据至少有二,一为前文提及的《潼南县志》(民国四年编撰)中的有关记载,另一为南宋乾道元年(1165)凿刻于《皇宋遂宁县创造石佛记》摩崖碑刻所载。

《潼南县志》中的这段记载,对于潼南大佛凿造历史源流考证而言,除明确说明了北宋靖康元年(1126),道者王了知组织工匠开始凿造佛身外,还说明了在北宋靖康元年(1126)之前就已经有了佛首,完全可以说明佛首的开凿时间肯定早于这个年代。同时,还间接印证了对大佛寺前殿中所刻的《新修大佛寺外殿落成记》所记载内容的考证观点及分析,即唐咸通年间依悬崖峭壁开凿大佛的观点是正确的,碑刻题记记载的年代是属实的。

南宋乾道元年(1165)泸州安抚使冯楫所撰,凿刻于大像阁外面右侧岩壁上的《皇宋遂宁县创造石佛记》摩崖碑刻(如图4-6所示)中有记载:"有岩面江,古来有石镌大像,自顶至鼻,不知何代开凿,俗呼'大佛'。头后有池,靖康丙午,池内忽生瑞莲。是岁,有道者王了知,自潼川中江来化邑人,命工展开佛身,令与顶相称。身高八丈,耳、目、鼻、口、手、足、花座,悉皆称是。"

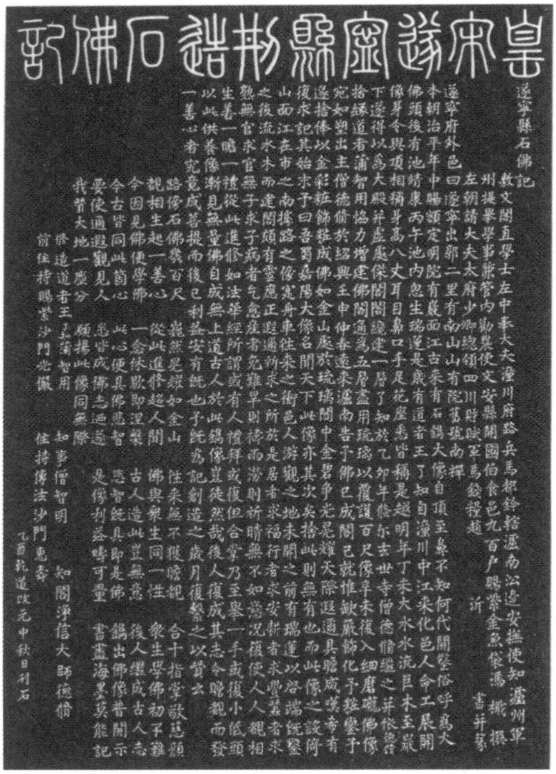

这段碑记至少可以说明三个问题:一是证明了佛身开凿始于靖康丙午年,即北宋靖康元年(1126);二是潼南大佛早在宋靖康元年(1126)之前就已经有了未凿成的佛首,而无佛身;三是证明了大佛的开凿年代早于这个年代。

由此可见,潼南大佛佛首和佛身开凿年代相距甚远,佛首开凿时间可追溯到唐长庆四年(824)甚至更早,佛身开凿始于北宋靖康元年(1126),历时25年,于南宋绍兴二十一年(1151)宏伟的佛像修凿工程竣工,整座佛像开凿前后时间跨度达327年之久,是佛道两家通力合作的结果。

图4-6 《皇宋遂宁县创造石佛记》摩崖碑拓片[1]

三、潼南大佛寺"石琴"及"石磴琴声"

1.潼南大佛寺"石琴"构造

潼南"石琴",又称"大佛洞",现今称之为"七情台"。大佛寺原有上、下两殿,上殿(南禅寺)居独云峰上,下殿(大佛殿)依山面江,两殿之间无道路可通,实属不便。明宣德年间(1426—1436),寺僧选择这堵距大佛殿右侧25 m完整无缝的陡峭岩壁,凿洞(古称大佛洞)布梯,既沟通了上、下两殿,又恰巧形成了潼南"石琴"①。

潼南"石琴"在大佛寺旁,面对涪江,位于大佛殿右侧25 m,坐南面北,偏东约30°,是一个人工修凿于完整无缝岩壁上的凹形登山石洞,如图4-7所示。整个石洞全长25 m,宽3.5 m,从空中俯视呈一个"7"字形登山石阶。为说明方便,将其中下半部竖"1"字形石阶梯称为主洞,上半部横"一"字形石阶梯称为侧洞。主洞石阶梯是一个凿自江岸完整无缝石壁的凹形石洞,自下而上共有24级。主洞每级石阶梯的高低宽窄各不相同,一般高在20~27 cm,踏步宽在38~50 cm。侧洞中有石阶梯12级,每级石阶较主洞的石阶略低、略窄。洞口第一级石阶距岩壁顶高7 m,岩壁上又砌以大小不等的条石,使洞口最高处达11 m,洞底转角处岩壁高为3.5 m。主洞石阶自下而上梯道两侧岩壁陡立,似如刀斧所劈,颇有"天阶谁向空中起,婉转千层叠鱼鳞"之势,

图4-7 潼南"石琴"全貌②

蔚为壮观。洞口与大佛殿前的古道相连,且与江边鉴亭对峙,从主洞拾级而上,通过向左直转的侧洞可抵达山顶,即南禅寺。主洞外,另有高27 cm、踏步宽45 cm的19级石阶梯踏道与涪江边古纤道相通。因这19级石阶梯的规格严格一致,故可知其是近年新修的建筑。

2.潼南大佛寺"石磴琴声"

人们通常所见的西洋乐器和民族乐器,大多采用吹拉弹击之法,发出悦耳动听的乐音。而在重庆潼南大佛寺内,竟然有一架巨大的"石琴",它不需要吹拉弹击,只需游览者或体验者沿着大佛洞主洞石阶缓步而上,或信步而下,脚下便会发出奇妙的

---

① 引自《潼南文史资料(第一集)》135-141 页。

② 引自重庆市潼南区人民政府公众信息网。

古琴之声,与踏步相伴相随,且每级石阶随着踏步的轻重变化,其音量也随之有明显的强弱之分,各级石阶的音色亦随石壁高低变化而略有不同,自下而上,由低沉浑厚逐渐变得高亢铿锵。琴音洪亮,婉转悠扬,悦耳动听,似闻天籁之音,甚是奇妙[7]21-24。

从大佛洞洞口石阶梯缓步而登,自下而上的第四至第十九级的16级石阶梯,凡步履所触,如拨古琴,便会发出酷似古琴的声音,悠扬婉转,在洞内久久回荡。特别惊奇的是,在这些能发出悠扬古琴声音的16级石阶梯中,有7级石阶发出的乐音,宛若琴弦上7个不同音符组成的音阶。这7级石阶就是第四至第十级石阶,发出的乐音特别清越响亮,犹如锤击编钟,又似弹奏绿绮(一种古琴),古人称为"七步弹琴"。因其坐落在大佛寺内,故又称为"大佛石琴",并题"石磴琴声"(见图4-8)于主洞石壁之上。

图4-8 "石磴琴声"题刻拓片[7]

第二节
潼南"石琴"特殊的声学效应

一、潼南"石琴"的形成与现状

据《潼南县志》卷之二《古迹志》三《遗迹》中有关"石磴琴声"有一段记载:"县西大像阁右,明宣德中(1426—1436)寺僧凿自江干,逐层砌磴以抵山顶,拾级而登者,步履所触,响随应之,其声清越,仿佛弹绿绮而奏云和也,故有琴声之曰。"

从县志记载看,"石琴"的开凿年代为明朝宣德年间,即公元1426—1436年,且开凿"工匠"为寺僧。

《潼南县志》所载内容的可靠程度,可在"石琴"两侧的石壁题刻上找到印证。在"石琴"所在大佛洞的石壁上现存题刻共十八处,其中主洞右壁上方题刻以诗章"题大佛洞"一则的年代最早,尾款书"天顺甲申年(1464)秋七月下浣赐进士出身微仕朗钦差谕蜀户科都给事中番阳重轩识"。该题记的年代为天顺甲申年,即公元1464年,与县志所载明宣德中,即公元1426—1436年是一致的,约晚30年。故我们可以认为"石琴"的开凿年代在明代天顺甲申年以前是可靠的。这样对潼南大佛寺"石琴"开凿年代最保守的估计也要比天坛回音建筑早一个世纪。另从洞中十八则题刻中镌刻着的留名看,有十七则留名都是寺僧,仅有一则表明不是寺僧所刻,由此印证开凿"石琴"

的工匠为寺僧也是令人信服的。

有关"石琴"声学现象的记载也在开凿后不久。我们仅就题记中的一则,即可知晓。在主洞右石壁中层第四则,上书"石磴琴声"四个字径达40 cm的楷书大字,后刻小字:"予因公务至此仅旬日,每登是磴,当闻清音彻耳,宛若琴瑟之声,故名'石磴琴声',以纪岁月云耳。大明成化二年(1466),岁在丙戌,中秋后三日丁巳。四川潼川州判官湖南星沙黄文书。本山修造具戒比丘智能镌石。"(见图4–8)这表明题刻"石磴琴声"镌刻于明代化成二年,即公元1466年。这一则550余年前的题刻表明"石琴"声学现象在此石阶开凿后不久已广为人知,而且其发声效果犹如弹奏琴瑟。

潼南"石琴"凿就后,引来历代名人墨客到此觅胜鉴赏,研墨挥毫,留下诸多对美妙琴声倍加赞誉的诗咏题文。明代潼川州事朱孔阳闻听"遂宁有石磴,盖古迹,称仙景",登临游赏"石琴"后,欣然以"石磴琴声"为题,赋诗一首,对其大加赞美:"琴到无弦,听者自稀;上古遗音,造化玄机。"明代山西巡抚兼监察御史陈讲游览"石琴",踏步"弹琴"后,写下传世名句:"飞磴横琴本无弦,高山流水步蹒边;琴声一动熏风起,解阜如闻弦上弹。"遂宁令范府更是多次游览,也对美妙"琴声"留下了赞美的诗句:"重登更得山前意,缓步犹闻云外声;岩半月明孤鹤泪,江边风细老龙惊。"

这样一座具有五百余年历史的罕见的声学奇迹,近半个多世纪以来的情况又是怎样呢?潼南"石琴"的凹形石壁和石阶梯经历了历史沧桑,面貌有所变化。据当地人介绍,20世纪50年代,因山上有一粮库,为使民工自涪江往山上粮库运送粮食方便,故在各石级中部开凿了一个小的凹槽,以减小台阶的高度。另外,令人惋惜的是这一罕见的古代建筑文化遗产,在"文化大革命"中遭到破坏,"石琴"主洞口左侧岩壁上部被炸,下部仅存岩壁还被震开三道裂纹,最宽处达2 mm,自上而下直达石磴。这些因素使"石琴"的回音效果受到很大的影响。20世纪90年代初,为弥补这一损失,有关部门在左侧石壁的基础上砌上一道石板墙,后来为迎合世人的心理,又在主洞顶上压上石板,还修建了一座亭子。当地人介绍说:在"石琴"被破坏之前,石阶的发声很洪亮,一些胆小的孩子甚至不敢独自一人在此石磴上行走。

1990年,当黑龙江大学古建筑声学问题研究组的研究人员第一次赴潼南进行现场考察和实验测试时,用力脚踏各级石阶,在第四级以上的石阶上还可以听到回声。1993年,研究人员第二次赴潼南大佛寺"石琴"时,发现各石阶的发声效果有减弱的趋势。

二、"石琴"声学现象研究的缘由

潼南大佛寺"石磴琴声"巧妙的结构、神奇的韵味是古代能工巧匠的智慧结晶,需对它进行科学的维护,才能发挥其应有的作用。而科学维护潼南"石琴"的前提和基础,是对"石磴琴声"形成的声学原理有一个比较全面的了解和认识,进而掌握"石磴琴声"声学现象的设计要点。

在前文，我们对潼南"石琴"的构造及"石磴琴声"特殊声学现象已做了一定的介绍。如前所述，潼南"石琴"是凿自江岸完整无缝之崖壁而成的24级凹形登山石阶，石阶梯两侧岩壁陡立，似如刀斧所劈，其中从第四级开始的16级台阶凡步履所触，便会发出极似古琴之声在洞内久久回荡，其中以前7级台阶(即主洞第四至第十级这7级台阶)发音特别洪亮，"七步弹琴"由此而来，上述声学现象亦被称之为"石磴琴声"。

如此开洞凿阶，用脚踏即可听到"石磴琴声"的潼南"石琴"，为什么会产生悠扬悦耳的琴瑟之声呢？

传说潼南"石琴"下面有一条暗河，当游人或体验者脚踏石阶，石阶之声与暗河水声发生共鸣而产生琴瑟之声。其实并非如此，因为暗河水声在地下很难传出地面，况且"石琴"下面是否真有暗河存在，也尚无考证。有人认为凿造者懂得回音原理，然而也没有给出详尽的解释。还有人认为石琴濒临涪江，滔滔江水发出轰鸣，当游人脚踏石阶，引起共鸣之音，这一说法也不可信，因为水声响彻空间，又距石阶梯较远，很难构成共鸣体，水声和脚踏石阶发出的声音互不相扰[8]。

那么，潼南"石琴"为何会发出琴瑟之声呢？我们又该如何对其进行解释？作为开展古建筑声学研究的团队，俞文光教授领导的黑龙江大学古建筑声学问题研究组在开展"莺莺塔声学问题研究"的同时，欣然承担起了探究的任务。

1989年初，在俞文光教授牵头组织下，由黑龙江大学周克超、吕厚均、穆瑞兰、陈长喜，哈尔滨理工大学贾陇生，国家地震局工程力学研究所付正心等研究人员组成了四川潼南(现划归重庆市)"石琴"声学问题研究课题组，在潼南县文物管理所姜孝云、李邦智的大力协助下，开始对潼南"石琴"声学问题进行研究，同年开展了"石琴"声学现象形成机理的理论探索[2]；1990年8月，研究组赶往潼南大佛寺，对"石琴"声学现象进行了首次实验测试；1992年9月，俞文光教授主持的"中国四大回音古建筑之一——四川石琴声学问题的研究"项目获得国家自然科学基金资助。于是，潼南"石琴"声学问题研究工作全面展开。1993年6月，研究人员再次到潼南大佛寺，对"石琴"声学现象及其历史进行考察，利用先进的测试分析仪器，运用物理学和声学的基本原理，对潼南"石琴"进行了系统的实验测试。此后，研究组对所得到的大量数据进行了科学分析，通过对声脉冲响应图和频谱图进行分析，揭示了"石磴琴声"的形成机理，为科学保护、合理利用"石琴"提供了科学依据[2,4,5]，也为开发当地的旅游资源、促进经济繁荣起到了积极作用。

第三节
潼南"石琴"声学效应实验测试与分析

一、实验测试情况

1990年8月和1993年6月,研究组研究人员两次从哈尔滨赴潼南大佛寺考察"石琴",并对其声学现象进行了实验测试。现场考察时,研究人员看到"石琴"主洞中共有24级石阶,且石阶和原岩壁连成一个整体。各级石阶的长、宽、高尺寸各不相同,一般高在20~27 cm,宽在38~50 cm,长在350~380 cm。每级石阶中间在20世纪50年代被人为凿开一约为24 cm×25 cm×7 cm的小凹形石槽,这一做法为当年扛粮袋的民工上山提供了便利条件。"文化大革命"期间,主洞的石壁部分被破坏,以左侧破坏更为严重。我们在1990年去"石琴"时,当地人士为弥补琴声减弱而补修了一道同材质的石板墙。修复后主洞岩壁顶端到各石级的高度见表4-1。主洞石阶的仰角约为30°。

表4-1 洞内各石阶响应左壁高

石阶级数	20	19	18	17	16	15	14	13	12	11	10	9	8	7
洞壁(左)高(m)	4.58	4.68	5.14	5.36	5.62	5.92	6.22	6.52	6.84	7.15	7.44	7.72	8.02	8.35

据当地人士介绍,"石琴"在这两次被破坏前,自第四到第十九级,凡步履所触便会发出极似古琴的声音,在洞内久久回荡,特别是四级以上的七级石阶发声更洪亮。1993年6月,研究人员在"石琴"现场考察时,感觉"石琴"声学效果较从前有所减弱。

对"石琴"的声学实验测试是这样进行的:研究人员以脚踩石阶、击掌和自制可调频率音频振荡器作声源,在各石阶上发声。用声级计把声能转换为电磁能,把强迫振动声和回声记录在磁带机的磁带上,然后把此磁带带回实验室经过频谱分析仪、计算机处理后送到绘图仪,画出各级石阶振动及回声声脉冲响应图及其频谱图。研究人员可以从声脉冲响应图了解各级石阶振动及回波的持续时间及强度,由频谱图还可以确认各级石阶所发声音的频谱分布、主频率及它们的音调和音色情况,这样经综合分析即可揭示"石琴"的声学机理。

其中较重要的一次测试情况如下。

测试时间:1993年6月5日

天气:晴　　　气温:25℃　　　环境噪声:45 dB

测试地点:潼南县大佛寺"石琴"

测试人员:俞文光、周克超、付正心、贾陇生、陈长喜、李邦智

主要测试仪器:声级计(丹麦B/K公司生产)、磁带记录仪(日本 TEAC81型)、频谱

分析仪及记录仪(丹麦B/K公司2112型)、自制音频振荡器

经过反复实验测试,共得到各级石阶振动的声脉冲响应图、频谱图177幅。为了便于说明问题,这里仅给出主洞中第一、第八和第十九级石阶脚踏声的声脉冲响应图及相应的频谱图,如图4-9、图4-10和图4-11所示。

二、测试结果分析

1. 第一级石阶脚踏声测试结果分析

图4-9为第一级石阶脚踏声声脉冲响应图及频谱图,由第一级石阶脚踏声声脉冲响应图即图4-9(上)可知,标号1、2之间的声波振幅最大。我们可以肯定它就是用脚踏第一级石阶时激发的固有振动,持续时间为:

$$656.41-633.28=23.13(ms)$$

由此可知,第一级石阶的固有振动持续时间为23.13 ms,此后图4-9(上)中没有振动波形出现,因此,主洞第一级石阶没有回声出现。这是因为第一级石阶处于"石琴"主洞洞口,没有受到凹形石壁形成的"音箱"共鸣作用,所以该石阶的振动没能形成产生"琴声"的波动,因此听不到"琴声"。

从第一级石阶脚踏声声脉冲频谱图即图4-9(下)可以看到,第一级石阶振动发出的声音其主频率为750 Hz。

2.第八级石阶脚踏声测试结果分析

图4-10为第八级石阶脚踏声声脉冲响应图及频谱图,由第八级石阶脚踏声声脉

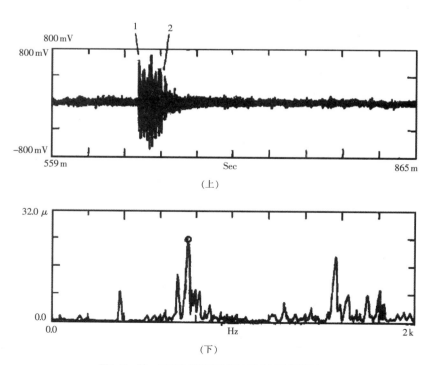

图4-9　第一级石阶脚踏声声脉冲响应图及频谱图

冲响应图即图4-10（上）可知,标号1、2之间的声波振幅最大。它就是脚踏第八级石阶激发的固有振动,持续时间为:

$$398.83 - 362.80 = 36.03(ms)$$

由此可知, 第八级石阶的固有振动持续时间为36.03 ms。由于第八级石阶处在"石琴"主洞凹形石壁的"音箱"中,在标号2的声波一直到标号3的声波之间均有振动波形出现,持续时间为:

$$545.86 - 398.83 = 147.03(ms)$$

这就是第八级石阶振动在主洞凹形石壁"音箱"作用下产生波动的继续,也就是产生"琴声"的波动。这时第八级石阶脚踏声发出后,其所激发的声波可在凹形石壁之间来回反射,该石阶的振动在石壁间继续振荡,石壁的"音箱"共鸣效果最好。因此,脚踏后声音总持续时间为:

$$36.03 + 147.03 = 183.06(ms)$$

从第八级石阶脚踏声声脉冲频谱图即图4-10（下）中,可知其主频率为681.2 Hz。因此,脚踏第八级石阶后,由其所激发的声波在石壁的"音箱"中来回反射形成共鸣作用,琴声总持续时间为183.06 ms,主频率为681.2 Hz。

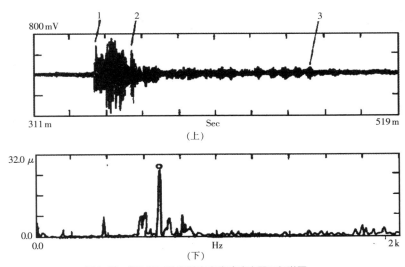

图4-10　第八级石阶脚踏声声脉冲响应图及频谱图

3.第十九级石阶脚踏声测试结果分析

图4-11为第十九级石阶脚踏声声脉冲响应图及频谱图,由第十九级石阶脚踏声声脉冲响应图即图4-11（上）可知,标号1、2之间的声波是脚踏第十九级石阶所激发的固有振动波,持续时间为:

$$318.52 - 297.73 = 20.79(ms)$$

标号为2的声波以后一直到标号为3的声波之间的振动波为其回波,它的持续时间为：

$$432.11-318.52=113.59(\text{ms})$$

这就是脚踏第十九级石阶后,其所激发的固有振动在凹形石壁"音箱"中继续振荡,在凹形石壁之间来回反射回波的持续时间。还可以看出它比第八级石阶被激发振荡时间要短,也就是说"琴声"较弱。因此,第十九级石阶脚踏后声音总的持续时间为：

$$20.79+113.59=134.38(\text{ms})$$

由图4-11（下）的频谱图中可知,第十九级石阶的主频率为675 Hz。由于第十九级石阶到主洞顶的高度降低到4.58 m,凹形石壁"音箱"的共鸣作用与第八级相比明显减小,故其振动总持续时间也远小于第八级石阶。

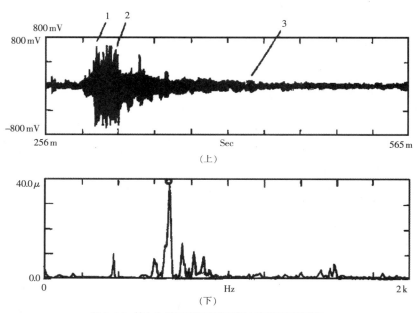

图4-11　第十九级石阶脚踏声声脉冲响应图及频谱图

4.主洞各级石阶脚踏声测试结果分析

依据我们对"石琴"主洞各级石阶振动所做声学测试得到的诸多声脉冲响应图和频谱图,进行对比分析,可以看出:脚踏"石琴"主洞各石阶所激发的固有振动声波持续时间较长的石阶为第七、八、九级,其他各级石阶基本上是依石阶数的增加或减少而递减的。我们认为这是因为各级石阶在"石琴"主洞凹型石壁"音箱"中的相对位置不同,所以它们被激发的声波振荡时间长短也就不同。从表4-1洞内各级石阶对应的左岩壁上端的高度值可以看出,第七、八、九级石阶处于岩壁上口最深处,也就是它们正处在"石琴"主洞凹形石壁"音箱"的中部,所以共鸣效果最好,"琴声"最佳。从图4-7"石琴"全景照片可以明显看出,第四、三、二、一级石阶处于"石琴"主洞的洞口处,即处在"石琴"主洞凹形石壁"音箱"的边缘,所以共鸣效果较差,"琴声"也很弱。

第四节

潼南"石琴"的声学机理及琴声减弱原因探讨

一、潼南"石琴"声学现象理论分析

潼南"石琴"是从江边完整陡峭崖壁上凿成的一条由下至上的凹形登山石洞,这种特殊的构造使得石阶本身的固有振动频率正好落在中、低音频范围内。当人们拾阶而上,步履所触石阶发出的声音有一个谐分布,其中有一些频率正好与石阶的固有频率或其谐振频率一致,于是会引起石阶的共振。又因"石琴"主洞的构造特殊,它是一个完整无缝的凹形石壁,且石阶梯两侧岩壁陡立,似如刀斧所劈。这种构造像一个声音的共鸣箱,当某石阶共振时,在此"音箱"的配合下使声音在"石琴"主洞内久久回荡,这就是潼南"石琴"简单的发声原理。因为主洞各级石阶的高低宽窄各不相同,即几何尺寸、边界条件都各不相同,其相应的固有频率也不会相同,因此各级石阶的发音高低也不尽相同,这就是潼南"石琴"有高低音阶变化的原因。

下面我们把"石琴"主洞的石阶当作两端夹紧或者自由的一个均匀梁的横振动,对它的谐振频率做一初步的分析。

我们都知道,理论上梁的横振动方程为[9]:

$$\frac{\partial^4 \eta}{\partial x^4} + \frac{\rho}{Ek^2}\frac{\partial^2 \eta}{\partial t^2} = 0 \tag{4-1}$$

式中η为位移(m),x为沿梁方向的坐标(m),ρ为梁的密度(kg/m³),E为杨氏弹性模量(N/m²),k为梁的回转半径(m),对于长方形横梁,当a为横梁的厚度(m),回转半径k为:

$$k = a/\sqrt{12} \tag{4-2}$$

它的值与横梁的宽度b无关[9]。我们不妨认为此石阶为两端自由(或两端夹紧)的横梁,边界条件:取岩石各参量如下。

$\rho = 2.7 \times 10^3 (\text{kg/m}^3)$ $E = 55 \times 10^9 (\text{N/m}^2)$

对于梁中间无负载时,它的谐振频率如下:

$$f_1 = \frac{3.561k}{l^2}\sqrt{E/\rho} \tag{4-3}$$

$$f_2 = 2.756 \times f_1 \tag{4-4}$$

$$f_3 = 5.404 \times f_1 \tag{4-5}$$

根据潼南"石琴"现场测得的主洞的宽,即石阶的长为$l = 3.5$ m,而各级石阶的高度(石阶的厚度)a之值在20~27 cm变化,我们不妨取$a_1 = 20$ cm,$a_2 = 25$ cm,$a_3 = 27$ cm,分别

求出的谐振频率值如下：

当a_1=0.2 m

$$f_1 = \frac{3.561k}{l^2}\sqrt{E/\rho} = 75.7(\text{Hz}) \tag{4-6}$$

当a_2= 0.25 m

$$f_1 = \frac{3.561k}{l^2}\sqrt{E/\rho} = 94.7(\text{Hz}) \tag{4-7}$$

当a_3=0.27 m

$$f_1 = \frac{3.561k}{l^2}\sqrt{E/\rho} = 102.3(\text{Hz}) \tag{4-8}$$

从(4-7)、(4-4)和(4-5)式，求得高次谐波的相应频率为：

$$f_2 = 2.756f_1 = 279.9(\text{Hz})$$

$$f_3 = 5.404f_1 = 511.7(\text{Hz}) \tag{4-9}$$

进一步考虑"石琴"的发声是由于人脚踏在石阶上而引起的。这样可以认为横梁在中间加负载所产生的谐振动，这时的固有振动频率f_1变为

$$f_1 = \frac{8}{2\pi}\sqrt{\frac{3ESk^2}{l^3(m+0.375m_0)}} \tag{4-10}$$

式中$S = a \times b$（横梁的截面积），我们根据实测值可以取：a=25 cm，b=45 cm，m为人的质量，例如取50 kg，m_0为石阶的质量，例如取为：$S \times 3.5 \times \rho = 1.06 \times 10^3(\text{kg})$，以这些值代入(4-10)式，得：

$$f_1 = 90.3 \text{ Hz} \tag{4-11}$$

比较(4-7)、(4-11)两式，可见石阶中加上人的质量时，其固有振动频率由原来的94.7 Hz减小到90.3 Hz，这说明主洞石阶中间有负荷时的固有振动频率降低了。

从(4-6)、(4-7)、(4-8)、(4-11)等式可以发现，石阶的基频正好落在低音频范围内，这正好印证了把"石琴"作为一个横梁的振动来分析是正确的。它发出的声音类似古琴声，由于石阶的支撑点不一定能正好处于它的两端，又由于石阶的厚度不一样，石阶也不是理想均匀的横梁。因此各级石阶的固有频率不同，脚踏各级石阶使它发出音阶高低不同的声音。

"石琴"遭到的一定程度的破坏，使岩壁产生了三道裂纹。这从声学角度看，相当于使声音的共鸣箱遭到破坏，因此，大大减弱了"石琴"发出的音量。可见，对潼南"石琴"形成机理进行理论分析和实验研究，既对正确科学地进行维护"石琴"有现实的指导意义，也对回音古建筑的科学保护和合理利用具有重要的学术价值和实际应用价值。

二、"石琴"的声学机理及琴声减弱的原因

对潼南"石琴"声学原理的理论分析和实验研究结果都证实："石磴琴声"与这一

古建筑所处的特殊位置和奇异的结构有关。"石琴"的声学机理可以这样表述:"石琴"是凿就于江边完整陡峭岩壁上的一条由下至上的凹形登山石阶,这种特殊的构造使得石阶本身的固有振动频率正好落在中、低音频范围内,石阶是振源,脚踏使其振动发声;石阶两侧的岩壁是共振腔的两壁,主洞两侧的岩壁与石阶一起构成了一个凹形的共振腔体。这两点就是形成"琴声"的两大要素。当人们拾级而上,步履所触石阶产生强迫振动,发出的声音在主洞凹形石壁内来回反射形成一个谐分布,其中有一些频率正好与石阶的固有频率或其谐振频率一致,于是便引起石阶的共振。又因"石琴"主洞是一个完整无缝的凹形石壁,这种构造像一个声音的共鸣箱,当石阶共振时,在此"音箱"的配合下使声音在洞内久久回荡,产生了悦耳的"琴声"。这就是潼南"石琴"简单的发声原理。

另外,各级石阶发音高低又为什么不同? 这是因为"石琴"各级石阶的几何尺寸、边界条件各不相同,其相应的固有频率也不会相同,所以各级石阶的发音高低也不尽相同,这又是潼南"石琴"有高低音变化的原因。

20世纪50年代以前,即石阶中间未凿成凹形小槽和石阶岩壁未被炸毁之前,"石琴"发声的两大要素均完整,故"琴声"洪亮、悦耳。20世纪50年代初,主洞每级石阶中部都被凿了一个凹形槽,这就使石阶发声振动源,即石阶的两个振动面都受到了破坏,开凿的凹形槽起到了阻尼作用,使得振源的强迫振动减弱,也就是激发的声波减弱,这相当于一条琴弦在其中间割了一刀一样。20世纪70年代左侧岩壁被炸毁一部分并产生裂纹,20世纪90年代初经修复即用石板砌成墙体,但已和原岩壁不成整体。这好像一个琴的音箱被破坏了,虽然加上补丁,但整个音箱不成整体,共鸣声就远没有原来那么强了。又加上20世纪90年代初在主洞石壁上面压上条石并修建亭子,这仿佛在音箱上又压上一块重物,使本来共鸣效果就不佳的音箱更难形成共鸣。岩壁被炸掉一部分和产生裂纹使音箱受到了破坏,这就减弱了共鸣作用。这两个减弱就是"琴声"今非昔比的原因。

综上所述,搞好建筑文化遗产或文物古迹的保护、维修,必须通过科学研究来提供依据。这些年来,我们已多次看到这方面的教训。我们认为,加强对文化遗产或文物古迹科学内涵的研究是当务之急。

参 考 文 献

[1] 中国文化遗产研究院.潼南大佛保护修复工程报告[M].北京:文物出版社,2015:3-8.

[2] 俞文光,周克超,贾陇生,等.四川石琴声学原理初探[J].黑龙江大学自然科学学报,1989,6(3):21-24.

[3] 潼南县作家协会.潼南故事[M].北京:中国书籍出版社,2015:6-8.

[4] 付正心,俞文光,周克超,等.四川石琴声学现象的实验测试与分析[J].黑龙江大学自然科学学报,1996,13(1):62-65.

[5] 吕厚均,俞慕寒,陈长喜,等.中国四大回音建筑之一——四川石琴的频谱分析[J].自然科学史研究,1999,18(2):128-135.

[6] 张兴国.潼南大佛寺建筑与环境[J].四川建筑,1995,15(1):23-24.

[7] 《三色潼南》编辑委员会.三色潼南[M].重庆:重庆出版社,2012:3-6.

[8] 谭昆.潼南石琴之谜[J].南方论刊,1994(3):43.

[9] 马大猷,沈嚎.声学手册[M].北京:科学出版社,1983:56-59.

第五章

河南三门峡宝轮寺『蛤蟆塔』

河南三门峡宝轮寺"蛤蟆塔",因具有典型的"蛙鸣"回声效应而得名,它始建于金代大定十六年(1176),是中国四大回音古建筑中历史最悠久的,距今已有840余年的历史,其奇妙的声学景观早已引起声学和物理学专家学者的极大兴趣和关注[1]。

自1986年起,俞文光教授带领的黑龙江大学古建筑声学问题研究组,在国家自然科学基金、黑龙江省自然科学基金和黑龙江省教育厅科学技术项目的资助下,对多座古代叠涩密檐式砖塔进行了科学考察、实验测试和理论分析。研究组首先与山西大学、西安交通大学及中国科学院声学研究所等单位合作,开展了莺莺塔声学问题研究,并于1990年8月揭开了山西莺莺塔"普救蟾声"回声机理[2-4],完成了莺莺塔声学问题研究工作;1992年和1998年,研究组又分别揭开了河南蛤蟆塔和大理千寻塔蛙声回音机理[1,5]。研究中发现,叠涩密檐式古塔有的能产生蛙声回音现象,有的则不能,这是为什么呢? 2008年,研究组又发现大理弘圣寺塔、西安小雁塔也具有蛙声回音,揭示了其机理,并将其与山西永济普救寺莺莺塔、河南三门峡宝轮寺"蛤蟆塔"和云南大理千寻塔的蛙声回音现象进行比较,初步归纳出叠涩密檐式古塔产生蛙声回音的声学设计要点[6,7],这对科学保护、合理利用叠涩密檐式古塔有重要的学术价值和应用价值。

河南三门峡市与陕州古城

一、三门峡市的诞生

三门峡市地处河南省西部,位于豫、陕、晋三省锁钥之处,是我国东部地区和西部地区的结合部,东临十三朝古都洛阳,南依伏牛山与南阳地区相邻,北靠黄河与山西省隔河相望,西望古城长安与陕西省紧密相连,也是豫、陕、晋三省交界的交通要道。三门峡市历史文化悠久,其前身为陕州古城,是中华民族重要的发祥地之一。早在100多万年前就留下了华夏祖先的足迹,"驰名中外的仰韶文化遗址奠定了华夏文明五千年历史的根基,由老子《道德经》衍化而来的道家思想文化是中华民族对世界文化做出的巨大贡献, 达摩创立的禅宗文化成为华夏儿女容纳外来文化的重要标志"[8]。

相传大禹治水时用神斧把高山劈成"人门""神门""鬼门"三道峡谷,倾泻黄河之水东流入海,三门峡由此而得名[9]1-19。1957年,三门峡市随着新中国第一个大型水利枢纽工程——三门峡黄河大坝的兴建，陕州古城处于水库淹没区搬迁东移而诞生，她宛若一颗璀璨的明珠镶嵌在黄河中游南岸。

在三门峡市辖区内，有象征中华民族精神的"中流砥柱"，有炎黄子孙的朝拜圣地"黄帝陵"，有被誉为"一夫当关，万夫莫开"且又是老子《道德经》诞生之地的天险函谷关，有举世闻名的仰韶文化遗址和庙底沟文化遗址，有延续2 000余年的陕州古城，有见证西周时期周、召二公"分陕而治"的政治地标"分陕石"，有达摩祖师圆寂之地空相寺，有在海内外享有盛誉的中国四大回音古建筑之一的河南三门峡宝轮寺"蛤蟆塔"，还有西周、春秋时期大型邦国公墓"虢国车马坑遗址"和虢国都城"虢都上阳城遗址"。这里还是"秦赵会盟"、秦晋"崤之战""假虞灭虢"等著名历史事件的发生地和东汉"关西孔子"杨震、唐朝名相姚崇、宋代诗人魏野、著名翻译家曹靖华的故里。这些都体现了三门峡先民对中华民族优秀文化做出的重要贡献，是具有极高历史、文化、科学和艺术价值的珍贵历史文化遗产。

二、陕州古城的历史源流

陕州古城位于今三门峡市区西部黄河与青龙涧汇流的塬地上，现陕州风景区内。陕州的"陕"字是一个文明古老的地名。据说，"陕"地被古人以"夹方"取名，其意是被大山夹住的地方。据记载，我国最早的辞书《尔雅·释宫》对"陕"字的注音就是"狭"字之音，意思也是"狭"字之意，所以说"陕"字在汉字中最早的解释就是"狭窄"的意思。汉代《说文解字》中解释"陕"字为"隘"，即"狭窄"之意，是难以通行的险要地方。从这个音义上可以理解陕州古城的险要地理位置和自然地势情况[1]。陕州古城素有"四面环山三面水，半城烟树半城田"之说。清朝《直隶陕州志》中关于"陕"字的两句记载"山势四周曰陕，环陕皆山故名陕[2]"，也形象地表述了"陕"地的自然地理环境。陕州古城东有雁念翎关之险，西有函谷之固，南有蛁山屏障，北靠黄河闭锁，形成东西走廊式、孔道型的地理形势，用"陕"字为此地命名真是恰如其分。

陕州古城是三门峡悠久历史的见证。早在3 000年前西周初年，周成王时期就把"陕"作为一个地理坐标，将西周划分为东、西两大行政区域，由开国重臣周、召二公以此为界实行"分陕而治"。对此，《陕县志》卷十九《古迹》篇"陕原"中这样记载："春秋公羊传云：自陕而东者周公主之，自陕而西者召公主之。[3]""陕西"之名也由此而得。因召公下乡视察，常在甘棠树下歇息，处理民事，解决百姓生产生活中的实际问题，得到了百姓的拥护和爱戴。民众感其恩德，在古城内修建祠堂以示纪念，故而陕州古城又称为甘棠旧治。

---

① 参见《三门峡市史志资料选编(第一辑)》26–27页。
② 引自《三门峡文史资料(第十一辑)》81–87页。
③ 引自欧阳珍编撰《陕县志》卷十九《古迹》(民国二十五年七月)。

作为县治,陕县最早设置于2 400年前秦惠公十年(前390)。而陕州古城始建于西汉景帝年间(前156—前141),当时的陕州城周围约7 km,东、南城脚下,有约16.7 m深的壕沟,西、北两面紧临黄河,崖高最深约33 m。据《陕县志》卷四《城池》篇中记载:"陕城,西汉所筑,周围十三里一百二十步。东南有城壕,深五丈,西、北两面紧靠黄河,城高十余丈,历代均有修葺。[①]"古城距今已有2 100余年的历史。

作为州治,陕州府首设于1 500余年前北魏孝文帝太和十一年(487)。由于特殊的军事和地理位置,历代帝王都十分重视陕州城的建设。唐太宗李世民即位(627)后,除诏令将东、南两面城墙增高外,还加固、增添了东、西、南、北四处城门的二道门,使城郭更加坚固。明朝洪武年间(1368—1398),太祖朱元璋在陕州城设置"瑞王府",诏令扩建东、西、南、北四处城门并正式命名为"宣威门""政平门""迎恩门"和"宣化门"。明嘉靖三十四年(1555),陕州古城发生强烈地震,城墙、城楼、城内建筑均遭到严重破坏,后又修复。明朝末年,李自成率领农民起义军与清兵在陕州城展开过两次大的战斗,城墙楼阁遭到严重损坏。清康熙十八年(1679)和清雍正七年(1729)进行过两次较大规模的整修。清嘉庆二十年(1815)的大地震使东、南两面城墙坍塌大半[②]。清光绪十三年(1887),在南门外修筑了一条长56丈(1丈=$3\frac{1}{3}$ m)的护城拦河大堤和青石砌垒的护城大坡,又在东、西、南三面用大砖、灰浆砌垒筑起了整齐坚固的砖城墙。1938年9月,为抵御日军进犯,便于开展游击战争,拆除了古城城墙。不到60天,几千万块大砖砌成的高大城郭很快被拆光,古城城郭三面光秃、颓败不堪。1948年,解放陕州时,城楼毁于战火。

西汉时期所建的陕州古城,在2 000多年的历史长河中,虽历代频繁遭遇自然灾害、兵事战乱,城池多次被毁,又多次修葺复建,古城的位置却始终未变,陕州这一称谓也一直被沿用。陕州古城不仅地形险要,而且风光秀丽,城内原有许多名胜古迹,城东三里桥有北宋诗人魏野的草堂,城西是太阳渡,城北是万锦滩,城内有羊角山、钟鼓楼、宝轮寺、宝轮寺塔、文庙、关庙、禹庙、召公祠、蛤蟆泉、石牌坊等古建筑。

1957年,随着三门峡水利枢纽的兴建,陕州古城被划入三门峡水库淹没区,古城毁弃拆迁。1960年,大坝拦洪,老城区被淹入水中,成为一座废城。由于种种原因,虽然后来三门峡水库降低设计水位,但是被淹的建筑已经被拆光,仅留下一座宝轮寺塔(也称河南"蛤蟆塔")和石牌坊。召公祠里的诗碑、召公遗爱碑、古甘棠碑等碑刻现移存于三门峡市文物陈列馆。1985年,三门峡市在陕州古城遗址上兴建了陕州风景区,供人们游览观光,并逐渐发展成为河南省最大的城市园林。在陕州风景区,既可瞭望九曲黄河的雄浑之美,又可领略小桥流水、绿树红花的绰约风姿。由于是在陕州古城

---

① 欧阳珍编撰《陕县志》卷四《城池》(民国二十五年七月)。
② 引自《三门峡文史资料(第三辑)》178-180页。

遗址基础上发展起来的大型城市园林，除了带给游人感官上的享受之外，还常常会使人蹙眉凝思，回味2 000多年来这里的风云变幻，探寻青枝绿叶间、锦绣繁花中透出的缕缕历史云烟。2000年，陕州古城遗址风景区被确定为河南省重点文物保护单位。

⊙第二节⊙

三门峡宝轮寺与河南"蛤蟆塔"

一、三门峡宝轮寺简介

河南三门峡宝轮寺位于河南省三门峡市湖滨区的陕州风景区内，在209国道和310国道交叉处黄河南岸的陕州古城东南部。关于宝轮寺，直隶《陕州志》有这样的记载："寺建于唐代，塔建于金大定年间。"又载："宝轮寺，州东南隅，唐僧道秀建，金僧智秀复置砖塔。[9]10-11"可见，三门峡宝轮寺始建于唐代，为僧人道秀所建，宝轮寺砖塔成于金代，为僧人智秀复建。历史上宝轮寺位于宝轮寺塔的南侧，俗称南寺，寺院宽敞，拥有一座佛殿、数十间禅房和经房。有住持僧，香火旺盛。寺前有石狮子一对，十面碑四块，上面刻有金刚经[10]。在宝轮寺北面有保留至今的宝轮寺塔。当时的宝轮寺不仅建筑规模宏大、建筑风格独特，而且还是传颂佛法的圣地。据说，代表着当今三门峡黄河风情艺术绝活的"百佛顶灯"也是源于宝轮寺[11]。

由于中原黄河中游地域历来战争频繁，硝烟不断，宝轮寺大部分毁于1928年的军阀混战，在重修《陕县志》的1936年宝轮寺仍有部分建筑留存。抗日战争期间，残留的部分建筑又遭到日本侵略军炮轰而损坏，宝轮寺建筑尽毁。半个多世纪后，宝轮寺已不复存在，仅剩宝轮寺塔独存于今陕州风景区内，巍然屹立于滚滚黄河之滨。

二、河南"蛤蟆塔"的历史沿革

河南三门峡宝轮寺塔，全称为河南省三门峡市宝轮寺三圣舍利宝塔，俗称河南"蛤蟆塔"，是陕州古城内宝轮寺的附属建筑，原为宝轮寺的寺塔。欧阳珍等编撰的《陕县志》卷十九《古迹》篇"宝轮寺塔"条目有这样的记载①：

图5-1　河南宝轮寺三圣舍利塔(1999年俞文光 摄)

---

① 欧阳珍编撰《陕县志》卷十九《古迹》(民国二十五年七月)。

"寺在县东南,唐僧道秀建,金僧智秀复建砖塔焉,高十三级,历时千年,事见藏经。"可见现存的宝轮寺砖塔为金代僧人智秀重建,始建于金大定十六年(1176),建成于金大定十七年(1177),是方形十三级叠涩密檐式砖塔,如图5-1所示,此塔做工精巧,造型秀丽俊俏,至今已有840余年的历史。

现场考察发现,塔身南面二层塔壁上嵌有一块长40 cm、宽30 cm的石刻塔铭,中央竖刻阴文"三圣舍利宝塔",右上方阴文楷书"金大定十六年四月五日起塔,十七年五月八日竣工"[12],这一石刻塔铭印证了宝轮寺塔的重建年代。

1957年,新中国兴建万里黄河第一坝——三门峡水利枢纽工程,因陕州古城处于设计淹没区范围内而东迁,宝轮寺塔也面临着被库区淹没的危险,但作为重要建筑文化遗产,国家有关部门决定宝轮寺塔原地不动,既不进行拆除,也不像山西芮城永乐宫那样实施整体搬迁。幸好,后来三门峡库区设计水位降低,没有达到像专家原估算的淹没宝轮寺塔的水位。但在1960年10月,黄河三门峡大坝蓄水后,黄河水虽然没有淹没宝轮寺塔,却浸泡到了宝轮寺塔的塔基,致使塔基软陷,塔基底向西北明显下沉,导致塔身北侧偏西倾斜并出现裂痕。加之"文化大革命"期间,宝轮寺塔遭到严重损坏,塔身倾斜裂缝日益加剧。为了保护和挽救这座著名的建筑文化遗产,专家学者和广大民众不断发出"救救宝轮寺塔"的呼声。1991年7—11月,地方政府出资对宝轮寺塔进行了修缮,扶正了因塔基软陷而有些倾斜裂缝的宝轮寺塔,使得这座古老的宝塔恢复了昔日的风采,重新焕发了勃勃生机。半个多世纪以后,宝轮寺虽已不复存在,唯有河南蛤蟆塔独存并屹立于滚滚黄河之滨,成为陕州古城的标志性建筑。河南蛤蟆塔以悠久的历史、奇特的回音而闻名海内外。1963年6月,河南三门峡宝轮寺三圣舍利宝塔被确定为河南省第一批省级重点文物保护单位。2001年6月25日,河南三门峡宝轮寺三圣舍利宝塔作为金代古建筑,被国务院批准列入第五批全国重点文物保护单位。

三、河南"蛤蟆塔"的外形与结构

河南"蛤蟆塔"是十三级叠涩密檐式方形砖塔,外形和结构融合了唐宋密檐式塔和楼阁式塔的风格,如图5-1所示,塔底有台基和台座,其由地宫、台基、台座、塔身和塔刹等部分组成。宝塔坐北朝南,基面呈正方形,塔门面南,塔基边长6.38 m,塔高26.5 m,塔为13层,用青灰条砖一顺一丁垒砌而成,为叠涩密檐式砖结构,外形是典型的仿唐建筑风格,内部结构承袭了宋代的建塔方法,融合了唐宋密檐式塔和楼阁式塔的艺术特点和结构方法,是比较特殊的塔形。宝轮寺塔风格典雅,结构坚实,虽然历经了16次地震,其中4次破坏性地震,塔身仍基本完好。塔的正面刻有"三圣舍利宝塔"的塔铭,塔身自下而上逐层收敛,每层高度均匀递减,外轮廓呈抛物线形,用菱角牙子砖和叠涩砖层砌出塔檐,秀丽俊俏。每层塔身分别辟有半圆形拱券门龛、窗洞,翼角下有风铎(铁铃),风吹铃动,叮当作响,优美动听。塔内有塔心室和梯道,每层室内一壁梯道可通往上一层,室顶用叠涩砖、菱角砖砌成四角尖形藻井,沿梯道可以登塔远眺,观

赏"黄河之水天上来,奔流到海不复回"的黄河胜景。

在我们古建筑声学研究组开展河南蛤蟆塔声学问题研究时,即1991年7月对宝轮寺塔进行了修缮扶正之前,由于历史的沧桑变化,宝轮寺塔仅存11层,塔刹已丢失,残高仅剩23.78 m,如图5-2所示。

由图5-2可以看出,从结构上该塔明显分为上、下两部分,塔的第二层塔檐至塔顶为塔的上半部分,其所存的11层塔檐,每两层塔檐之间的塔身间隔高度逐层递减。各层密檐的叠涩挑檐皮数不同,且逐层变化,分别为12、13、13、12、11、10、9、8、7、6、5。每层叠涩檐下都有二皮斜砖"牙子",以增加变化。在图5-2中还可看到塔檐是一种向下弯曲的凹形曲面,十分美观。

图5-2 河南"蛤蟆塔"(1990年7月俞文光 摄)

塔的第二层塔檐以下为塔的下半部分,由图5-2还可以明显看出,在"塔的第一层周围有圆形建筑物顶着,有十余间房子,可以住人,可以敬神"[10],摆供上香。这些建筑将塔的第一层团团包围在内,此建筑物被称为"五花洞"[10],民众又称之为"塔腿"。关于"塔腿",乔紫亭先生的论文《陕州城忆旧》中有这样的记载:"我到陕州时(1925年),塔腿完整无损,还住有人。"这种给塔加"腿"的现象在我国古塔建筑中亦属罕见,对我们尚属初见。据我们初步分析,"塔腿"如同现代高层建筑的裙楼,加大了塔的支承面,降低了塔的重心,增加了塔的稳定性,充分体现了我国古代劳动人民的聪明智慧和高超技艺。该塔之所以历近千年,又经16次地震而不毁,与"塔腿"的存在恐怕不无关系。几经变迁,"塔腿"全毁,现在也已不存多年了。

第三节
河南"蛤蟆塔"蛙声效应机理实验研究

一、河南"蛤蟆塔"的奇特声学效应

河南"蛤蟆塔"作为中国四大回音古建筑之一,以其精湛的建筑艺术和奇妙的回声效应名扬中外,成为中华民族之瑰宝。从建筑年代看,北京天坛回音建筑、山西永济普救寺莺莺塔和重庆潼南大佛寺"石琴"都建于明朝,唯独河南"蛤蟆塔"建于金代。

如前所述,河南"蛤蟆塔"始建于金大定十六年(1176),它比北京天坛回音建筑早353年,比山西永济普救寺莺莺塔早387年,比重庆潼南大佛寺"石琴"早250年,在中国四大回音古建筑中是历史最为悠久的。

现河南"蛤蟆塔"是方形十三级叠涩密檐式砖塔,因在塔的任何一面,距塔10 m以外,无论是击石或拍掌,都可以听到类似青蛙鸣叫的"咯哇,咯哇"的回声,这就是河南三门峡宝轮寺三圣舍利塔被俗称为河南"蛤蟆塔"的来历。

"宝塔蟾鸣"成为陕州古城建筑一绝。过去陕州城民间曾流传着一个传说故事,称在很久很久以前,有一对金蛤蟆寄居在三圣舍利塔内,生活得十分悠然自得,蛙声特别洪亮。一天晚上,一个喇嘛僧盗走了雄蛤蟆,而且一去不复返,塔内就只剩下了一只雌蛤蟆。孤孤单单的雌蛤蟆整日悲啼,凄婉欲绝,叫声也不如从前洪亮了。据说,那贼喇嘛终于有一天良知发现,允许雄蛤蟆在七月初七鹊桥相会之日返回塔内与雌蛤蟆相聚,所以如果我们有幸在七月初七那一天到塔下击石或拍掌,听到的一定会是幸福、甜美且洪亮的"蛤蟆叫声"。

河南"蛤蟆塔"与山西普救寺莺莺塔外观形制、结构和建筑材料十分相似,其产生独特的蛙声效应的原因与莺莺塔是相似的吗? 也是由十三层叠涩密檐挑出的塔檐对声音的反射、会聚形成的吗?那我们就共同来看一下"蛤蟆塔"蛙声回音效应的测试与分析结果。

作为中国四大回音古建筑之一的河南"蛤蟆塔"是我国古代劳动人民精湛的工艺和聪明才智的结晶,我们应倍加保护和珍惜它。如今,这座宝塔已修葺一新,成为三门峡市陕州风景区的旅游胜景。

二、"蛤蟆塔"声学效应研究的缘起

关于河南"蛤蟆塔"声学效应研究还有一段插曲,那是在1988年,黑龙江大学古建筑声学问题研究组负责人俞文光教授在《中国建设》1983年第1期上看到一篇关于潼南大佛寺"石琴"的文章,文章中对中国四大回音古建筑有这样一段记述:

"四川省潼南县(现重庆市潼南区)大佛寺中的石琴,是我国现存的古代四大回音建筑之一(其余三处是:北京天坛的回音壁,一呼,壁即回音;山西蒲州的普救寺塔,以石投塔前,则声在塔后,投其后,声又在塔前;河南郏县的蛤蟆塔,以掌拍塔身[①],则发出'咯、咯、咯'的蛙声)。"

这是俞文光教授看到的关于中国四大回音古建筑的最早的资料,资料上记述的河南"蛤蟆塔"是在河南省郏县,可是在河南郏县的文字材料上找不到一点与"蛤蟆塔"相关的内容。那时,没有互联网,没有移动电话,就是固定电话使用也不是很方便,到底河南郏县有没有蛤蟆塔?从哈尔滨去一趟又要花很多钱,当时条件也不允许。于

---

① 此处原记载有误。

是,"蛤蟆塔在哪?"在俞文光老师心中一直是个谜团。经过大约半年的查找和询问,工夫不负有心人,俞老师终于打听到黑龙江大学里有一位席姓的教工,她是河南郏县人。那时席老师已经退休,也不晓得这位席老师家住市区哪个地方,一个月她才到学校来领一次退休金。俞老师天天盼,等到她有一天到学校时,俞老师就找到她询问。她告诉俞老师,小时候她在老家住,没有听说蛤蟆塔的事情,而且她的老家根本没有塔。这一下让俞老师的希望又落空了!到底河南有没有"蛤蟆塔",如果有它又在哪里?万般无奈,俞老师一有空就拿出河南地图揣摩,遇到与河南有关的资料就看,时间一天天过去了。有一天,俞老师忽然在一份资料中发现,河南有个古地名叫陕州。他眼睛一亮,是不是之前看到的那份资料误把"陕"字左、右换位写成"郏"字?于是,俞老师立刻翻看了中国旅游字典,找到了有关于陕州古城的介绍。就这样困扰俞老师近半年的谜团解开了,河南"蛤蟆塔"终于被俞老师如大海捞针般捞了出来。河南"蛤蟆塔"不在河南郏县,而在河南陕州古城,就是现在的河南三门峡市。

1989年夏季,俞文光老师与山西大学、西安交通大学和中国科学院声学研究所合作完成山西永济莺莺塔声学问题研究后,借去山西永济莺莺塔参加中央电视台《普救蟾声》专题片拍摄之机,他独自一人从山西永济乘汽车到运城,又转乘汽车经过平陆到茅津渡,渡过黄河。那时黄河上的渡船条件很差,没有像样的码头,下船后还要走很远的沙路,爬一个很陡的坡,辗转再乘汽车才来到三门峡市火车站前。第二天,俞老师又舍不得打车,从车站穿过整个三门峡市区,走了三四千米路,终于找到了梦寐以求的河南"蛤蟆塔"。

"蛤蟆塔"是原宝轮寺中的三圣舍利塔,因兴建三门峡水库,故把整个陕州古城都拆迁了。时过三十多年,映入俞文光老师眼帘的河南"蛤蟆塔"周围还是一片荒芜,仅剩下一座孤塔,且残缺不全,几个工人正在那里种树。俞老师从他们那里得知,"蛤蟆塔"由三门峡市文物管理委员会负责管理。当时在塔南面只有一个高不过80 cm、宽不过40 cm的一个进入塔内的通道,通道处并没有门。已经五十多岁的俞老师爬进满是灰尘的"蛤蟆塔",背着相机,没有登塔的梯子,只好靠双手的支撑从塔心一步一步向上爬,没有一点体力和胆量是很难爬上去的。俞老师第一次对河南"蛤蟆塔"的外形、结构和蛙声回音效应进行了科学考察,确认了蛤蟆塔有蛙声回音,并拍摄了不少照片。俞老师的现场考察,引起了现场种树工人的关注,当他们得知俞老师是专程从哈尔滨到这里来研究"蛤蟆塔"蛙声效应的,就热情地带俞老师进城到了文管会,认识了文管会当时的许永生主任。在那里,俞老师详细地讲解了"蛤蟆塔"蛙声回音可能的形成机理。许永生主任很爽快,第二天一大早就和俞老师一同到达现场。他介绍,这里将要兴建大花园和博物馆,并请教俞老师有何建议。俞老师提了两点建议:一是在"蛤蟆塔"的四周不能建造高大的建筑物,二是在维修"蛤蟆塔"时应该完好保持塔檐的内凹形状。注意了这两点,就能够使"蛤蟆塔"回音效应保留下来。许主任是个有责任心的领导,后来在1991年维修河南"蛤蟆塔"时采纳了俞老师的建议,并且还聘任俞老师为河南"蛤蟆塔"维修的声学技术顾问。

1990年7月,在山西永济"莺莺塔声学问题研究"鉴定会结束后,俞老师用国家自然科学基金资助的"莺莺塔声学问题研究"项目省下的经费,带领一支队伍,携带笨重的测试仪器,到河南"蛤蟆塔"进行第二次测试。已经是老朋友的市文管会主任许永生热情地接待了测试人员。那时是8月,河南天气很热,许主任亲自抱了好几个西瓜送到俞老师他们的住处,又全程陪同他们去现场一起进行实验测试,还提出了不少好的建议。1992年,项目组在《自然科学史研究》上发表的《河南蛤蟆塔及其蛙声回声效应的研究》一文,许永生主任自然也就成为论文的作者之一。

1999年,俞文光老师和吕厚均再次到三门峡时,许主任已经退休了,但他仍然热情地接待了我们,并陪同我们再次考察"蛤蟆塔"。这时的"蛤蟆塔"已今非昔比,在塔的四周建起了一座初具规模的大型城市园林公园(现在的三门峡市陕州风景区),成为三门峡市人们的一个旅游、休闲的好去处。图5-1就是这次重游故地时拍摄到的"蛤蟆塔"新貌。应该点赞的是,重修的"蛤蟆塔",不仅外观秀丽,而且它的蛙声回音效果比以前更响亮了。

三、"蛤蟆塔"声学效应的实验测试

要搞清河南"蛤蟆塔"的蛙声效应声学机理,必须要先解决两个问题:第一,击石声或拍掌声是否是经过塔檐反射之后形成的蛙声?第二,如果是由塔檐反射回来形成的蛙声,为什么不形成别的反射声?我们通过对"蛤蟆塔"现场实验测试和理论计算来回答这两个问题。

如前所述,在1990年7月22日,黑龙江大学古建筑声学研究组进行河南"蛤蟆塔"蛙声回声现象现场测试时,即1991年对河南蛤蟆塔进行修茸之前,高为26.5 m的13层叠涩密檐式的宝轮寺"蛤蟆塔"仅存11层,且塔刹也已毁损,残高仅剩23.78 m。图5-3为河南"蛤蟆塔"蛙声回音效应测试现场示意图。其中A为击石点,B为测试仪器(声级计)接收点,L_1=12.30 m,L_2=29.50 m,H=23.80 m,H_0=1.60 m,声速v=348 m/s。

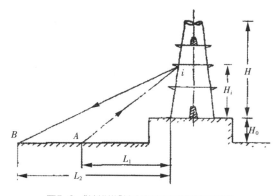

图5-3 "蛤蟆塔"蛙声效应测试现场示意图

如图5-3所示,击石声波从声源A发出,经第i层塔檐反射(i的取值为1~11的整数),沿着各不相同的路径到达B点被仪器接收。根据速度公式可推出:

$$t_i = S_i/v \qquad (5-1)$$

式(5-1)中t_i是击石声波从A点发出,经第i层塔檐反射后回到接收点B所经历的时间;S_i是该段路程的长度;v为声音在空气中传播的速度。由勾股定理从图

5-3可看出：

$$S_i=[L_1^2+(H_0+H_i)^2]^{1/2}+[L_2^2+(H_0+H_i)^2]^{1/2} \tag{5-2}$$

由式(5-2)我们可以求出理论值t_i。通过测试仪器可直接测出从A点发出的击石声波，经第i层塔檐反射后声波返回到B点的时间实测值t_i'。表5-1给出了各层塔檐反射A点发出的击石声波到达B点所需时间的理论值t_i和实测值t_i'。

表5-1 各层塔檐声音间隔的理论值和实测值

塔檐层数	1	2	3	4	5	6	7	8	9	10
理论值 t_i(ms)	85.9	92.6	99.8	106.6	112.8	118.9	124.5	130.1	135.2	139.9
实测值 t_i'(ms)	85.4	90.3	99.6	105.8	114.2	120.6	125.3	131.8	133.8	138.5

我们测得了A点发出的击石声波，经各层塔檐反射回波的声脉冲响应图，即河南"蛤蟆塔"蛙声效应声脉冲响应图，如图5-4所示。

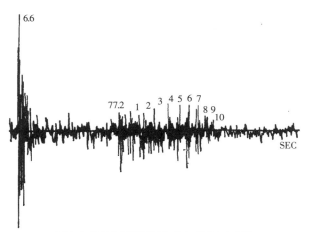

图5-4 河南"蛤蟆塔"蛙声效应声脉冲响应图

我们还测得了自然界单个青蛙鸣叫声的声脉冲响应图，如图5-5所示。

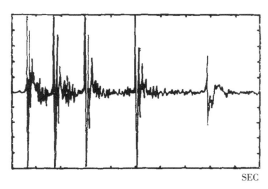

图5-5 青蛙鸣叫声声脉冲响应图

四、"蛤蟆塔"声学效应的测试分析

从表5-1可以看出，各层塔檐反射击石声波到达B点所需时间的理论计算值t_i与

图5-6　河南"蛤蟆塔"测试现场(俞文光　摄)

实验实测值t_i'吻合得较好,这说明击石声波确实是经过各层塔檐反射后到达接收点B的。另外,在"蛤蟆塔"现场考察证实,塔周围数百米内没有任何高大建筑物,地势平坦,除了塔身、塔檐可以反射击石声外不会有任何其他回声混入,如图5-6所示。

在河南"蛤蟆塔"蛙声效应声脉冲响应图(图5-4)中,6.6 ms处的峰值是击石点A的声波未经反射直接到达B点的声波,77.2 ms处的峰值是塔基以上、塔檐以下的塔墙面所反射的回波。从标号1—10这些峰值是各层塔檐反射击石声波的回波,由标号1—10所示的波峰形成了一个宽约70 ms、由10个声脉冲组成的声脉冲串。击石声的直达声波在6.6 ms附近处的声脉冲,其时间间隔是很短的,因此成为我们在测量点B处最先听到的击石声,它为短暂的"呱"声,而接着听到的是明显拉长了的"咯哇"声,则是击石声波经过各层塔檐反射回波的脉冲串。由于一个个塔檐形成的反射回波之间的间隔只有5~6 ms,而人耳分辨声音的能力为50 ms,因此这个宽约70 ms的声脉串,我们听到的则是一个拉长的混合声"咯哇",这种声音与青蛙叫声相似。

图5-5是自然界中青蛙鸣叫声的声脉冲响应图,从这个图中可以看出,它也是由一个个声脉冲组成的声脉冲串,我们将其与图5-4所示"蛤蟆塔"蛙声效应声脉冲响应图的击石回波脉冲串进行比较,发现这两个声脉冲串非常相似。这就说明了击石声是经过各层塔檐反射后产生了与蛙声类似的回声。

河南"蛤蟆塔"蛙声效应频谱图(图5-7)给出了击石声波经塔面和各层塔檐反射后回波的频谱图。我们可以看出这个频谱与普救寺莺莺塔的击石声波反射声波频谱[4]

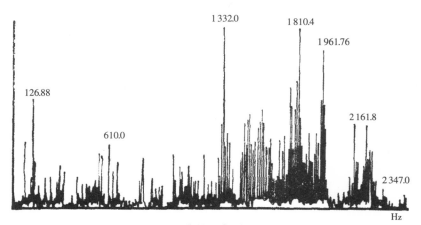

图5-7　河南"蛤蟆塔"蛙声效应频谱图

不尽相同,莺莺塔蛙声的三个主频率是900 Hz、2 300 Hz、3 700 Hz,而"蛤蟆塔"的三个主频率是610 Hz、1 300 Hz、1 900 Hz。所以,莺莺塔"蛙声"的主频率较高,而"蛤蟆塔""蛙声"的主频率略低。

从图5-2和图5-6中都可看出,在进行现场测试时,"蛤蟆塔"的塔檐虽然有11层,但第11层塔檐已被破坏,很难对击石声波产生回波,或者说不能产生击石声波的回波,因此图5-4中,只有从第一层到第十层塔檐产生的回波,没有第十一层塔檐产生的回波。

五、"蛤蟆塔"声学效应的机理解释

综上所述,我们已可以较圆满地回答前面所提出的两个问题,从而揭示河南"蛤蟆塔"蛙声效应回声机理:"蛤蟆塔"本身排列有序、形状特异的内凹曲面塔檐对声音有反射、会聚作用,加之各层塔檐处于不同的高度,使得击石声波由声源A点到达接收器所在点B处的路径不同,因而从A点同一时刻发出的声音到达接收器B点的时间也不同,从而使得一个很窄的击石声脉冲波经各层塔檐反射后形成了一个长约70 ms的回波声脉冲串,这个回波声脉冲串的时间特性和频率特性都与自然蛙声的时间特性和频率特性相似,因而在"蛤蟆塔"前击石可以听到像青蛙鸣叫的回声。山西普救寺莺莺塔也有类似的塔檐结构,这两座叠涩密檐式古塔的蛙声效应也是很相似的。

为了证实我们研究工作的科学性和实用性,1993年11月,"河南蛤蟆塔声学效应研究"的成果通过了机械工业部组织的鉴定会。鉴定委员会由中国科学院自然科学史研究所林文照研究员、中国科学院声学研究所徐俊华研究员等7位专家组成,专家一致认为:"应用现代科学方法对我国古代建筑的声学效应进行物理机理分析是科学技术史研究领域中的重要课题……该课题组对'蛤蟆塔'的历史及现状做了深入细致的考察,并应用现代声学仪器对'蛤蟆塔'的蛙声效应进行了全面测试和详细计算,第一次揭示了'蛤蟆塔'的'蛙声之谜'。这是我国科学技术史研究的又一重大成果,对科学地进行文物保护、开发旅游事业以及弘扬中国传统文化也有重要的现实意义和历史意义……整个研究工作科学合理,分析精密,结论准确可靠,意义重大。它所揭示的声学机理对建筑学也具有十分重要的应用价值。"

参 考 文 献

[1] 俞文光,周克超,贾陇生,等.河南蛤蟆塔及其蛙声效应的研究[J].自然科学史研究,1992,11(2):158-161.

[2] 丁士章,俞文光,贾陇生,等.莺莺塔的声学原理初探[J].黑龙江大学自然科学学报,1987,4(增2):5-8.

[3] 丁士章,俞文光,张荫榕,等.普救寺塔蟾声的声学机理[J].自然科学史研究,

1988,7(2):142-151.

[4] 俞文光,丁士章,徐俊华,等.普救寺莺莺塔回声分析[J].黑龙江大学自然科学学报,1991,8(3):1-8.

[5] 俞文光,吕厚均,俞慕寒,等.大理千寻塔蛙声回声研究[J].文物,1998(6):42-46.

[6] 吕厚均,俞慕寒,陈长喜,等.大理弘圣寺塔蛙声回声的发现及其机理研究[J].文物,2008(8):89-94.

[7] 吕厚均,俞文光,俞慕寒,等.西安小雁塔蛙声回声的发现及叠涩密檐式砖塔蛙声回声形成机理初探[J].中国科技史杂志,2008,29(3):241-249.

[8] 金光.古今三门峡[M].郑州:河南人民出版社,2013:1-2.

[9] 张怀银,贺兰君,王保林.三门峡史迹[M].郑州:中州古籍出版社,1999.

[10] 乔紫亭.陕州城忆旧[G]//三门峡市地方史志编纂委员会总编辑室.三门峡市史志资料选编(第一辑),1986:35-38.

[11] 上官西才.历史名城三门峡[M].郑州:河南人民出版社,2006:231-233.

[12] 刘国保.宝轮寺塔[J].华夏考古,1993(4):110,11.

第六章

叠涩密檐式古塔蛙声回音机理初探

在第三章和第五章中,我们分别介绍了山西永济普救寺莺莺塔之"普救蟾声"和河南三门峡宝轮寺"蛤蟆塔"的"蛙声效应",并揭示了其形成机理。自1986年起,古建筑声学研究组除对普救寺莺莺塔和河南"蛤蟆塔"两个叠涩密檐式方形砖质古塔的蛙声回音效应进行考察、研究外,还对多座古代叠涩密檐式砖塔进行了考察、实验测试和理论分析,发现其中一些叠涩密檐式古塔的设计巧妙地利用了声波的反射原理,不仅使回声效果得到了加强,而且还产生了类似蛙鸣的回音。

　　中国有众多的叠涩密檐式古塔,它们是否都能形成蛙声回音呢? 如有蛙声回音,其形成又有何规律可循? 为了进一步探寻叠涩密檐式古塔的蛙声回音现象,带着这个问题,我们又寻访了一些具有蛙声回音现象的叠涩密檐式古塔,即著名的云南大理崇圣寺千寻塔、云南大理弘圣寺塔和陕西西安小雁塔,对它们进行考察和实验测试,并将其与山西永济普救寺莺莺塔、河南三门峡宝轮寺"蛤蟆塔"的蛙声回音现象进行比较,以期对叠涩密檐式古塔的蛙声回音机理进行更深入的探讨。

第一节
大理崇圣寺千寻塔蛙声回音机理研究

一、崇圣寺与千寻塔的由来与变迁

　　云南大理位于云贵高原西部,苍山南麓,洱海之滨,是我国二十四座历史文化名城之一。早在公元前109年,汉武帝在此地始设叶榆县,公元8—13世纪称为南诏、大理。早年大理曾是云南的政治、经济和文化中心,也是我国同东南亚各国经济文化交流的重要门户。大理现存的南诏太和城遗址、崇圣寺三塔(又称大理三塔)和南诏德化碑等是这座历史文化名城的珍贵文化遗产。

　　距大理古城西北1 km处,就是大理崇圣寺。崇圣寺建于南诏佛教鼎盛时期的唐开元年间(713—741),初建时规模就很宏大,鼎盛时有"三阁、七楼、九殿、百厦"之规模[1],关于崇圣寺的规模《大理县志稿》①也有记载:"崇圣寺,又名三塔寺,在城西北小岑峰下。其方七里,周三百余亩,寺有雨铜观音像,高二丈四尺,统计为佛一万一千四百,为屋八百九十,丙辰之变尽毁,唯三塔岿然尚存。"巍峨雄壮高耸入云的三塔、声闻百里的建极大钟、"如吴道子画"的雨铜观音像、华严三圣像和崇圣寺高僧圆护大师手

───────────────
①　张培爵、周宗麟纂修《大理县志稿》卷三十二《杂志部》三《寺观》(民国五年十二月)。

书的"佛都"匾,被誉为崇圣寺五大重器,使佛都古寺熠熠生辉。而大理国九位不爱江山不恋俗尘的国王在寺内出家修行为僧,更使这座皇家寺院气势恢宏、庄严肃穆,成为当时东南亚地区最大的佛教寺院和佛教文化交流中心[2]。崇圣寺是当时"庙香古国"的中心,被誉为"佛都"。直至明代,崇圣寺的规模还是十分宏伟,基本保持了原来的寺院格局。但到晚清以后,由于历史的变迁和战争的纷乱,崇圣寺及其四大重器均损毁于清朝咸丰、同治年以后的战乱和自然灾害,只有三塔完好地保留下来并屹立在洱海之滨。我们现在所看到的建极大钟、雨铜观音像、三圣金像、"佛都"匾等四大重器和规模宏大的崇圣寺,吸取历代经典建筑之精华,将北方建筑的恢宏大气和南方建筑的精巧秀丽融为一体,再现了当年"佛都"鼎盛时期的盛况。这些都是1997年以后国家文物局和地方政府根据史料记载,历时近十年,耗巨资,逐年恢复重建的。

大理崇圣寺三塔是一大两小三座组合式佛塔,如图6-1所示,三座塔的大小、高低、建造年代各不相同。大塔先建,南、北两座小塔后建。三塔位于崇圣寺正前方,距山门约150 m,中间大塔名曰千寻塔,在其西侧,两座小塔南北对峙,相距97.5 m,与千寻塔相距70 m。三塔鼎足而立,构成了一幅优美的三塔图画,并成为大理乃至云南的一个重要标志,在1961年3月被国务院批准

图6-1 大理崇圣寺三塔(俞文光 摄)

列入第一批全国重点文物保护单位。崇圣寺与三塔的组合形式,在《徐霞客游记》中也可以窥见一斑:"是寺在第十峰之下,唐开元中建,名崇圣寺,前三塔鼎立,而中塔最高,形方,累十六层,故今名为三塔。塔四旁皆高松参天,其西由山门而入,有钟楼与三塔对,势极雄壮……楼中有钟极大,径可丈余,而厚及尺,为蒙氏时铸,其声闻可八十里。楼后为正殿,楼后罗列诸碑,而中谿所勒黄华老人书四碑俱在矣。其后为雨珠观音殿,乃立像铸铜而成者,高三丈。钟时分三节为范,肩以下先铸就而铜已完,忽天雨铜珠,众共菊而熔之,恰成其首,故有此名。其左右回廊诸像亦甚整,而廊倾不能蔽焉。[3]19-24"上文中所载的崇圣寺三大重器是其悠久历史的见证。

千寻塔为大理三塔中的大塔(图6-2),砖结构,平面呈正方形,中空可攀登,塔高69.13 m,基边长9.85 m。在第一层高大的塔身之上,由十六层叠涩密檐组成,每层塔檐

图6-2 大理千寻塔(俞文光 摄)

图6-3 千寻塔内凹曲面塔檐（俞文光 摄）

以砖叠涩出12—15层，构成一个内凹曲面形状，塔身外形轮廓呈优美的弧线（如图6-3），塔顶卷杀圆和，堪称唐代同类砖塔中之精品。它的十六层塔檐一反传统的七、九、十三层之惯例，这在我国古塔中实属罕见。

千寻塔始建于唐代，具体年代众说纷纭，一说为唐贞观年间（627—649），一说为唐开元年间（713—741），一说为唐开成年间（836—840），三种不同的记载相距200余年。据原寺内铜钟上铭文记载，千寻塔的建造年代应为南诏劝丰祐时期（824—859），即唐开成年间（836—840），似更准确[4]。王崧《南诏野史》"丰祐传"中有一段记载"开成元年（836），嵯颠建大理崇圣寺，基方七里，圣僧李贤者定立三塔，高三十丈，佛一万一千四百，屋八百九十，铜四万五百五十斤，自保和十年（833）至天启元年（840）功始完，匠人恭韬、徽義、徐立"[3]26-27，也印证了千寻塔建造于唐开成年间（836—840）。

两座小塔高约48 m，平面呈八角形，塔檐十层，为密檐式砖塔，塔顶置三只铜葫芦，富有民族色彩，建筑年代比大塔晚，是五代时期（907—960）的杰作。

二、崇圣寺千寻塔蛙声回音现象

云南省大理市崇圣寺千寻塔的外形与山西省永济县普救寺莺莺塔十分相似。这说明远处西南边陲的大理，其建筑风格也受到中原文化的影响。1995年7月，我们在大理千寻塔考察时看到距千寻塔西侧约32 m处放置了一块大石块，上刻"蛙鸣石"三个大字。我们在此处击蛙鸣石，即以它作声源，可以在西侧中轴线上一个较大的范围内听到类似蛙鸣的回声。1997年9月，我们电话采访了大理三塔管委会负责人，询问他们掌握的关于蛙声回音现象情况时，该负责人承认只知道与塔有关，但不知更详细的情况。

我们在现场考察、实验证实，在云南大理千寻塔的四个正侧面中轴线上一个较大范围内击石或击掌，由此发出的"啪，啪"声，回声则变成"咯哇，咯哇"这样的类似青蛙鸣叫的声音。这种声学现象在莺莺塔和河南蛤蟆塔前均存在[5,6]。为了揭开云南大理千寻塔蛙声回音这一多年来的未解之谜，也为了进一步验证我们对山西永济莺莺塔、河南三门峡"蛤蟆塔"蛙声回音的分析，我们又对云南大理千寻塔的蛙声回音现象进行了实验测试和分析。

三、千寻塔蛙声回音的实验测试

我们实验测试的首要步骤是找出回声是被什么障碍物或反射物反射回来的，为什么短暂的击石声（或拍掌声）经反射后的回声变长，而且类似蛙鸣。

实验测试的基本方法是利用回声定位法来找到产生回声的障碍物或反射物。具体做法是用磁带机把现场的击石声和它的回声记录在磁带上，然后经动态分析仪、计算机和绘图仪把磁带上的信号绘制成击石声、回声的声脉冲响应图和频谱分析图。由此结合测试现场各建筑物分布图进行分析计算，找出各回波的反射界面，进而找出回声变长的机理。由回声频谱图与自然界蛙鸣声的频谱图对比，揭示蛙声回音的机理。根据上述指导思想，千寻塔蛙声回音实验测试流程图，如图6-4所示。把击石声和回声的声能信号大小及时间程序经声级计转换为电磁信号送入磁带机记录在高保真磁带上存储。把此磁带带回实验室后，送入动态分析仪，经计算机分析后把击石声音和回声的强弱、波形、时间程序绘制成千寻塔击石声波声脉冲响应图，亦可称为千寻塔蛙声回音声脉冲响应图(如图6-5所示)和千寻塔蛙声回波频率分布图，即千寻塔击石回波频谱图(如图6-6所示)。

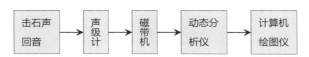

图6-4　千寻塔蛙声回音实验测试流程图

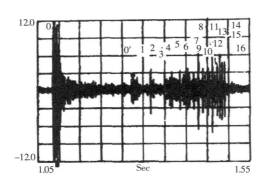

图6-5　千寻塔击石声波声脉冲响应图

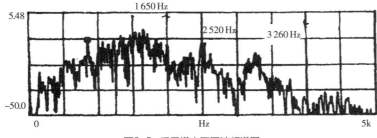

图6-6　千寻塔击石回波频谱图

为此，如图6-7千寻塔蛙声回音实验测试现场图所示，在声源所在地为A处，即在蛙鸣石处击石，即发出"啪,啪"的直达声。此声向四周传播，遇到障碍物发生反射，它遵守和光一样的反射定律。在F处可以听到击石直达声，即从A直接传播到F的击石声,F处也可以听到类似蛙鸣的回声。故在F处放置声级计和磁带机,把击石声和其回声都记录在磁带上。

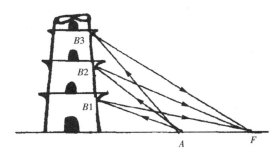

图6-7　千寻塔蛙声回音实验测试现场图

测试时间:1995年7月31日

天气:晴

气温:24 ℃

测试人员:俞文光、周克超、付正心、吕厚均

声源位置:千寻塔西侧中轴线距塔32 m,蛙鸣石所在地,即图6-7中的声源所在地A处。

接收位置:千寻塔西侧中轴线距塔50 m,声级计、磁带机所在地,即图6-7中F处。

四、千寻塔蛙声回音测试结果分析

参看图6-5千寻塔击石回波声脉冲响应图, 标号为0的脉冲声波是击石直达声,标号为0′,1,2,3……16 的声波是在声级计所在接收点F处听到的拉长的蛙鸣回声。从图中我们可以看到所谓拉长的蛙鸣回声是由17个脉冲回波组成的。为了确定这17个脉冲回波是怎样返回到接收点F处的, 我们首先要找出它们自击石声即声源所在地A处发出后经历了多长时间(即Δt)到达接收点F处,再由声速v与时间Δt相乘,得到相应回波经历了多少声程后到达接收点F处。由此参照千寻塔各建筑物的几何位置,根据声波的反射定律,利用回声定位法即可找出各反射回波的反射物。

为此, 我们由图6-5中各标号的回波时刻列出千寻塔各层塔檐击石回波时间测量值,如表6-1所示,表中第一行N代表图6-5中相应标号的声波,第二行t_N是相应标号为N的声波的相应时刻,第三行Δt_N是两相邻标号声波之间的时间间隔。计量单位为毫秒(ms)。

表6-1　千寻塔各层塔檐击石回波时间测量值

N	0	0′	1	2	3	4	5	6	7
t_N (ms)	91.8	276.7	318.7	351.2	368.2	387.9	406.0	420.6	431.5
Δt_N (ms)		184.9	42.0	32.5	17.0	19.7	18.1	14.6	10.9

N	8	9	10	11	12	13	14	15	16
t_N (ms)	442.3	448.8	454.4	459.8	465.9	471.2	477.4	483.3	488.0
Δt_N (ms)	10.8	6.5	5.6	5.4	6.1	5.3	6.2	5.9	4.7

根据声音在空气中传播速度(v)与温度(T)之关系：

$$v=331.45+0.61T\text{(m/s)} \qquad (6\text{-}1)$$

我们可以求出在温度为$T=24$℃时，声速v之值为：

$$v=331.45+0.61×24=346.09\text{(m/s)} \qquad (6\text{-}2)$$

由表6-1可以查到击石直达声即标号为0声波的时刻t_0，标号为N的回波时刻t_N，由此可求出击石直达声之后各回波总共经历的时间：$\Delta t_N=t_N-t_0$，则它所经历的路程（或声程）

$$S_N= v\Delta t_N\text{(m)}$$

由此可以确定反射物或障碍物。例如，0′回波的反射物或障碍物可由速度公式给出。

$$时间：\Delta t_{0'}=t_{0'}-t_0=184.9\text{(ms)}$$

$$路程：S_{0'}=v\Delta t_{0'}=63.99\text{(m)}$$

考虑千寻塔击石回波反射是由声源A处发出的脉冲声波，经塔檐反射后到达接收点F处，经历了一去、一回这样两段路程，则上式距离正好是$S_{0'}$的一半，再由千寻塔周围物体的几何位置及声波反射定律，我们用回声定位法可以肯定0′波的反射物体是千寻塔的墙面，即0′波是击石声在A处发出后，传播到塔的墙面上，被墙面反射后返回到F处（声级计、磁带机所在处）。

又例如，标号为1的声波。

$$时间：\Delta t_1=t_1-t_0=226.9\text{(ms)}$$

$$路程：S_1=v\Delta t_1=78.53\text{(m)}$$

它的一半为39.27 m，由回声定位法可判定产生该回波的反射物正好是千寻塔的第一层塔檐。由此，我们可以逐一确定标号$N=2$的回波是千寻塔的第二层塔檐反射的，$N=3$的回波是由第三层塔檐反射的，以此类推，$N=16$的回波是由第十六层塔檐反射的。

再进一步观察各层塔檐的细部，如图6-3所示，我们发现它是一个内凹曲面形状。由此可知该塔檐不仅会反射，而且对声波具有一定的会聚作用，会聚就相当于加强了回声。这样我们可以认定：从声源A处发出的击石声波，一部分直接传到接收点F处，被磁带机记录下来，这就是直达声波0；一部分传到塔的墙面，被墙面反射，又返回到接收点F处，这就是标号为0′的脉冲声波；此后一部分声波传到第一层塔檐被反射后，会聚到接收点F处，它的声程为$A{\rightarrow}B_1{\rightarrow}F$；另一部分声波自$A$发出后，传到第二层塔檐，被塔檐反射，会聚到$F$处，其声程为$A{\rightarrow}B_2{\rightarrow}F$；这样类推，可以得到：另一部分声波自$A$发出后，传到第十六层塔檐，被塔檐反射后，会聚到$F$处，其声程为$A{\rightarrow}B_{16}{\rightarrow}F$。

可是，我们在现场接收点F处并没有听到由17个回波组成的一连串击石回声，而是听到一个变长的回声。我们都知道看电影时，我们感觉是一串连续的影像，实际上电影是由每秒钟24幅静止画面组成的。它的原理是利用人眼的视觉残留现象,由于一幅幅静止画面变化很快,人眼无法加以区分,感觉各幅画面就成了连续的活动画面。听觉也有类似的生理现象。当一个个声音间隔很小时,人耳也无法对它们加以区分,好像是听到一个变长的连续声音。实验证明人耳对声音的区分能力(分辨率)大约为50 ms,即两个声音之间隔若大于50 ms时,人耳能区分它们是两个声音;若其先后时间间隔小于50 ms,人耳就无法区分,感觉它们是一个拉长了的声音。

从图6-5中给出的各脉冲声波,我们看到直达声0与第一个回音0′之间的先后间隔为184.9 ms,所以现场人耳听时能把直达声与回波声区分开来。此后的17个回波先后时间间隔都远小于50 ms,参看表6-1,因此人耳对此无法加以区分,故听到的只是一个持续时间约为0.2 s的拉长的回声。

简单地讲,击石回音变长的原因是:击石声发出后,由于千寻塔各层塔檐的反射、会聚作用,使得其反射的回声拉长了,这就是多径时延作用。

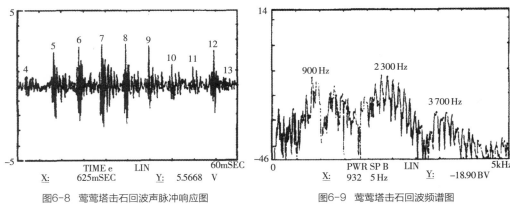

图6-8 莺莺塔击石回波声脉冲响应图   图6-9 莺莺塔击石回波频谱图

那么,由这一串回波组成的拉长的回声又怎么变成类似蛙鸣声的呢?我们把图6-5和图6-6与形成"普救蟾声"的莺莺塔的声脉冲响应图(图6-8)和频谱图(图6-9)以及自然界中单只青蛙鸣叫声的声脉冲响应图(图6-10)和频谱图(图6-11)进行比较。

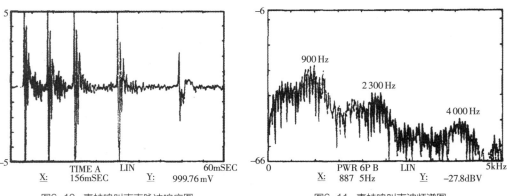

图6-10 青蛙鸣叫声声脉冲响应图   图6-11 青蛙鸣叫声波频谱图

仔细分析这几幅图形,我们不难发现它们有两个共同的特征。无论是塔的反射回波,还是青蛙鸣叫声波,它们都是由一个个间隔均小于50 ms(人耳分辨率)的脉冲声波组成的一个拉长的持续时间在几十毫秒到100多毫秒的声脉冲串。从频谱图中我们可以看出它们都有相似的包络图形,也就是说它们的音色相同,在一个主频率高峰后面又有两个或几个较低的频率峰。只不过这一只青蛙鸣叫声的三个主频率为900 Hz、2 300 Hz、4 000 Hz,莺莺塔击石回波的主频率为900 Hz、2 300 Hz、3 700 Hz,千寻塔击石回波的主频率为1 650 Hz、2 500 Hz、3 600 Hz。与这只青蛙比较,千寻塔击石回声中最小的主频率显得高一些,实际上自然界青蛙鸣叫声也会因其个体大小、年龄、性别等差异而不同。由此我们可以认为凡具备上述两个特征的拉长声都是"蛙鸣声"。

千寻塔的蛙鸣回声与该塔的叠涩密檐对声波的反射和会聚有着密切的关系。在我们已考察过的另外一些叠涩密檐式塔中,有的有蛙鸣回声,有的没有蛙鸣回声,其中的原因我们将另行介绍和讨论。

第(二)节
大理弘圣寺塔蛙声回音机理研究

一、大理弘圣寺塔

云南大理弘圣寺塔坐落在云南大理古城(今中和镇)西南方400余米处的弘圣寺旧址上,是云南省重点文物保护单位。弘圣寺旧名王舍寺,又名一塔寺,塔因寺而得名弘圣寺塔,又称大理一塔,与大理崇圣寺三塔遥相呼应。寺在民国初期毁于战乱,早已不存。但在紧邻弘圣寺塔东南处,有一进两院的道观建筑,前殿为悬山顶式五开间的聚仙楼,中殿为三开间的玉皇殿,最后为三开间的老君殿阁,院中有两株古李树,树冠如伞,颇为耐看[7]。

弘圣寺塔的始建年代,史籍记载各说不一,如《大理县志稿》卷三十二《杂志部》一《古迹》"弘圣寺塔"条目中这样记载:"弘圣寺塔,在城南弘圣寺,高二十余丈,十六级。世传周时阿育王建,明李元阳重修。"杨慎《重修弘圣寺记》中又说:"塔形于隋文帝时。"塔属宗教建筑,修建如此宏伟的建筑物,必有一定的社会条件作支撑。据其建筑风格及1981年修葺此塔时出土的汉文模印塔砖,其始建年代应在南诏(738—937)晚期[8]。弘圣寺塔高43.87 m,十六级,是平面呈正方形、边长为6.0 m的叠涩密檐式空心砖塔。

明嘉靖二十五年(1546),地方名士李元阳曾对弘圣寺塔进行过修葺。1981年国家文物局拨专款对弘圣寺塔进行维修、加固,维修时在塔顶发现珍贵文物400余件,有金、银、铜各式舍利塔模61件,还有密宗法器金刚杵、佛像、菩萨像、铜镜、铜锅、梵僧像、大势至像、水晶、串珠、海贝、卷经杵等。弘圣寺塔的风格、性质和结构与近在咫尺的大理三塔中最有名的千寻塔十分相似,塔内发现的文物也类似。弘圣寺塔的层数与千寻塔的层数均为十六级,这在我国亦属罕见。这些都说明弘圣寺塔建造年代与千寻塔相近。弘圣寺塔的建筑风格、造型均源于中原,与小雁塔、莺莺塔极为相似,属唐代建筑风格。

二、大理弘圣寺塔的形制与结构

大理弘圣寺塔为十六层正方形叠涩密檐式砖塔。全塔分为基座、塔身、塔刹三部分。塔身下部有基座三层,由块石砌成,均为正方形,各层有石阶相通,第一层石阶在南面,第二层石阶在东面,第三层石阶在西面,直对塔门。弘圣寺塔的塔心中空,第一层高大的塔身有塔门,在门框上方镶浮雕菩萨像5尊,进塔门可盘旋登至塔顶。塔身第一至第八层直砌,第九层开始收缩,从第二层到第十六层,偶数层东、西两面设佛龛,内置石刻佛像,南、北两面设券洞,与塔心相通;奇数层东、西两面设券洞,与塔心相通,南、北两面设佛龛,内置石刻佛像;每层在佛龛、券洞左右各有镶于壁面并凸起的亭阁式塔一座。在第一层高大的塔身以上砌出密檐十六层,各层之间用砖砌出叠涩的塔檐,四角飞翘。每层塔檐的做法都是先从壁面叠涩一层,上施菱角牙子一层,再叠涩出六到十一层,檐上叠砌出低矮平座。第一至第八层塔檐叠出65 cm,其上各层逐渐收分,叠出的塔檐,呈一反凹的曲面,收势圆和,优美流畅,形制、结构与大理三塔的主塔千寻塔相似。塔刹宝盖为八角形,角挂风铎。塔顶竖有刹轴、覆釜,上置仰莲和七层相轮,相轮上有圆形铜皮宝珠及刹盖,其尖为葫芦形火焰珠,整个塔刹宝顶高超过3 m,远远望去极为壮丽,如图6-12所示。

图6-12　大理弘圣寺塔(俞文光　摄)

三、大理弘圣寺塔蛙声回音的发现

从1986年开始的10余年中,我们在国家自然科学基金、黑龙江省自然科学基金和黑龙江教育厅科学技术研究项目的资助下,先后对山西省永济市普救寺莺莺塔的"普救蟾声"、河南省三门峡市(陕州古城)宝轮寺三圣舍利塔(河南"蛤蟆塔")、云南省大理千寻塔(大理三塔中之最高塔)的蛙声回音现象进行了实地考察、实验测试和分析,揭示了这些叠涩密檐式砖塔形成蛙声回音的奥秘。在研究过程中,随着叠涩密檐式方形砖塔能够产生蛙声回音效应被一一证实,我们逐渐开始思考一个问题:中国众多的叠涩密檐式砖塔有多少能形成蛙声回音?如果还有一些这样的塔,那么蛙声回音的形成有没有规律可循？那时我们仅发现有三座塔可以产生蛙声回音效应,那么还有没有叠涩密檐式方形砖塔可以产生蛙声回音？为了解答这些问题,我们在各地又考察了一些叠涩密檐式砖塔。大理弘圣寺塔就是我们在考察过程中,发现的又一座可以产生蛙声回音效应的典型叠涩密檐式砖塔。

经过实地考察和现场测试,我们惊喜地发现:在大理弘圣寺塔基座四个边的中垂线上,距塔基10~30 m处击石或击掌,在同侧的10~30 m处听到的不是"叭,叭"的回声,而是一声拉长的、类似蛙鸣的"咯哇,咯哇"的回音。因此,大理弘圣寺塔是我们发现的第四个具有蛙声回音的叠涩密檐式砖塔。

四、弘圣寺塔蛙声回音的实验测试与分析

大理弘圣寺塔现场实验测试方法与前述大理千寻塔、河南"蛤蟆塔"和山西永济普救寺莺莺塔是相同的,即在塔基座四个边的中垂线上,距塔基10~30 m处击石或击掌,记录在同侧10~30 m处接收到回声的声脉冲响应图及频谱图。然后,与青蛙鸣叫声波的声脉冲响应图和青蛙鸣叫声波的频谱图进行比较,从而揭示大理弘圣寺塔蛙声回音的形成机理。

在大理弘圣寺塔现场实验测试分析流程如图6-13所示,现场测试布局如图6-14

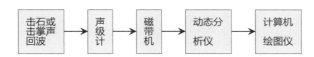

图6-13 弘圣寺塔现场实验测试分析流程图

所示。A为击石或击掌点,即声源所在地;F为接收点,即声级计所在地。在A点产生的击石或击掌声,经过各层塔檐的反射、会聚后,因为声程远近不同,先后到达接收点F,被放置在该处的声级计(丹麦2215型)接收。将声能转化为电能,记录在磁带机（B/K公司生产的7005型四通道磁带机)上。然后,在实验室经CF920多功能信号分析仪、计算机绘图仪,完成对回声的分析并绘制出回声的声脉冲响应图(图6-15)和频谱图(图6-16)。

实验测试时间:1999年8月1日

实验测试人员:吕厚均、俞文光

从图6-15可知：图中标号为1的脉冲声波是第一层塔檐反射的回波, 标号为2的脉冲声波是第二层塔檐反射的回波, 标号为3的脉冲声波是第三层塔檐反射的回波,以此类推,标号为15的脉冲声波是第15层

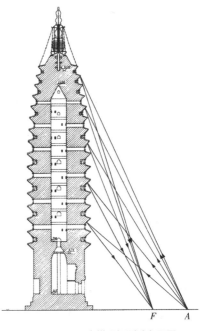

图6-14 弘圣寺塔现场测试布局图

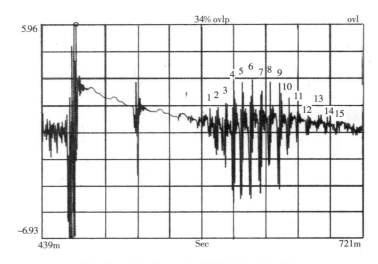

图6-15　弘圣寺塔击石或击掌回波声脉冲响应图

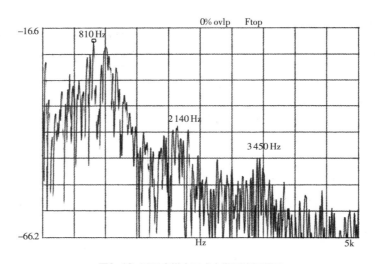

图6-16　弘圣寺塔击石或击掌回波频谱图

塔檐反射的回波,图中没有第16层塔檐反射的回波。我们从图中也可以看到,第10、11、12、13、14、15层塔檐反射回波的幅值逐渐变小,且第14、15层塔檐反射回波的幅值已经很小了。其原因是:第一,这些声波传播的声程较远,回声的衰减较大;第二,弘圣寺塔的塔身从第八层开始逐渐收缩,叠涩密檐式塔檐的反射面积随着塔的增高而减小,故对击石或击掌声波的反射、会聚作用也随之减小,所以塔檐反射回波的幅度逐渐减小,到第16层塔檐反射回波的幅度基本上就看不到了。

由图6-15，我们把测得的弘圣寺塔各层塔檐反射回波的时间进行列表，如表6-2所示。表中N=1，2，3……15表示第N层塔檐，t_N则表示在声源点A处击石或击掌后发出的脉冲声波被第N层塔檐反射的回波到达接收点F所用的时间，Δt_N则表示第N层塔檐回波到达的时间和第N-1层塔檐回波到达的时间差，即$\Delta t_N = t_N - t_{N-1}$。

表6-2　弘圣寺塔各层塔檐反射回波时间t_N及时间间隔Δt_N

塔檐层数 N	1	2	3	4	5	6	7	8
t_N(ms)	587.89	594.92	601.56	608.98	616.41	625.39	633.59	641.02
Δt_N(ms)		7.03	6.64	7.42	7.43	8.98	8.20	7.43

塔檐层数 N	9	10	11	12	13	14	15
t_N(ms)	649.22	657.42	664.84	674.22	683.59	691.02	700.00
Δt_N(ms)	8.20	8.20	7.42	9.38	9.37	7.43	8.98

从表6-2中不难发现：由于从声源A点发出的击石或击掌声波，被各层塔檐反射后，到达接收点F形成多路径时延效果。因此，使击石或击掌声回波到达接收点F时接收到一个由15个声脉冲组成的间隔为6~10 ms、持续时间约为112.11 ms的回波脉冲串。根据我们对山西普救寺莺莺塔、河南"蛤蟆塔"和大理千寻塔蛙声回音形成机理的分析可知，蛙声回音形成的关键在于能否形成一个回声间隔为10 ms左右、持续时间大于50 ms的回声脉冲串。我们将图6-15和表6-2，与图6-8及表6-3逐项进行比较发现：弘圣寺塔击石或击掌声波被十五层塔檐反射后形成一个持续时间为112.11 ms、由15个时间间隔Δt_N为6~10 ms的回波脉冲组成的声脉冲串，而莺莺塔击石或击掌声波被十一层塔檐反射后形成一个持续时间为89.64 ms、由11个时间间隔Δt_N为7~11 ms的回波脉冲组成的声脉冲串。

表6-3　莺莺塔相邻塔檐回波时间间隔

相邻塔檐数	4—3	5—4	6—5	7—6	8—7	9—8	10—9	11—10	12—11	13—12
Δt_N(ms)	10.75	10.93	9.97	9.17	8.40	8.39	8.40	8.40	7.62	7.61

我们再从图6-16中可以看到，击石或击掌声回波的频谱中有三个峰值（特征频率）为810 Hz、2 140 Hz和3 450 Hz。我们把这一结果与图6-9和图6-11进行比较，形成击石或击掌回波频谱图比较表，如表6-4所示。

表6-4　击石回波频谱图峰值比较表

峰值序号	1(Hz)	2(Hz)	3(Hz)
蛙声	900	2 300	4 000
莺莺塔	900	2 300	3 700
弘圣寺塔	810	2 140	3 450

我们发现，大理弘圣寺塔击石或击掌回波的声脉冲响应图和频谱图，与普救寺莺莺塔击石或击掌回波的声脉冲响应图和频谱图，还有青蛙鸣叫声波的声脉冲响应

图和频谱图有相似的特性，这说明弘圣寺塔击石或击掌回波经过各层内凹塔檐反射、会聚后产生了与蛙声鸣叫相似的回声。

五、弘圣寺塔蛙声回音研究的结论与讨论

我们把上面对弘圣寺塔蛙声回音的分析、讨论做一小结：

(1)由于大理弘圣寺塔是平面呈正方形的叠涩密檐式砖塔，它的塔檐呈内凹曲线形，故对声音有较强的反射、会聚作用。

(2)弘圣寺塔高43.87 m，十六级，从第一层塔檐到第十六层塔檐相差40 m。这样，用简单的几何声学就可以确定塔檐的第一个回声与第十五个回声的时间差在100 ms以上，即击石或击掌回声在接收点持续时间在100 ms以上；塔共十六级，即塔檐将会产生十六个回声。又由于从各层塔檐到接收点F的距离不一样，在A点产生的击石或击掌声，经过各层塔檐的反射、会聚后，它们经过的声程远近不同，先后到达接收点F，形成一个持续时间在100 ms以上、由十几个回波组成的间隔为10 ms左右的声脉冲串。大理弘圣寺塔击石或击掌声被各层内凹曲线形塔檐反射回波的声脉冲响应图和青蛙鸣叫声的声脉冲响应图有相似的特性。它们的时间间隔都是10 ms左右，持续时间都在50 ms以上。

(3)由于大理弘圣寺塔击石或击掌声被塔檐反射的回波的频谱图和青蛙鸣叫的频谱图有相似的特性。它们都有三个峰值(特征频率)，而且频谱图的包络形状也十分相似。

(4)综上我们得到：大理弘圣寺塔击石或击掌声被塔檐反射的回波具有蛙声回音现象。

(5)总结上面的分析，我们可以看到：一个塔高为40 m左右的叠涩密檐式砖塔，当它的塔檐呈内凹曲线形时，就有可能形成蛙声回音现象。

(6)前面我们已经分析了可能形成蛙声回音现象的叠涩密檐式砖塔。如莺莺塔高36.76 m，"蛤蟆塔"高23 m，千寻塔高69.13 m，小雁塔高43.40 m，弘圣寺塔高43.87 m。它们各层塔檐回声的时间间隔都为10 ms左右，回声持续时间为50~170 ms，这是叠涩密檐式砖塔形成蛙声回音现象的必要条件。

(7)我们也考察过另外一些叠涩密檐式砖塔，它们有的有蛙声回音，有的并没有蛙声回音。为此，我们还将要探讨在什么条件下叠涩密檐式砖塔不能形成蛙声回音现象。这样，我们就可能有意识地设计、建造具有蛙声回音的叠涩密檐式砖塔或具有蛙声回音的其他建筑。

第三节
西安小雁塔蛙声回音机理研究

一、西安小雁塔的历史沿革

西安荐福寺小雁塔建于唐中宗景龙年间(707—710),是唐代长安城著名佛教寺院荐福寺内的佛塔,是唐代佛教建筑艺术遗产,也是佛教传入中原地区并融入汉族文化的标志性建筑。其位于西安市南门外友谊西路南侧,与大雁塔同为唐代长安城遗留至今的标志性建筑。因其体量没有大雁塔高大,始建时间也较晚,故称小雁塔。

荐福寺小雁塔是唐代早期最有代表性的叠涩密檐式方形砖塔,如图6-17所示, 由基座、塔身和塔顶三部分组成。塔身自下而上逐层递减内收, 整体轮廓呈自然圆和卷杀曲线,与大雁塔风格迥异。小雁塔塔身内为空筒式结构,设木构楼层,有木梯盘旋而上直至顶层。第一层塔身南北各辟券门,以供出入,门框为青石砌成。在塔身各层的南、北两面自下而上辟有券洞。

小雁塔初建时为15级, 现存13级,14、15两级塔身残缺,塔顶已毁,现高43.40 m,置于一高大方形基座上,座高3.20 m,基座南、北方向各有踏步16级。基座之上塔身底层平面呈正方形,边长为11.38 m。塔檐系典型的内凹叠涩密檐式结构。每层密檐均采用叠涩方法挑出,下面出菱角牙子,菱角牙子上叠出层层略微加大的挑砖8—16层不等。塔第一层特别高大,以

图6-17 西安小雁塔(吕厚均 摄)

后,逐层递减。五层以下收分较小,六层以上急剧收杀,使塔身修长而带曲线,呈现流畅的卷杀轮廓,故形体精致美观,挺拔秀丽。小雁塔的造型与结构成为我国早期密檐式砖塔的代表作[9],对后来全国各地密檐式砖石塔的建造都有影响,如山西永济普救寺的莺莺塔(1564)、河南三门峡市宝轮寺的三圣舍利塔(1176),甚至远在云南大理的千寻塔(825)、弘圣寺塔(738—937)都受到了小雁塔的影响。

小雁塔地处地震多发地区,在建成后的一千多年间,曾经历了70余次大、小地震,仍巍然屹立,甚至还出现过"神合"的奇迹[10]。据小雁塔北门门楣明嘉靖辛亥年

(1551)王鹤题字:"荐福寺塔,肇自唐,历宋、元代,明成化末(1487),长安地震,塔自顶至足,中裂尺许。明彻若窗牖,行人往往见之。正德末年(1521),地再震,塔一夕如故,若有神比合之者。"新中国成立后,人们在修复小雁塔时才发现,塔基座之下是唐代夯土地基,分布于基座周围约30 m以内,靠近塔基的夯土深度为2.35~3.60 m,最远处夯土深度为1.40~1.70 m。整修时将二层以上贯通至顶的南北两道裂缝弥合加固,并依据清代荐福寺殿堂图将塔基座适当放大。原来这并非"神合",而是"人合"。

1961年,国务院将小雁塔列入第一批全国重点文物保护单位。1963年成立小雁塔文物保管所。从此,小雁塔进入了全面整修阶段。1964—1965年,遵照"恢复原貌或保持现状"的原则,加固了塔身,弥合了裂缝,修复了拱券,在塔的第2、5、7、9、11各层塔檐的上部设置了暗藏的钢板腰箍,保持了原塔无塔顶的现状及塔檐、塔角残破的外形,并在塔内安装了楼板、楼梯,修整了塔基座和塔顶的防水、排水设施,安装了避雷针[11]。这次全面修饰,由于采用了"修旧如旧"的原则,保持了小雁塔的唐代原貌,被誉为我国古塔修复的典范[12]。2014年6月,小雁塔作为中国、哈萨克斯坦和吉尔吉斯斯坦三国联合申遗的"丝绸之路:长安—天山廊道的路网"中的一处遗址,被成功列入《世界遗产名录》[13]。

二、小雁塔蛙声回音的测试和分析

1999年8月,黑龙江大学古建筑声学问题研究组开始与西安博物院合作开展小雁塔蛙声回音现象研究。经过对现场的实地考察,我们发现在小雁塔的四周,在垂直于塔身,距塔15~30 m的范围内,大声击掌或击石,可以听到类似蛙鸣的回声。但是以塔东侧距离塔身墙基15~20 m范围内击石或击掌时,在距塔20余米处听到的蛙声回音的效果最好。

测试时间:1999年8月6日

天　　气:晴

气　　温:28 ℃

测试人员:吕厚均、俞文光

我们在小雁塔东侧现场实验测试布局,如图6-18所示。A为击石点,即声源所在地;F为接收点,即声级计所在地。

现场实验测试流程:在A点产生的击石声或击掌声,经过各层塔檐的反射、会聚后,因为声程远近不同,先后到达接收点F,被放置在该处的声级计(丹麦2215型)接收。将声能转化为电能,记录在磁带机(B/K公司生产的7005型四通道磁带机)上。然后,在实验室经CF920多功能信号分析仪、计算机绘图仪,完成对回声的分析,绘制出反射回波的声脉冲响应图和频谱图。

小雁塔各层塔檐的构造特殊,它们分别由8—16层砖叠涩出内凹形曲面,如第三层塔檐由16层砖叠涩出内凹形曲面,如图6-19所示。表6-5中是小雁塔各层塔檐高度。第一层塔檐高为6.83 m，它是指从塔基水平面到第一层塔檐最突出部分的竖直距离。其他各层塔檐高度均指从该层塔檐最突出部分到下一层塔檐最突出部分的间距。

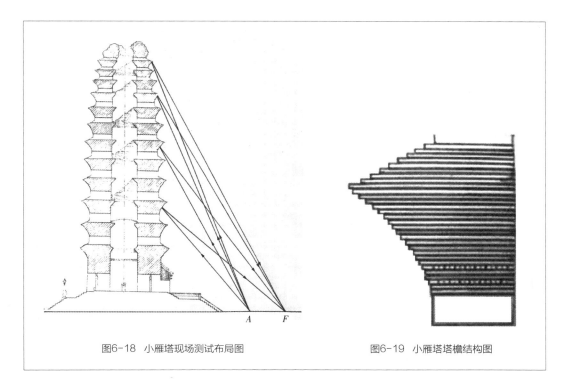

图6-18　小雁塔现场测试布局图　　　　　　图6-19　小雁塔塔檐结构图

表6-5　小雁塔各层塔檐高度表

塔檐层数	1	2	3	4	5	6	7	8	9	10	11	12	13
檐高 (m)	6.83	3.76	3.50	3.40	3.10	2.89	2.65	2.60	2.50	2.52	1.98	1.53	1.20

　　正是由于小雁塔塔檐的内凹形曲面，使得从声源A点发出的击石或击掌声波经各层塔檐的反射、会聚，到达接收点F被接收并记录在磁带机上。小雁塔东侧击石回波的声脉冲响应图和频谱图，如图6-20和图6-21所示。图中数字为各层塔檐反射回波的编号N，其中，标号为0的脉冲声波是击石或击掌声波直达接收点F处的声波，标号为1的脉冲声波是第一层塔檐反射、会聚后到达F点的回波，标号为2的脉冲声波是第二层塔檐反射、会聚后到达F点的回波，以此类推，标号为3、4……13的声波为相应的第3层、第4层……第13层塔檐反射、会聚后到达接收点F的回波。我们统一以t_N标记击石或击掌点A处发出的声脉冲，被第N层塔檐反射、会聚的回波到达接收点F的时间，又以Δt_N标记第N层塔檐的回声与第$(N-1)$层塔檐回声之间的时间差（又称时延）。图6-20中各层塔檐击石或击掌回声时间t_N及时延Δt_N，由表6-6给出。

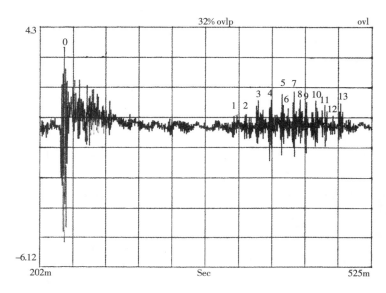

图6-20 小雁塔东侧击石回波声脉冲响应图

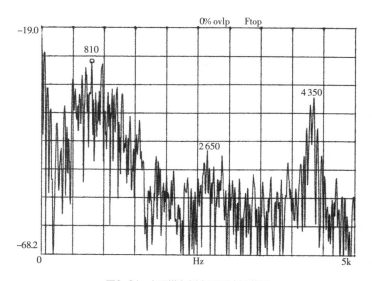

图6-21 小雁塔东侧击石回波频谱图

表6-6 小雁塔东侧各层塔檐击石回声时间 t_N 及时间间隔 Δt_N

塔檐层数 N	0	1	2	3	4	5	6
t_N(ms)	226.17	394.14	403.52	415.23	427.73	438.28	444.14
Δt_N(ms)		167.97	9.38	11.71	12.50	10.55	5.86

塔檐层数 N	7	8	9	10	11	12	13
t_N(ms)	450.00	455.86	462.11	471.09	480.08	487.89	495.31
Δt_N(ms)	5.86	5.86	6.25	8.98	8.99	7.81	7.42

　　由图6-20我们发现：由于多层塔檐的时延效果，使得由A点发出的击石或击掌
声波，到达接收点F的回波由13个声脉冲组成了一个间隔为5~13 ms、持续时间为

101.17 ms的回波声脉冲串。

通过实验测试和理论分析，我们发现西安小雁塔存在蛙声回音现象，在小雁塔的东、西两侧，距塔15~30 m处击掌或击石，在同侧的20~30 m处可以听到类似蛙鸣的回声，且在东、西方向蛙声回声比较明显，而在塔的南、北方向上，因为塔身上开有券洞，塔檐对声音的反射较弱，而且地面又有一些建筑物，所以回声效果较差。

第四节
叠涩密檐式古塔蛙声回音机理初探

一、叠涩密檐式古塔

密檐式古塔是中国佛塔的主要类型之一，是古代印度佛塔的造型与中国传统的重楼建筑相结合的产物，是楼阁式塔由木结构向砖结构转化过程中发展起来的一类古塔，多为方形平面造型，流行于隋、唐、辽、金时期，大多分布在黄河中游地区，以河南、山西和陕西居多，在中国古塔中占有重要地位。密檐式塔第一层塔身形体高大，多饰以佛龛、佛像、门窗及柱子，而第一层以上的各层层高逐渐减小，它是将塔身的底层尺寸加大，而将以上各层的高度缩小，使各层塔檐呈密叠状，檐与檐之间常开有券洞，形成各层塔檐密集的外观，而且塔身越往上收缩越急，形成极富弹性的外轮廓曲线，因而被称为密檐式塔。全塔分为塔身、塔檐与塔刹三个部分。密檐式塔的主要特征之一是塔檐多用叠涩法砌成，并且非常密集。西安荐福寺小雁塔、山西普救寺莺莺塔、云南大理千寻塔和云南大理弘圣寺塔都是典型的叠涩密檐式砖塔，它们在整体结构和塔檐构造上也有较多的相似性，如表6-7所示 。

表6-7　4座叠涩密檐式砖塔建筑情况表

塔名称	小雁塔	莺莺塔（原名普救寺舍利塔）	千寻塔	弘圣寺塔（又称大理一塔）
位置	西安荐福寺	山西永济普救寺	云南大理崇圣寺	云南大理弘圣寺
建造年代	唐景龙年间(707—710)	初建于隋唐，现塔为嘉靖四十三年(1564)重修	唐开成年间(836—840)	南诏(738—937)晚期
整体结构	正方形空筒式砖塔，现高43.40 m，塔身底边长11.38 m	正方形空筒式砖塔，表面涂釉；塔高36.76 m，塔身底边长8.35 m	正方形空筒式砖塔，塔高69.13 m，塔身底边长9.85 m	正方形空筒式砖塔，塔高43.87 m，塔身底边长6.0 m
塔檐	原塔15层，现存13层，各层密檐叠涩挑檐层数不同(8—16)，构成一个内凹曲面	13层，各层密檐叠涩挑檐层数不同(9—18)，构成一个内凹曲面	16层，各层密檐叠涩挑檐层数不同(12—15)，构成一个内凹曲面	16层，各层密檐叠涩挑檐层数不同(6—11)，构成一个内凹曲面

二、叠涩密檐式古塔形成蛙声回音的特点

经过现场测试和理论分析,我们发现前述的西安荐福寺小雁塔、山西普救寺莺莺塔、云南大理千寻塔和云南大理弘圣寺塔这4座叠涩密檐式砖塔所产生的蛙声回音效应有以下特点。

(1) 内凹曲面塔檐是蛙声回音形成的重要条件之一。在研究中,我们发现,这些叠涩密檐式砖塔本身排列有序而且形状特异的内凹曲面塔檐对声音有反射、会聚作用,加之塔檐处于不同的高度,使得击石或击掌声波(见图6-18)由声源所在A点到接收器所在F点的路径不同,因而从A点同一时刻发出的声波经塔檐反射、会聚后到达F点的时间不同(见表6-8),从而使一个很窄的击石声波脉冲经各层塔檐反射、会聚后形成了一个个一定长度的回波声脉冲串。蛙声回音形成的关键,在于这一个个回波声脉冲串的时间特性和频率特性都与自然界蛙鸣声的时间特性和频率特性相似,即形成一个间隔主要为6~12 ms、持续时间为80~170 ms的声脉冲串。西安荐福寺小雁塔击石声波被13层塔檐反射、会聚后形成一个持续时间为101.17 ms、由13个间隔为5~13 ms的回波脉冲组成的声脉冲串[14];山西普救寺莺莺塔击石声波被11层塔檐(第一、二层塔檐反射回波被回廊挡住)反射、会聚后形成一个持续时间为89.64 ms、由11个间隔为7~11 ms的回波脉冲组成的声脉冲串[5];云南大理千寻塔击石声波被16层塔檐反射、会聚后形成一个持续时间为169.3 ms、由16个间隔为4~33 ms的回波脉冲组成的声脉冲串[15];云南大理弘圣寺塔击石声波被15层塔檐反射、会聚后形成一个持续时间为112.11 ms、由15个间隔为6~10 ms的回波脉冲组成的声脉冲串[16]。

表6-8　各塔相邻塔檐回波时间间隔Δt_N(ms)

相邻塔级	小雁塔	莺莺塔	千寻塔	弘圣寺塔
1—2	9.38	被回廊挡住	32.50	7.03
2—3	11.71	被回廊挡住	17.00	6.64
3—4	12.50	10.75	19.70	7.42
4—5	10.55	10.93	18.10	7.43
5—6	5.86	9.97	14.60	8.98
6—7	5.86	9.17	10.90	8.20
7—8	5.86	8.40	10.80	7.43
8—9	6.25	8.39	6.50	8.20
9—10	8.98	8.40	5.60	8.20
10—11	8.99	8.40	5.40	7.42
11—12	7.81	7.62	6.10	9.38
12—13	7.42	7.61	5.30	9.37
13—14			6.20	7.43
14—15			5.90	8.98
15—16			4.70	

(2) 各塔蛙声回音的音色基本上相同,但音调的高低稍有不同。由西安荐福寺小雁塔、山西普救寺莺莺塔、云南大理千寻塔和云南大理弘圣寺塔这4座叠涩密檐式砖塔击石回波频谱图,即图6-21、图6-9、图6-6和图6-16,可知,这4座叠涩密檐式砖塔击石回波频谱图都有类似的包络图形。由青蛙鸣叫声波的频谱图(图6-11)可知,在自然界中青蛙鸣叫声频谱图也有类似的包络图形。通过比较,我们发现这些频谱图非常相似,这说明了击石声波经过塔檐反射、会聚后产生了与蛙声相似回声的原因。

在实验测试中,我们也发现这些叠涩密檐式砖塔的蛙声回音是有差异的。由小雁塔、莺莺塔、千寻塔和弘圣寺塔的蛙声回音主频率表(表6-9)可知,各叠涩密檐式砖塔击石反射、会聚声波的三个主频率是不尽相同的,小雁塔"蛙声"的主频率最高,莺莺塔"蛙声"的主频率次之,弘圣寺塔"蛙声"的主频率再次之,千寻塔"蛙声"的主频率最低。这说明小雁塔、莺莺塔、千寻塔和弘圣寺塔击石回声的音色基本相同,但是音调稍有不同。

表6-9　各塔的蛙声回音主频率表　　单位: Hz

塔名称	回声主频率
小雁塔	810, 2 650, 4 350
莺莺塔	900, 2 300, 3 700
弘圣寺塔	810, 2 140, 3 450
千寻塔	1 650, 2 520, 3 260
[某一只青蛙叫声]	900, 2 300, 4 000

(3) 塔的周围环境和建筑材质对蛙声回音的产生也有一定影响。在研究中,我们发现,这些塔都是四方形空筒式砖塔,四周没有任何高大建筑物,且地势平坦,除塔身、塔檐反射、会聚击石声外,不会有其他回声混入,从而使蛙声回音比较清晰。而小雁塔因南、北两方向塔身开有券洞及地面有一些零散的建筑物,故在这两个方向上蛙声回音效果较差。

此外,塔建筑的材质即塔身和塔檐所用的建筑材料对蛙声回音的产生也有一定影响。如这4座塔的塔身和塔檐都是由青砖砌成,其中蛙声回音最著名的山西普救寺莺莺塔塔身和塔檐所用的青砖表面涂了一层釉料, 使青砖的反射系数为0.95~0.98[17],是声音的良好反射体。

三、叠涩密檐式古塔蛙声回音机理研究初探结论

通过对西安荐福寺小雁塔、山西普救寺莺莺塔、云南大理千寻塔和云南大理弘圣寺塔这4座叠涩密檐式砖塔的综合分析,我们得出以下结论。

(1) 这4座叠涩密檐式砖塔产生蛙声回音的最重要因素是因为其都具有呈内凹曲面的塔檐。这种塔檐不仅对声音有反射、会聚作用,而且能使击石声波脉冲经高度

不同的各层塔檐反射、会聚后,形成与自然蛙鸣声的时间特性和频率特性相似的一个间隔为10 ms左右、持续时间大于80 ms的声脉冲串。

(2)这4座叠涩密檐式砖塔击石回波频谱图都有类似的包络图形,但击石反射声波功率不尽相同,说明它们的击石回声音色基本相同,但是音调稍有不同。

(3)塔的建筑材质和周围环境对蛙声回音的产生也有一定影响。这4座塔的塔身和塔檐都是由青砖砌成,青砖对声音具有良好的反射性能;同时,平坦的地势且附近无其他高大建筑物,不会有其他回声混入,从而使蛙声回音比较清晰。

上面只是初步探讨了具有内凹形塔檐的叠涩密檐式砖塔能产生蛙声回音的机理。在我国叠涩密檐式砖塔还有很多,从塔檐的形状上看大体上可以分成两大类型,一类塔檐是内凹形的,另一类塔檐是内凸形的。它们都能产生蛙声回音吗?关于叠涩密檐式砖塔能否产生蛙声回音的机理,我们还将进行更深入详细的研究和探讨。

参 考 文 献

[1] 张广济.崇圣寺三塔[M].长春:吉林文史出版社,2010:2-27.

[2] 大理市文化局.崇圣寺[M].昆明:云南民族出版社,2005:4-9.

[3] 云南省文化厅文物处,中国文物研究所,姜怀英,邱宣充.大理崇圣寺三塔[M].北京:文物出版社,1998.

[4] 罗哲文.中国古塔[M].北京:外文出版社,1994:198.

[5] 俞文光,丁士章,徐俊华,等.普救寺莺莺塔回声分析[J].黑龙江大学自然科学学报,1991,8(3):1-8.

[6] 俞文光,周克超,贾陇生,等.河南蛤蟆塔及其蛙声效应的研究[J].自然科学史研究,1992,11(2):158.

[7] 宝洪峰.神奇美丽的大理[M].北京:中国环境科学出版社,1998:42.

[8] 邱宣充,张瑛华.云南文物古迹大全[M].昆明:云南人民出版社,1992:475.

[9] 蒋靖.小雁塔[J].文物,1979(3):88.

[10] 王小兰.塔[M].北京:中国人民大学出版社,2007:154-158.

[11] 罗哲文.中国古塔[M].北京:中国青年出版社,1985:285-288.

[12] 樵卫新.荐福寺与小雁塔[M].西安:陕西人民出版社,2002:82-87.

[13] 《隋唐长安里坊荐福寺小雁塔文史宝典》编委会.隋唐长安里坊荐福寺小雁塔文史宝典[M].西安:西安出版社,2016:367.

[14] 吕厚均,俞文光,俞慕寒,等.西安小雁塔蛙声回声的发现及叠涩密檐式砖塔蛙声回声形成机理初探[J].中国科技史杂志,2008,29(3):241-249.

[15] 俞文光,吕厚均,俞慕寒,等.大理千寻塔蛙声回声研究[J].文物,1998(6):42-46.

[16] 吕厚均,俞慕寒,陈长喜,等.大理弘圣寺塔蛙声回声的发现及其机理研究[J].文物,2008(8):89-94.

[17] 丁士章,俞文光,张荫榕,等.普救寺塔蟾声的声学机理[J].自然科学史研究,1988,7(2):147.

后

记

　　2014年6月在"中国文化遗产丛书"编著、出版及文化遗产保护研讨会上,《中国四大回音古建筑声学技艺研究与传承》被确定列入丛书,成为六个分册之一。自此,我们开始筹备撰写本书。

　　虽然我们开展回音古建筑研究工作已经有三十多年了,但是,我们愈来愈感到,把这些年我们关于中国四大回音古建筑声学技艺(或称机理)与保护的研究成果汇集到一起,用现在的理念和技术手段重新审视,使其得以传承,尤为重要。这样既可以对提高国民的科学素养、普及科学知识起到积极的推动作用,又可以为保护我国回音古建筑提供系统可靠的科学依据。

　　在本书即将出版之时,我们要十分感谢在过去三十多年的时间里,为完成此项研究工作付出辛勤劳动的诸位合作伙伴和好友。山西大学丁士章先生、中国科学院声学研究所徐俊华先生、西安交通大学吴寿锽先生、山西永济市仝毅先生等,是他们对莺莺塔蛙声回音效应做出了不可磨灭的贡献;北京天坛公园管理处景长顺先生、姚安女士、牛建忠先生、李高先生、于辉先生、袁兆晖女士等在天坛声学实验研究中与研究组通力合作并给予了极大的支持,才使我们在天坛回音建筑声学机理的研究上取得了突出的成果;此外,河南三门峡市许永生先生,重庆潼南姜孝云先生、李邦智先生,哈尔滨海山广告有限公司洪海先生,西安博物院樵卫新先生在工作中也给予了我们极大的支持和帮助。在此我们向各位表示由衷的感谢!

　　我们还要感谢研究组中并肩战斗多年的先生们,他们是国家地震局工程力学研究所付正心,哈尔滨理工大学贾陇生,黑龙江大学周克超、陈长喜、穆瑞兰,还有近几年加入研究组的黑龙江大学刘盛春、张金涛、张伟平、陈雪峰、周启朋等。这些宝贵的研究成果中凝聚了他们的心血和汗水,是他们这些年的积极努力和不离不弃,才使得研究工作取得了可喜的成绩。

　　我们要特别感谢中国科学院院士汤定元先生对研究工作的肯定、鼓励和支持，并为我们主持"天坛声学现象研究"成果鉴定会。还要感谢国家自然科学基金委的姚孟璇、洪明苑、岳忠厚、张家顺、祖广安等先生，国家文物局原副局长张柏先生，中国科学院自然科学史研究所的林文照先生、戴念祖先生和艾素珍女士，文物出版社的张昌倬先生、王霞女士，中国国学研究与交流中心的姚安女士、北京市园林局科研处的吴西蒙先生，是他们肯定了我们的研究工作，并给予极大的帮助和支持。

　　本书在撰写过程中，曾得到中国科学院自然科学史研究所张柏春先生、关晓武先生及清华大学科学技术史暨古文献研究所冯立昇先生的悉心指导和帮助，借此机会致以诚挚的谢意。同时，本书能够顺利出版，还要感谢安徽科学技术出版社原总编辑方菲女士的组织策划，以及安徽科学技术出版社王宜先生在本书定稿和出版过程中给予的诸多具体、有益的意见和建议，借此机会一并表示衷心的感谢。

　　本书是国家自然科学基金资助项目(批准号：51378181)、国家文化遗产保护领域科学和技术研究课题(合同号：2013-YB-HT-008)的研究成果。另外，本书的撰写工作还得到了黑龙江省自然科学基金资助项目(批准号：E201244)和黑龙江省教育厅科学技术研究项目(批准号：12511429)的支持。在此一并向国家自然科学基金委员会、国家文物局、黑龙江省科技厅和黑龙江省教育厅表示崇高的敬意！

作　者

2017年6月